电气工程、自动化专业系列教材

# 电力电子技术
## （第5版）

王云亮　主　编

岳有军　吴艳娟　侯晓鑫

黄孙伟　罗春丽　张静梅　参　编

电子工业出版社

**Publishing House of Electronics Industry**

北京·BEIJING

# 内 容 简 介

　　"电力电子技术"是自动化专业、电气工程及自动化专业、新能源科学与工程专业的重要学科基础课。本书主要包括电力电子器件、交流-直流变换器、交流-交流变换器、直流-直流变换器、直流-交流变换器、谐振开关电路、变换器保护、谐波抑制和无功功率补偿、MATLAB/Simulink 在电力电子技术中的仿真应用等内容。本书的习题与讲授的内容互为补充,介绍的一些应用实例具有较强的应用性和工程适用性。为便于读者理解和自学,加入变换器工作过程的电流回路的图示,通俗易懂。本书提供电子课件和习题解答。

　　本书注重学科体系的完整性、强调工程概念、注重理论与实际相结合,反映电气工程学科教学和科研最新进展,体现创新性和学科特色,富有启发性,有利于激发学生的学习兴趣及创新潜能。本书可作为高等院校自动化、电气工程及其自动化、新能源科学与工程等专业的本科生教材,也可作为研究生和科研设计人员的参考用书。

**图书在版编目(CIP)数据**

电力电子技术 / 王云亮主编 . —5 版 . —北京:电子工业出版社,2021.6
ISBN 978-7-121-41369-8

Ⅰ. ①电… Ⅱ. ①王… Ⅲ. ①电力电子技术－高等学校－教材 Ⅳ. ①TM76

中国版本图书馆 CIP 数据核字(2021)第 112029 号

责任编辑:凌　毅
印　　刷:保定市中画美凯印刷有限公司
装　　订:保定市中画美凯印刷有限公司
出版发行:电子工业出版社
　　　　　北京市海淀区万寿路 173 信箱　邮编 100036
开　　本:787×1092　1/16　印张:16.25　字数:437 千字
版　　次:2004 年 8 月第 1 版
　　　　　2021 年 6 月第 5 版
印　　次:2021 年 6 月第 1 次印刷
定　　价:49.00 元

# 第 5 版前言

电力电子技术是利用电力电子器件进行电能变换的技术,电能变换技术在国民经济发展中起着越来越重要的作用。为了适应 21 世纪科技和经济发展对电气信息类应用型人才的需求,在电子工业出版社的组织下,我们编写了本教材。

随着电力电子器件、控制理论和微型计算机技术的发展,各种先进的变换器拓扑结构及控制方法不断涌现,使变换器的体积减小、重量减轻、性能提高。本教材使学生不仅了解和掌握电力电子器件及变换器的原理,而且具有研究和设计新型变换器的能力。本教材主要包括电力电子器件、交流-直流变换器、交流-交流变换器、直流-直流变换器、直流-交流变换器、谐振开关电路、变换器的保护、无功功率补偿、谐波抑制、MATLAB 仿真和一些应用实例等内容。本教材适用于 **44~64 学时** 的教学安排,"＊"部分为选学内容,MATLAB 仿真为自学内容。

在本次教材的修订中,根据电力电子器件的发展和应用现状,减少了双极型功率晶体管和可关断晶闸管的内容,增加了集成门极换流晶闸管、绝缘栅双极型晶体管串/并联技术的内容,删除了已淘汰的 KC 系列触发器,增加了新型触发器 TCA785 和数字触发器的内容,调整了 SPWM 产生方法、谐波抑制和无功功率补偿方法的内容。为使学生便于理解和自学,本教材加入变换器工作过程的电流回路图示,通俗易懂。本教材介绍 MATLAB 软件在电能变换仿真中的应用,对学生更好地掌握电力电子技术、提高设计和研究能力具有重要作用。

本教材由王云亮教授主编,除绪论外共 7 章。其中,绪论、第 4 章、第 6 章由王云亮教授编写,第 1 章由吴艳娟教授和黄孙伟副教授编写,第 2 章由岳有军教授编写,第 3 章由罗春丽副教授编写,第 5 章由侯晓鑫老师编写,第 7 章由吴艳娟教授编写,每章的 MATLAB 仿真部分由张静梅老师编写,最后由王云亮教授统稿。许镇琳教授、张胜民教授级高级工程师审阅了本教材,他们长期从事电力电子与电气传动系统的研究和实践,在审阅中提出了许多宝贵的意见,在此谨致衷心的谢意。

此外,教材中部分内容引用了国内外专家、学者的研究成果,在此谨向他们致以诚挚的谢意。在编写过程中,得到了电子工业出版社和凌毅编辑的大力支持,也得到了编者所在单位的老师和学生的热心帮助,在此一并对他们致以衷心的感谢。

本教材可作为高等院校自动化、电气工程及其自动化、新能源科学与工程等专业的本科生教材,也可作为研究生和科研设计人员的参考用书。

**本教材提供配套的电子课件、习题解答等**,可登录华信教育资源网 www.hxedu.com.cn,注册后免费下载。

由于作者的业务水平和教学经验有限,错误及不妥之处在所难免,殷切希望广大同行和读者给予批评指正。

作　者

2021.5

# 本书文字符号说明

A——晶闸管阳极；二极管阳极；GTO 阳极

B——BJT 基极

$BU_{DS}$——功率 MOSFET 漏源击穿电压

$BU_{GS}$——功率 MOSFET 栅源击穿电压

$BU_{CEO}$——IGBT 集射极击穿电压

C——BJT 集电极；IGBT 集电极

D——开关占空比

D——功率 MOSFET 漏极

E——直流电源电压；反电势

E——BJT 发射极；IGBT 发射极

$f_r$——参考波频率

$f_s$——开关频率

$f_c$——滤波器的截止频率；载波频率

G——晶闸管门极；GTO 门极；功率 MOSFET 栅极；IGBT 栅极

I——电流有效值

$i_1$——变压器一次侧电流的瞬时值

$I_1$——变压器一次侧电流的有效值

$i_2$——变压器二次侧电流的瞬时值

$I_2$——变压器二次侧电流的有效值

$I_A$——二极管阳极电流；晶闸管阳极电流

$I_{ATO}$——GTO 最大可关断阳极电流

$I_B$——BJT 基极电流

$I_C$——BJT 集电极电流；IGBT 集电极电流

$I_{CM}$——IGBT 集电极最大电流

$i_d$——直流电流的瞬时值

$I_d$——直流电流的平均值

$I_{DM}$——功率 MOSFET 漏极最大电流

$I_{dDR}$——续流二极管的电流平均值

$I_{DR}$——续流二极管的电流有效值

$I_{dT}$——开关管的电流平均值

$I_{FR}$——功率二极管额定电流

$I_{GT}$——晶闸管门极触发电流

$I_H$——晶闸管维持电流

$i_L$——电感电流的瞬时值

$I_L$——晶闸管擎住电流；电感电流平均值

$I_{LB}$——临界连续情况下的电感电流平均值

$i_N$——中线上的电流瞬时值

$i_o$——输出电流瞬时值

$I_{oB}$——临界连续情况下的输出电流平均值

$i_T$——开关管的电流瞬时值

$I_T$——开关管的电流有效值

$I_{T(AV)}$——晶闸管额定电流/通态电流平均值

$i_u,i_v,i_w$——三相交流电源相电流

K——晶闸管阴极；二极管阴极；GTO 阴极

$L_B$——变压器漏感

P——有功功率

$P_d$——直流功率

$P_o$——输出功率

$p_T$——开关管的功率损耗瞬时值

Q——无功功率；电荷

$R_L$——电阻；负载

$R_{on}$——功率 MOSFET 通态电阻

S——功率 MOSFET 源极；开关器件符号

S——视在功率

$t_d$——开关管导通的延迟时间

$t_f$——开关管关断的下降时间

$THD_I$——电流谐波总畸变率

$THD_U$——电压谐波总畸变率

$t_{on}$——开关管通态的时间；开关管的导通时间

$t_{off}$——开关管断态的时间；开关管的关断时间

$t_r$——开关管导通的上升时间

$T_s$——开关周期

$t_s$——开关管关断的存储时间

U——交流电压有效值

$u_1$——变压器一次侧相电压的瞬时值

$U_1$——变压器一次侧相电压的有效值

$u_2$——变压器二次侧相电压的瞬时值

$U_2$——变压器二次侧相电压的有效值

$U_{2L}$——变压器二次侧线电压的有效值

$u_{AK}$——晶闸管阳阴极电压瞬时值；功率二极管阳阴极电压瞬时值；GTO 阳阴极电压瞬时值

$U_{AK}$——晶闸管阳阴极电压稳态值；功率二极管阳阴极电压稳态值；GTO 阳阴极电压稳态值

$U_{CE(sat)}$——BJT 集射极饱和压降；IGBT 集射极饱和压降

$u_d$——直流电压的瞬时值

$U_d$——直流电压的平均值

$U_{DRM}$——晶闸管断态重复峰值电压

$U_G$——触发电压;门极电压;栅极电压

$U_{GES}$——IGBT 栅射极额定电压

$U_{GT}$——晶闸管门极触发电压

$U_{G(th)}$——功率 MOSFET 栅极开启电压;IGBT 栅极开启电压

$u_L$——电感电压的瞬时值

$u_o$——输出电压的瞬时值

$U_o$——输出电压的平均值

$u_r$——参考信号电压;给定信号电压

$U_{RO}$——功率二极管反向击穿电压

$U_{RR}$——功率二极管额定电压

$U_{RRM}$——功率二极管反向重复峰值电压;晶闸管反向重复峰值电压

$u_T$——开关管的电压瞬时值

$U_{th}$——功率二极管门槛电压

$U_{TN}$——晶闸管额定电压

$u_u, u_v, u_w$——三相交流电源相电压

$u_{uv}, u_{vw}, u_{wu}$——三相交流电源线电压

V——小功率三极管、场效应管符号

VD——功率二极管符号

VS——硅稳压管符号

VT——晶闸管及大功率电力电子器件符号

$\alpha$——触发角,触发延迟角或控制角

$\beta$——逆变角;BJT 的电流放大倍数

$\beta_{off}$——GTO 关断增益

$\theta$——导通角

$\delta$——停止导电角,晶闸管关断时间对应的电角度

$\gamma$——换相重叠角

$\omega$——交流电角频率

$\varphi$——负载阻抗角

$\Psi$——磁链

$\tau = \dfrac{L}{R}$——时间常数

PF——Power Factor,功率因数

# 目　　录

# 绪　　论

## 1. 电力电子技术的内涵

电力电子技术是一门融合了电力技术、电子技术和控制技术的交叉学科,是使用电力电子器件、电路理论和控制技术对电能进行处理、控制和变换的技术。它既是电子学在强电或电工领域的一个分支,又是电工学在弱电或电子领域的一个分支,或者说是强弱电相结合的学科。电力电子技术也称为电力电子学,或功率电子学(Power Electronics)。

通常所用的电力有直流和交流两种。直流电的主要参数有电压和电流的平均值和方向,交流电的主要参数有电压和电流的有效值、频率、相位和相序。实际应用中,在某种场合得到的电源往往不能满足用户的要求,需要在两种电能之间或对同种电能的一个或多个参数(如电压、电流、频率和功率因数等)进行变换。

电力电子技术主要由 3 个部分组成:电力电子器件、变换器和控制技术。其中,电力电子器件是电力电子技术的基础,变换器是电力电子技术的核心和主体,控制技术是不可或缺的组成部分。变流不只是交直流之间的变换,也包括直流变直流、交流变交流等,完成这些变换的装置称为变换器。

(1) 电力电子器件

从 20 世纪 50 年代开始,电力电子器件发展非常迅速,迄今为止,已经研制出了很多类型的电力电子器件。

1) 按照控制特性分类

① 不可控型器件:器件不具有可控开关性能,如功率二极管。

② 半控型器件:器件的控制极只能控制器件导通而不能控制器件关断。晶闸管及其大部分晶闸管派生器件属于这一类器件。

③ 全控型器件:器件的控制极既能控制器件导通又能控制器件关断,也称为自关断器件。可关断晶闸管、双极型功率晶体管、功率场效应晶体管、绝缘栅双极型晶体管、集成门极换流晶闸管等都属于这一类器件。

2) 按照内部载流子的工作性质分类

① 单极型器件:导通时只有空穴或电子一种载流子导电的器件,属于单极型器件的有功率场效应晶体管。该类器件的特点是工作频率高、导通压降较大,单个器件容量较小。

② 双极型器件:导通时的载流子既有空穴也有电子导电的器件,属于双极型器件的有功率二极管、晶闸管及派生器件、可关断晶闸管、双极型功率晶体管、集成门极换流晶闸管等。双极型器件通常功率较高,而工作频率较低。

③ 复合型器件:复合型器件既有单极型器件的结构,又有双极型器件的结构,通常其控制部分采用单极型结构,主功率部分采用双极型结构,属于复合型器件的有绝缘栅双极型晶体管。复合型器件结合了两者的优点,具有卓越的电气性能,是电力电子器件的发展方向。

3) 按照器件驱动的参量分类

① 电流控制器件:由控制极电流驱动器件的通断,属于电流控制器件的有晶闸管、可关断晶闸管、双极型功率晶体管。该类器件对驱动波形要求高,驱动电路比较复杂。

② 电压控制器件:由控制极电压驱动器件的通断,属于电压控制器件的有功率场效应晶体

管和绝缘栅双极型晶体管。该类器件对驱动波形要求低,驱动电路比较简单。

电力电子器件只工作于饱和区和截止区,处于开关状态,因此也称为开关管。开关管的电压、电流、开关频率是影响它们使用的关键参数,前面所述开关管中,双极型功率晶体管和可关断晶闸管已经被替代了。电压容量和电流容量最高的是晶体管和集成门极换流晶闸管,电压容量和电流容量最低的是功率场效应晶体管;开关频率最高的是功率场效应晶体管,开关频率最低的是晶闸管。

(2) 变换器

所有变换器都可以按照电能变换功能分成如下 4 类。

① 交流-直流变换器(AC-DC Converter):将交流电变换为固定的或可调的直流电,也称为整流器(Rectifier)。

② 直流-交流变换器(DC-AC Converter):将直流电变换为频率和电压固定的或可调的交流电,这是与整流相反的变换,也称为逆变器(Inverter)。当交流输出接电网时,这种变换称为有源逆变;当交流输出接负载时,这种变换称为无源逆变。无源逆变主要应用在变压变频系统和恒压恒频系统中,前者称为变频器,应用于交流调速系统中;后者应用在不间断供电电源(UPS)和精密交流稳压电源中。

③ 交流-交流变换器(AC-AC Converter):将交流电直接变换为频率和电压固定的或可调的交流电。其中,只改变交流电压有效值的变换器称为交流调压器(AC Voltage Controller);将工频交流电直接转换成其他频率的交流电,称为交-交变频器,也称为周期变换器(Cycloconverter)。

④ 直流-直流变换器(DC-DC Converter):将固定的直流电变换为固定的或可调的直流电。其可改变直流电压幅值的大小,也可改变直流电压的极性,通过将恒定直流变成断续脉冲以改变输出电压的平均值,因此也称为直流斩波器(Chopper)。

(3) 变换器的辅助电路

变换器必须在一些辅助电路的支持下才能正常工作,这些辅助电路包括以下 4 个方面。

① 控制电路:控制电路具有检测、控制和隔离的功能。检测部分主要用于实时采集变换器运行状态和信息,包括电压、电流、频率等参数;控制部分是依据采集的信息和控制策略及算法,输出执行信号;隔离部分用于实现强电和弱电的隔离。

② 驱动电路:驱动电路的功能是根据控制电路给出的通断信号,提供开关管导通或关断要求的电流波形和电压波形,提供足够的驱动功率,以确保开关管的迅速、可靠导通和关断。

③ 缓冲电路:缓冲电路的功能是在开关管导通和关断的过程中减缓其电流或电压上升率,以降低开关管的开关损耗和开关应力,降低开关管的过电压。

④ 保护电路:保护电路的功能是在电源或负载出现异常时,保护开关管和装置免于损坏。

**2. 电力电子技术的发展**

一般认为,电力电子技术的诞生是以 1957 年美国通用电气公司研制出的第一个普通晶闸管为标志的。多年来,电力电子技术的发展大体可划分为两个阶段:1957 年至 20 世纪 70 年代后期,称为传统电力电子技术阶段。在这个阶段,电力电子器件以半控型的晶闸管为主,变换器以相控整流为主,控制电路以模拟电路为主。1980 年之后至今称为现代电力电子技术阶段。该阶段以全控型电力电子器件的使用和普及为标志,脉冲宽度调制(PWM)的变换器广泛使用,数字控制已逐渐取代了模拟电路。

以功率二极管和晶闸管为代表的第一代电力电子器件,以其体积小、功耗低等优势首先在大功率整流器中迅速取代旋转机组和老式的汞弧整流器,取得了明显的节能效果,并奠定了电力电子技术的基础。功率二极管也称硅整流管,产生于 20 世纪 40 年代,是电力电子器件中结构最简单、使用最广泛的一种器件。1957 年美国通用电气公司开发出了世界上第一只晶闸管产品,从此开辟了电力电子技术迅速发展和广泛应用的崭新时代。截至 1980 年,传统的电力电子器件已由普通晶闸管衍生出了快速晶闸管、逆导晶闸管、双向晶闸管、光控晶闸管等,从而形成了一个"晶闸管大家族"。同时,各类晶闸管的电压、电流等额定参数均有很大提高,开关特性也有很大改善。由晶闸管及其派生器件构成的各种变换器在工业应用中主要解决了传统的电能变换装置中所存在的能耗大和装置笨重等问题,具有体积小、重量轻、无机械噪声和磨损、效率高、易于控制、响应快等优点。

伴随着关键技术的突破及需求的发展,自 20 世纪 70 年代后期起,可关断晶闸管(GTO)、双极型功率晶体管(BJT/GTR)、功率场效应晶体管(功率 MOSFET)等电力电子器件相继问世,不仅实现了开关控制的灵活性,而且提高了开关频率,可用于开关频率较高的电路。在 20 世纪 80 年代后期,绝缘栅双极型晶体管(IGBT)的出现,逐渐替代了 BJT 的应用,集成门极换流晶闸管(IGCT)替代了 GTO 的应用,而电子注入增强栅晶体管(IEGT)也得到了较大的发展。一般将这类具有自关断能力的器件称为全控型电力电子器件。全控型电力电子器件在逆变、斩波、整流、变频及交流电力控制中均有应用,使电路的控制性能得到改善,使以前难于实现的功能得以实现,对电力电子技术的发展起到了重要的作用。

第 3 代半导体是指以氮化镓(GaN)、碳化硅(SiC)、金刚石、氧化锌(ZnO)为代表的宽禁带半导体材料,第 3 代半导体具有禁带宽度大、击穿电场高、热导率大、电子饱和漂移速度高、介电常数小等独特的性能,使其在光电器件、电力电子、射频微波器件、激光器和探测器件等方面展现出巨大的潜力,是世界各国半导体研究领域的热点。在电力电子器件方面,SiC 的功率 MOSFET、IGBT 等器件将在高电压领域($>1200\text{V}$),如太阳能发电、新能源汽车、高铁运输、智能电网的逆变器等场合得到广泛应用。

进入 20 世纪 90 年代以后,电力电子器件的研究和开发进入高频化、模块化、集成化和智能化时代。功率集成电路(PIC)将全控型电力电子器件与驱动电路、控制电路、传感电路、保护电路、逻辑电路等集成在一起,形成高度智能化的功率集成电路。它实现了器件与电路的集成,强电与弱电、功率流与信息流的集成,成为机和电之间的智能化接口,是机电一体化的基础单元。功率集成电路的出现使电力电子技术进入了全新的智能化时代。

变换器的控制也从最初的由分立元件组成的控制电路发展到集成控制器,再到如今的旨在实现高性能和复杂控制的计算机控制系统。模拟控制电路存在控制精度低、参数整定不方便,以及元件温漂严重、容易老化、元件参数的精度和一致性差等缺点。专用模拟集成控制芯片的出现大大简化了控制电路,提高了电路的可靠性。但是,模拟控制电路的固有缺陷仍然存在。此外,专用模拟集成控制芯片还存在控制不灵活、通用性不强等问题。随着微处理器和微型计算机的位数成倍增加、运算速度不断提高、功能不断完善,控制技术发生了根本的变化,可利用软件编程实现不同的控制方式,既方便灵活,有利于参数整定、变参数调节、方便地调整控制方案和实现多种新型控制策略,同时又可减少元器件的数目、简化硬件结构,从而提高系统的可靠性。此外,计算机控制系统可以方便地实现系统监测和故障自诊断,有助于实现电力电子装置的智能化。自适应控制、多变量控制、模糊控制等新颖的控制理论的应用,大大提高了由变换器所组成的系统的性能。

综上所述可以看出,微电子技术、电力电子器件和控制理论是现代电力电子技术的发展动力。

**3. 电力电子技术的典型应用**

经过几十年的发展,电力电子技术已经渗透到了许多应用领域中。大到电力系统,小到家用电器,上到航空航天,下到勘探钻井,各行各业都有电力电子技术的应用。下面仅列举一些典型应用。

（1）在电动机调速系统中的应用

整流器或斩波器与直流电动机组成的调速系统有着优良的动态性能。由于电力电子器件和变频技术的发展,特别是直接转矩和矢量控制系统的应用,使得交流电动机变频调速系统的性能得到很大的提高,各种交、直流电动机调速系统在以下工业领域中有着广泛的应用:无轨电车、城市地铁、电动汽车及机车牵引等交通运输系统,可逆热轧机、热连轧机、冷连轧机、飞剪机等电动机调速系统,各类起重机械、矿井提升机、调速电梯、供水系统、堆料机、输送机、机床及各种自动化生产线,造纸、印染、纺织等工业系统。风机、泵类负载采用变频调速后,节能效果也很显著。软启动控制可以减少交流电动机启动时的电流冲击,从而被广泛应用。

（2）在电力系统中的应用

在电力系统中,发电机的直流励磁与交流励磁系统是由电力电子装置控制的,可以达到节能和提高电力系统稳定性的目的。静止无功补偿器、有源电力滤波器、动态电压恢复器等电力电子装置,有效地减少了传统变换器形成的电网公害,提高了电网功率因数,抑制了电网谐波,防止了电网电压瞬时跌落、闪变,有效地改善了电力系统中电能的质量。

采用变换器实现电能的交流-直流、直流-交流的变换和传输技术在高压直流输电系统中得到广泛的应用;基于电力电子技术与现代控制技术的柔性交流输电技术,可以大幅提高电力系统的稳定性。

太阳能、风能作为可再生能源,具有很大的发展空间。太阳能、风能发电受环境条件的制约,发出的电能质量较差。利用变换器进行能量存储和变换,可以有效地改善电能质量。同时,可以将以上的新能源与电力系统联网向用户输送电能。

（3）在交、直流电源中的应用

大功率直流电源在电解和电镀设备中被广泛使用。近年来,整流焊机由于采用高频逆变,体积和重量都有明显减小,既节能,又便于使用。

开关电源在办公自动化设备、计算机设备、电子产品、通信电源、工业测控、电子仪器和仪表中被广泛采用。由于采用了高频技术,大大减小了电源体积、重量和开关损耗,同时可以得到高精度稳压稳流电源。

不间断电源(UPS)被广泛应用于计算机机房、医院、宾馆等重要的用电场所。目前,UPS在现代社会中的作用越来越重要,在电力电子装置应用中已占有相当大的份额。

工业感应加热电源主要应用于钢水精炼及电磁搅拌改进结晶状态和金属表面的淬火热处理等场合。

据估计,在发达国家,用户使用的电能中至少有60%经过一次以上电力电子装置的处理。在各个国家,照明用电的数量也是比较大的。白炽灯发光效率低、热损耗大,而荧光灯必须由镇流器启辉,电流要流过镇流器的线圈,因而无功电流较大,不节能。在相同功率的情况下,采用AC-DC-AC变换技术的电子镇流器比普通镇流器的体积小,可减少无功损耗和有功损耗。采用交流调压实现照明的电子调光,也可节约电能。在节能照明灯具中,目前推广使用的LED灯、无极灯等,也必须采用变换器供电,才能达到要求的电压和电流。

在21世纪,电力电子不但将在全球工业化中产生重大影响,而且将在能量交换、可再生能源、大容量储能、电动汽车等方面发挥重要作用,同时将对解决或减轻环境恶化问题产生积极影响。造成气候变化和全球变暖的原因一部分来自传统的化石燃料燃烧,通过电力电子技术,可以提升能源系统的效率,通过节约能源可减少能源消耗,也意味着发电量的减少,从而减轻环境污染和全球变暖。

智能电网的合理建设关系到我国电力行业的可持续发展,电力电子在智能电网中起着非常重要的作用,如最大化的利用可再生能源和大容量储能装置对系统频率及母线电压的控制、对电能质量的改善、为用户提供更加经济的电力、更高的系统利用效率、更高的系统可靠性及具有操作的容错功能等。另外,电力电子技术的智能化发展还为功率处理及信息处理带来了新的结合方式,对我国今后经济及生态的可持续发展将产生深远影响。

### 4. "电力电子技术"课程的学习要求

"电力电子技术"是自动化、电气工程及其自动化、新能源科学与工程和机电一体化等专业学生必须掌握的一门重要的课程,既是后续课程"电力拖动及自动控制系统"的专业基础课,它还自成体系,是一门独立的、实用性很强的专业课,直接应用在生产实际中。"电力电子技术"的学习将为培养具有开拓性和创造性的人才打好基础、拓宽知识面。

该课程对本专业学生的学习要求是:

① 了解电力电子技术的发展动向;

② 熟悉和掌握常用电力电子器件的特性和参数,能正确选择和使用它们;

③ 熟悉和掌握各种变换器的工作原理、工作波形分析和各种负载对电路工作的影响;

④ 设计各种开关管的驱动电路、缓冲电路和保护电路;

⑤ 掌握各种变换器的特点、主要性能指标和使用场合;

⑥ 掌握基本变换器的实验方法与基本实验技能;

⑦ 掌握使用 MATLAB 软件实现电力电子变换器设计和仿真的方法。

通过本课程的学习,学生应该了解电力电子学科最新进展,具有分析和解决电力电子学科的复杂工程问题的能力,具有一定的工程素养和创新精神;知晓电力电子学科应该具有的职业道德和工程伦理,具备相关电气节能技术、电气安全意识和治理电力电子公害的技术;了解电力电子技术在我国国民经济发展中的重要作用,具有为我国电气工程的发展而钻研和奋斗的伟大理想。

作为一种应用技术,电力电子技术的特点是:综合性强、涉及知识面广、与工程实践联系密切。因为电力电子技术发展迅速,变换器类型越来越多,所以,本书仅对一些常见的基本变换器进行介绍和分析,为学生进一步的学习打下基础。

本课程的教学学时为 **44~64 学时**。在学习本课程前,学生应该已经学过"电路"和"电子技术基础"两门课程。

# 第1章 电力电子器件

本章主要内容包括：常见电力电子器件的结构、工作原理、基本特性、主要参数和安全工作区；电力电子器件的驱动电路、缓冲电路和全控型电力电子器件的保护方法；MATLAB Simulink/Power System 工具箱及常用电力电子器件的仿真模型。

建议本章教学学时数为 6 学时，其中，1.2.3 节、1.2.4 节、1.2.5 节、1.6 节为选修内容，其余各节为必修内容。

## 1.1 引　言

电力电子器件是电力电子技术的基础，每一新器件的诞生或器件特性的新进展，都带动了电力电子应用技术的新突破，或导致出现新的电路拓扑。同样，电力电子应用技术的发展又对电力电子器件提出了更新、更高的要求，进一步推动了高性能器件的研制。电力电子器件在电力电子电路中一般都工作在开关状态，在通态时应能流过很大的电流而压降很低；在断态时应能承受很高的电压而漏电流很小；断态与通态间的转换时间很短且功率损耗较小。

电力电子器件发展非常迅速，品种也非常多，但目前最常用的主要有：功率二极管、晶闸管(SCR)及晶闸管派生器件、功率场效应晶体管(功率 MOSFET)、绝缘栅双极型晶体管(IGBT)、集成门极换流晶闸管(IGCT)、电子注入增强栅晶体管(IEGT)，以及新型的功率集成模块 PIC、智能功率模块 IPM 等。

电力电子器件从外形上可分为塑封型分立元件、塑封型模块、平板型分立元件，其外形及与电流容量的关系图如图 1-1 所示。

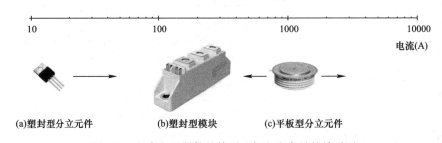

(a)塑封型分立元件　　　　(b)塑封型模块　　　　(c)平板型分立元件

图 1-1　电力电子器件的外形及与电流容量的关系图

## 1.2 电力电子器件的结构、特性和主要参数

### 1.2.1 功率二极管

#### 1. 功率二极管的结构

功率二极管的结构和电气符号如图 1-2(a)、(b)所示，功率二极管的核心部分就是一个 PN 结，在 PN 结两端加上电极引线和管壳后就制成了功率二极管。PN 结具有单向导电性，二极管是一个正方向导电、反方向阻断的电力电子器件。

### 2. 功率二极管的特性

**（1）伏安特性**

功率二极管的伏安特性如图 1-2(c) 所示，二极管具有单向导电能力，二极管正向导电时必须克服一定的门槛电压 $U_{th}$（又称死区电压），当外加电压小于门槛电压时，外电场还不足以克服 PN 结内电场，因此正向电流几乎为零。硅二极管的门槛电压约为 0.7V，当外加电压大于 $U_{th}$ 后，内电场被大大削弱，电流才会迅速上升。当外加反向电压时，二极管的反向电流是很小的，但是当外加反向电压超过二极管反向击穿电压 $U_{RO}$ 后，二极管被电击穿，反向电流迅速增加。若无特殊的限流保护措施，二极管被电击穿后将造成 PN 结的永久损坏。为防止二极管出现电击穿，施加于二极管的最高反向工作电压不允许大于功率二极管的额定电压。

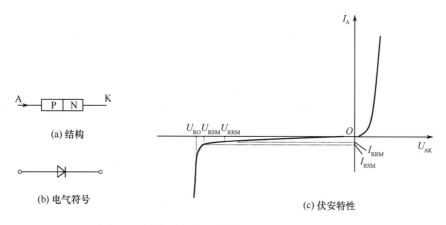

图 1-2　功率二极管的结构、电气符号和伏安特性

**（2）开关特性**

功率二极管开关过程的波形如图 1-3 所示。因结电容的存在，功率二极管在通态和断态之间转换时有一个过渡过程，这个过程中的特性为功率二极管的动态特性。

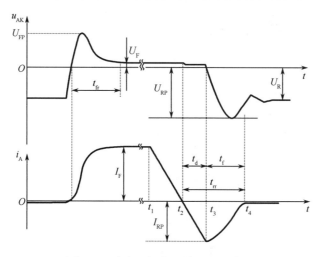

图 1-3　功率二极管开关过程的波形

功率二极管由断态转为通态时，功率二极管的正向电压 $u_{AK}$ 也会出现一个过冲 $U_{FP}$，然后逐渐趋于稳态压降值 $U_F$，并达到稳态电流值 $I_F$。这一动态过程的时间，称为正向恢复时间 $t_{fr}$。当原处于正向导通的功率二极管的外加电压突然变为反向时，功率二极管不能立即关断，其阴极电流 $i_A$ 逐渐下降到零，然后有较大的反向电流达到反向峰值电流 $I_{RP}$ 和反向过冲电压 $U_{RP}$ 出现，经

过一个反向恢复时间才能进入截止。其中，$t_d$ 为延迟时间，$t_f$ 为电流下降时间，通常定义延迟时间与电流下降时间之和为反向恢复时间 $t_{rr}$。

普通二极管的 $t_{rr}$ 为 $2\sim10\mu s$，快速恢复二极管的 $t_{rr}$ 为几十至几百纳秒(ns)，超快恢复二极管的 $t_{rr}$ 仅为几纳秒。$t_{rr}$ 值越小，则二极管的工作频率的上限可以越高。

**3. 功率二极管的主要参数**

功率二极管电压、电流的额定值都是比较高的。当二极管加反向电压时，只要反向电压小于击穿电压 $U_{RO}$，反向电流为反向饱和电流，其值很小。在导通状态时，流过额定电流 $I_{FR}$ 时的正向电压降 $U_{FR}$ 一般为 1V 左右。尽管正向导电时压降很小，正向电流产生的功耗及其发热却不容忽略。

① 额定电压 $U_{RR}$

反向不重复峰值电压 $U_{RSM}$ 是指即将出现反向击穿的临界电压，反向不重复峰值电压 $U_{RSM}$ 的 80% 称为反向重复峰值电压 $U_{RRM}$。$U_{RRM}$ 也被定义为二极管的额定电压 $U_{RR}$。

② 额定电流 $I_{FR}$

功率二极管的额定电流 $I_{FR}$ 被定义为在环境温度为 $+40^{\circ}C$ 和规定的散热条件下，其管芯 PN 结的温升不超过允许值时，所允许流过的正弦半波电流平均值。

若正弦电流的最大值为 $I_m$，则正弦半波电流平均值为

$$I_{FR} = \frac{1}{2\pi}\int_0^\pi I_m \sin\omega t \, d(\omega t) = \frac{1}{\pi} \times I_m \tag{1-1}$$

式中，$\omega$ 为正弦波角频率。

③ 最大允许的全周期均方根正向电流 $I_{Frms}$

二极管流过半波正弦电流的最大值为 $I_m$ 时，其全周期均方根正向电流 $I_{Frms}$ 为

$$I_{Frms} = \sqrt{\frac{1}{2\pi}\int_0^\pi (I_m \sin\omega t)^2 \, d(\omega t)} = \frac{1}{2} I_m \tag{1-2}$$

由式(1-1)和式(1-2)可得 $I_{Frms}$ 与额定电流 $I_{FR}$ 的关系为

$$I_{Frms} = \frac{\pi}{2} \times I_{FR} \approx 1.57 I_{FR} \tag{1-3}$$

④ 最大允许非重复浪涌电流 $I_{FSM}$

这是二极管所允许的半周期峰值浪涌电流。该值比二极管的额定电流要大得多。实际上，它体现了功率二极管抗短路冲击电流的能力。

在大电流(500A 以下)、低电压(200V 以下)的开关电路应用中，肖特基二极管是十分理想的开关管。它不仅开关特性好，允许工作频率高，且正向压降相当小($U<0.5V$)，在大电流、低电压的电力电子变换器中应是首选器件。

功率二极管属于功率最大的电力电子器件。二极管的参数是正确选用二极管的依据，一般电力电子器件手册中都给出不同型号二极管的各种参数，以便选用。

## 1.2.2 晶闸管及派生器件

晶闸管(Thyristor)就是硅晶体闸流管，普通晶闸管也称为可控硅整流器(Sillicon Controlled Rectifier,SCR)。普通晶闸管是一种具有开关作用的大功率半导体器件，常简称为晶闸管。

## 1. 晶闸管的结构

晶闸管是具有 4 层 PNPN 结构、3 端引出线(A、K、G)的器件,晶闸管的结构和电气符号如图 1-4 所示。其中,A 为阳极、K 为阴极、G 为门极。

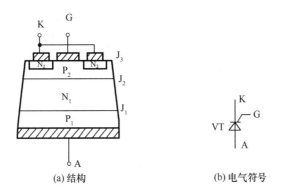

(a) 结构　　　　　　　　(b) 电气符号

图 1-4　晶闸管的结构和电气符号

## 2. 晶闸管的工作原理

晶闸管在工作过程中,阳极 A 和阴极 K 与电源和负载相连组成晶闸管的主电路,晶闸管的门极 G 和阴极 K 与控制晶闸管的触发电路相连,组成晶闸管的控制回路。晶闸管是 4 层 3 端器件,它有 $J_1$、$J_2$ 和 $J_3$ 3 个 PN 结。可将中间的 $N_1$ 和 $P_2$ 分为两部分,构成一个 $P_1N_1P_2$ 晶体管和 $N_1P_2N_2$ 晶体管互连的复合管,每个晶体管的集电极电流同时又是另一个晶体管的基极电流。其中,$\alpha_1$ 和 $\alpha_2$ 分别为 $P_1N_1P_2$ 和 $N_1P_2N_2$ 的共基极电流放大倍数。其工作电路图如图 1-5 所示。

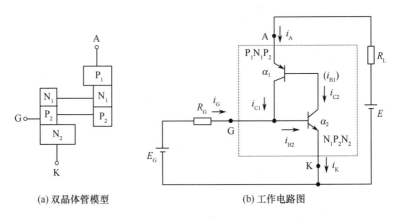

(a) 双晶体管模型　　　　　　　　(b) 工作电路图

图 1-5　晶闸管的双晶体管模型和工作电路图

在晶闸管承受正向阳极电压、门极未承受电压的情况下,$i_G = 0$,晶闸管处于正向阻断状态。若门极承受正向电压且门极流入电流 $i_G$ 足够大,晶体管 $N_1P_2N_2$ 集电极电流 $i_{C2}$ 增加,$\alpha_2$ 增大,使 $P_1N_1P_2$ 集电极电流 $i_{C1}$ 增加,$\alpha_1$ 增大,强烈的正反馈过程迅速进行。具体过程如下:

$$i_G \uparrow \rightarrow i_{B2} \uparrow \rightarrow i_{C2}(i_{B1}) \uparrow \rightarrow i_{C1} \uparrow$$

随着 $\alpha_1$ 和 $\alpha_2$ 增大,当达到 $\alpha_1 + \alpha_2 \geq 1$ 之后,两个晶体管均饱和导通,因而晶闸管导通。由此可知晶闸管导通的必要条件是 $\alpha_1 + \alpha_2 \geq 1$。晶闸管导通后,这时流过晶闸管的电流 $i_A$ 完全由主电路的电源电压和回路电阻决定。

当晶闸管导通后,即使 $i_G=0$,因 $i_{C1}$ 直接流入 $N_1P_2N_2$ 的基极,晶闸管仍继续保持导通状态。此时,门极便失去控制作用。如果不断地减小电源电压或对晶闸管阳极和阴极加上反向电压,使 $i_{C1}$ 的电流减小到晶体管接近截止状态,晶闸管就恢复阻断状态。

当晶闸管承受反向电压时,不论是否加上门极正向电压,晶闸管总处于阻断状态。

由上述讨论可得如下结论。

① 欲使晶闸管导通需具备两个条件:

● 应在晶闸管的阳极与阴极之间加上正向电压;

● 应在晶闸管的门极与阴极之间也加上正向电压和电流。

② 晶闸管一旦导通,门极即失去控制作用,故晶闸管为半控型器件。

③ 为使晶闸管关断,必须使其阳极电流减小到一定数值以下,这只能通过使阳极电压减小到零或反向的方法来实现。

**3. 晶闸管的特性**

(1) 伏安特性

晶闸管的伏安特性是晶闸管阳极与阴极间电压 $U_{AK}$ 和晶闸管阳极电流 $I_A$ 的关系特性。晶闸管的伏安特性如图 1-6 所示,其特性可分为正向特性(第 1 象限)和反向特性(第 3 象限)。

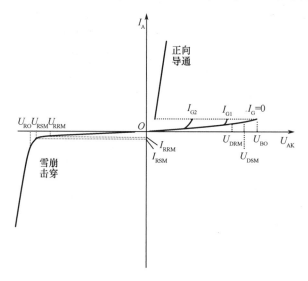

图 1-6　晶闸管的伏安特性

1) 正向特性

晶闸管的正向特性又有阻断状态和导通状态之分。在门极电流 $I_G=0$ 情况下,逐渐增大晶闸管的正向阳极电压,这时晶闸管处于断态,只有很小的正向漏电流;随着正向阳极电压的增加,当达到正向转折电压 $U_{BO}$ 时,漏电流突然剧增,特性从高阻区(断态)经负阻区(虚线)到达低阻区(通态)。通态时的晶闸管状态和二极管的正向特性相似,即通过较大的阳极电流,而晶闸管本身的压降却很小。正常工作时,不允许把正向阳极电压加到转折值 $U_{BO}$,而是从门极输入触发电流 $I_G$,使晶闸管导通。门极电流愈大,阳极电压转折点愈低(图中 $I_{G2} > I_{G1} > 0$)。

2) 反向特性

晶闸管的反向特性与一般二极管的反向特性相似。当晶闸管承受反向阳极电压时,晶闸管总处于断态。当反向电压增加时,反向漏电流增加。当反向电压大于转折电压后,会导致晶闸管反向击穿,造成晶闸管损坏。

（2）门极伏安特性

晶闸管的门极和阴极间有一个 PN 结 J₃（见图 1-4），它的伏安特性称为门极伏安特性，如图 1-7 所示。由于实际产品的门极伏安特性的分散性很大，常以一条典型的极限高阻门极伏安特性 QG 和一条极限低阻门极伏安特性 QD 之间的区域来代表所有器件的伏安特性，称为门极伏安特性区域。其中，QABCQ 为不可靠触发区，ADEFGCBA 为可靠触发区，是由门极正向峰值电流 $I_{FGM}$、允许的瞬时最大功率 $P_{GM}$ 和正向峰值电压 $U_{FGM}$ 划定的区域。$P_G$ 为门极允许的最大平均功率。晶闸管的门极电压和电流应该在可靠触发区，门极平均功率损耗不应该超过门极允许的最大平均功率。

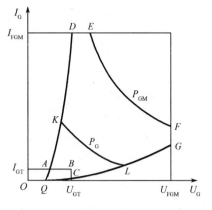

图 1-7 晶闸管的门极伏安特性

（3）开关特性

晶闸管开关过程的波形如图 1-8 所示。

1）导通特性

晶闸管的导通不是瞬时完成的，导通时阳极与阴极两端的电压有一个下降过程，而阳极电流的上升也需要一个过程。第一段对应时间为延迟时间 $t_d$，对应着阳极电流 $i_A$ 上升到 $0.1I_A$ 所需时间，也对应着从 $(\alpha_1+\alpha_2)<1$ 到等于 1 的过程，此时 $J_2$ 结仍为反偏，晶闸管的电流不大。第二段对应时间为上升时间 $t_r$，对应着阳极电流由 $0.1I_A$ 上升到 $0.9I_A$ 所需时间，这时靠近门极的局部区域已经导通，相应的 $J_2$ 结已由反偏转为正偏，电流迅速增加。通常定义器件的导通时间 $t_{on}$ 为延迟时间 $t_d$ 与上升时间 $t_r$ 之和，即

$$t_{on}=t_d+t_r \tag{1-4}$$

普通晶闸管的导通时间为几微秒。

2）关断特性

电源电压反向后，从正向电流降为零起到能重新施加正向电压为止定义为器件的电路换向关断时间 $t_{off}$。通常定义器件的关断时间 $t_{off}$ 为反向阻断恢复时间 $t_{rr}$ 与正向阻断恢复时间 $t_{gr}$ 之和，即

$$t_{off}=t_{rr}+t_{gr} \tag{1-5}$$

普通晶闸管的关断时间为几十至几百微秒。

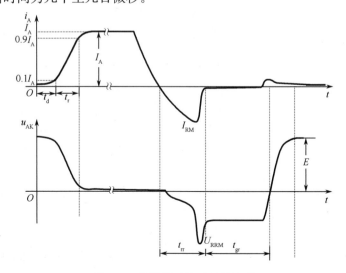

图 1-8 晶闸管开关过程的波形

#### 4. 晶闸管的主要参数

(1) 额定电压 $U_{TN}$

断态重复峰值电压 $U_{DRM}$ 是指门极断路、额定结温时允许重复加在器件上的正向电压最大值,反向重复峰值电压 $U_{RRM}$ 是指门极断路、额定结温时允许重复加在器件上的反向电压最大值,通常将断态重复峰值电压 $U_{DRM}$ 和反向重复峰值电压 $U_{RRM}$ 中较小的那个数值作为器件的额定电压 $U_{TN}$。通常选用晶闸管时,电压选择应取(2~3)倍的安全裕量。

(2) 额定电流 $I_{T(AV)}$

晶闸管的额定电流用通态平均电流来表示,通态平均电流 $I_{T(AV)}$ 是在环境温度为 $+40℃$ 和规定冷却条件下,器件在电阻性负载的单相工频正弦半波电路中,晶闸管全导通(导通角>170°),在稳定的额定结温时所允许的最大平均电流。晶闸管流过正弦半波电流波形如图 1-9 所示,它的通态平均电流 $I_{T(AV)}$ 和正弦电流最大值 $I_m$ 之间的关系表示为

$$I_{T(AV)} = \frac{1}{2\pi}\int_0^\pi I_m\sin\omega t\,\mathrm{d}(\omega t) = \frac{1}{\pi}\times I_m \tag{1-6}$$

正弦半波电流的有效值为

$$I_T = \sqrt{\frac{1}{2\pi}\int_0^\pi (I_m\sin\omega t)^2\,\mathrm{d}(\omega t)} = \frac{1}{2}I_m \tag{1-7}$$

$$\frac{I_T}{I_{T(AV)}} = \frac{\pi}{2} \approx 1.57 = K_f \tag{1-8}$$

式中,$K_f$ 为波形系数。

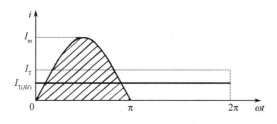

图 1-9　正弦半波电流波形

流过晶闸管的电流波形不同,其波形系数也不同。在实际应用中,应根据电流有效值相同的原则进行换算。通常选用晶闸管时,电流选择应取(1.5~2)倍的安全裕量,这种选择同样适用于晶闸管的派生器件。

(3) 浪涌电流

这是晶闸管所允许的半周期内使结温超过额定结温的不重复正向过载电流。该值比晶闸管的额定电流要大得多,实际上它体现了晶闸管抗短路冲击电流的能力,可用来设计保护电路。

(4) 通态电压

晶闸管通以规定数倍额定通态平均电流时的瞬态峰值电压。从减少功耗和发热的观点出发,应该选择通态电压较小的晶闸管。

(5) 维持电流 $I_H$

$I_H$ 是在室温和门极断路时,晶闸管已经处于通态后,从较大的通态电流降至维持通态所必需的最小阳极电流。

（6）擎住电流 $I_L$

$I_L$ 是晶闸管从断态转换到通态时移去触发信号之后，要保持器件维持通态所需要的最小阳极电流。对于同一个晶闸管来说，通常擎住电流 $I_L$ 为维持电流 $I_H$ 的（2～4）倍。

（7）门极触发电流 $I_{GT}$

$I_{GT}$ 是在室温且阳极电压为 6V 直流电压时，使晶闸管从阻断到完全导通所必需的最小门极直流电流。

（8）门极触发电压 $U_{GT}$

$U_{GT}$ 为对应于门极触发电流时的门极触发电压。对于晶闸管的使用者来说，为使触发电路适用于所有同型号的晶闸管，触发电路输送给门极的电压和电流应适当地大于所规定的 $U_{GT}$ 和 $I_{GT}$ 上限，但不应超过其峰值 $I_{FGM}$ 和 $U_{FGM}$。门极平均功率和峰值功率也不应超过门极允许的最大平均功率 $P_G$ 和瞬时最大功率 $P_{GM}$。

（9）断态电压临界上升率 $\mathrm{d}u/\mathrm{d}t$

在额定结温和门极断路条件下，不导致器件从断态转入通态的最大电压上升率，实际的电压上升率应小于此临界值。过大的断态电压上升率会使晶闸管误导通。

（10）通态电流临界上升率 $\mathrm{d}i/\mathrm{d}t$

在规定条件下，由门极触发晶闸管使其导通时，晶闸管能够承受而不导致损坏的通态电流的最大上升率，即晶闸管所允许的最大电流上升率应小于此值。在晶闸管导通时，如果电流上升过快，会使门极电流密度过大，从而造成局部过热而使晶闸管损坏。

【例 1-1】 两个不同的电流波形（图中阴影斜线部分）如图 1-10 所示，分别流经晶闸管，若各波形的最大值 $I_m=100\mathrm{A}$，试计算各波形下晶闸管的电流平均值 $I_{d1}$、$I_{d2}$，和电流有效值 $I_1$、$I_2$，并计算波形系数 $K_{f1}$、$K_{f2}$。

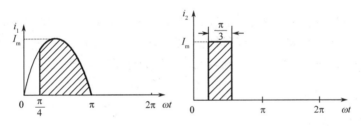

图 1-10　电流波形

**解**　如图所示的平均值和有效值可计算如下：

平均值为

$$I_{d1}=\frac{1}{2\pi}\int_{\pi/4}^{\pi}I_m\sin\omega t\,\mathrm{d}(\omega t)=\frac{I_m}{2\pi}\times(1+0.707)\approx 0.272\times I_m=27.2\mathrm{A}$$

$$I_{d2}=\frac{\pi/3}{2\pi}\times I_m=\frac{1}{6}I_m=\frac{1}{6}\times 100\mathrm{A}\approx 16.7\mathrm{A}$$

有效值为

$$I_1=\sqrt{\frac{1}{2\pi}\int_{\frac{\pi}{4}}^{\pi}(I_m\sin\omega t)^2\mathrm{d}(\omega t)}\approx 0.477\times I_m=47.7\mathrm{A}$$

$$I_2 = \sqrt{\frac{\pi/3}{2\pi} \times I_m^2} = \sqrt{I_m^2 \times 1/6} = \frac{1}{\sqrt{6}} \times I_m \approx 0.408 \times I_m = 40.8\text{A}$$

波形系数为

$$K_{f1} = \frac{I_1}{I_{d1}} = \frac{47.7}{27.2} \approx 1.75$$

$$K_{f2} = \frac{I_2}{I_{d2}} = \frac{40.8}{16.7} \approx 2.44$$

**【例 1-2】** 在例 1-1 所示的波形中,若采用额定电流为 100A 的晶闸管,试计算晶闸管能够流过的电流平均值。

**解** 按照电流有效值相等原则,晶闸管可以流过的电流有效值是一定的,在不考虑安全裕量时,按照定义有

$$I_T = 1.57 I_{T(AV)} = 157\text{A}$$

由例 1-1 中求得的波形系数可得,晶闸管在上例的两种波形中能够流过的电流平均值分别为

$$I_{d1} = \frac{I_T}{K_{f1}} = \frac{157}{1.75} \approx 89.7\text{A}$$

$$I_{d2} = \frac{I_T}{K_{f2}} = \frac{157}{2.44} \approx 64.34\text{A}$$

因此,在不同的波形系数下,相同容量的晶闸管流过的有效值是相同的,而允许流过的电流平均值是不同的,波形系数越大,允许流过的电流平均值越小,晶闸管的利用率越低。

如果考虑到 2 倍的安全裕量,则晶闸管允许流过的电流平均值分别为

$$I_{d1} = \frac{89.7}{2} = 44.85\text{A}, \quad I_{d2} = \frac{64.34}{2} = 32.17\text{A}$$

**5. 晶闸管的派生器件**

(1) 快速晶闸管

快速晶闸管(Fast Switching Thyristor,FST)的关断时间 $\leqslant 50\mu s$,常在较高频率(400Hz)的整流、逆变和变频等电路中使用。它的基本结构和伏安特性与普通晶闸管相同,与普通晶闸管的最大区别是关断时间较短。关断时间与阳极电压有关,为 $25 \sim 50\mu s$。

(2) 双向晶闸管

双向晶闸管(Bidirectional Thyristor)不论从结构还是从特性方面来说,都可以把它看成一对反向并联的普通晶闸管。双向晶闸管有两个主电极 $T_1$ 和 $T_2$,一个门极 G,使主电极的正、反两个方向均可用交流或直流电流触发导通。通常采用在门极 G 和主电极 $T_2$ 间加负脉冲方式触发双向晶闸管,其等效电路和电气符号如图 1-11(a)、(b)所示。双向晶闸管在第 1 和第 3 象限有对称的伏安特性,如图 1-11(c)所示。

(3) 逆导晶闸管

逆导晶闸管(Reverse Conducting Thyristor,RCT)是将晶闸管和整流管制作在同一管芯上的集成元件,其等效电路和伏安特性如图 1-12 所示。

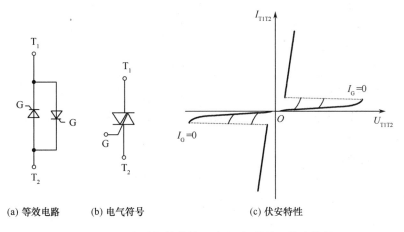

(a) 等效电路　　(b) 电气符号　　　　　　　(c) 伏安特性

图 1-11　双向晶闸管等效电路、电气符号和伏安特性

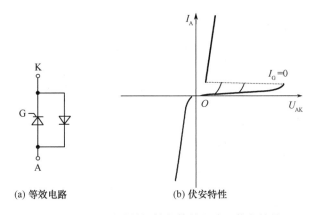

(a) 等效电路　　　　　　　(b) 伏安特性

图 1-12　逆导晶闸管的等效电路和伏安特性

由于逆导晶闸管等效于普通晶闸管和功率二极管的反并联,因此具有开关管数量少、装置体积小、重量轻、价格低和配线简单的优点。但也因晶闸管和整流管制作在同一管芯上,故它只能应用于某些场合。

(4) 光控晶闸管

光控晶闸管(Light Activated Thyristor)是利用一定波长的光照信号控制的开关管。其结构也是由 $P_1 N_1 P_2 N_2$ 4 层构成的,其电气符号和等效电路如图 1-13(a)、(b)所示。

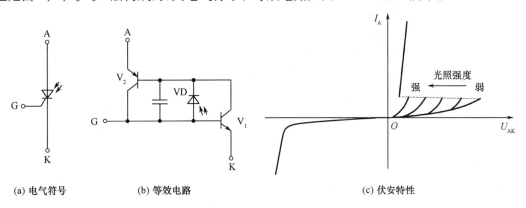

(a) 电气符号　　　　　(b) 等效电路　　　　　　　(c) 伏安特性

图 1-13　光控晶闸管的电气符号、等效电路和伏安特性

小功率光控晶闸管只有两个电极(阳极 A 和阴极 K),大功率光控晶闸管除有阳极和阴极之外,还带有光缆,光缆上装有作为触发光源的发光二极管或半导体激光器。

光控晶闸管可等效成 $P_1N_1P_2$ 和 $N_1P_2N_2$ 两个晶体管。中间的 $N_1P_2$ 部分为两个晶体管共有,这一部分相当于一个光电二极管。在没有光照的情况下,光电二极管处于截止状态,$V_1$ 和 $V_2$ 两个晶体管都没有基极电流,整个电路无电流流过,即光控晶闸管处于阻断状态。当光信号照射到光电二极管上时,光电二极管导通,有电流 $i_{VD}$ 流入晶体管 $V_1$ 的基极,经放大后 $V_1$ 的集电极电流又流入了 $V_2$ 的基极,再经 $V_2$ 放大后其集电极电流又流入 $V_1$ 的基极,构成正反馈过程,直到 $V_1$、$V_2$ 饱和导通,光控晶闸管即由阻断状态转入导通状态。由于该正反馈的作用,光控晶闸管一旦导通之后,即使无光照也不会自行阻断,只有当器件上的阳极电流降为零或加反向电压时才能阻断。光控晶闸管的伏安特性如图 1-13(c)所示,光照强度不同,其转折电压亦不同,转折电压随光照强度的增大而降低。

光控晶闸管的参数与普通晶闸管类同,只是触发参数特殊,与光功率和光谱范围有关。

### *1.2.3　可关断晶闸管

可关断晶闸管(Gate Turn-Off Thyristor,GTO)具有普通晶闸管的全部优点,如耐压高、电流大、耐浪涌能力强等。同时,它又有独特的优点,可用门极信号控制其关断,是一种应用广泛的大功率全控型电力电子器件。

#### 1. 可关断晶闸管的结构

GTO 的结构与普通晶闸管相似,具有 4 层 PNPN 结构,3 端引出线(A、K、G)。GTO 的结构和电气符号如图 1-14 所示。与普通晶闸管的区别主要有:

① GTO 是一种多元的功率集成器件,其内部包含数百个共阳极的小 GTO 单元,它们的门极和阴极分别并联在一起。这是为了便于实现门极控制关断所采取的特殊设计。

② GTO 也可等效成双晶体管模型,如图 1-15(a)所示。其中,$\alpha_1$ 和 $\alpha_2$ 分别为晶体管 $P_1N_1P_2$ 和 $N_1P_2N_2$ 的共基极电流放大倍数,$\alpha_1$ 比 $\alpha_2$ 小。GTO 导通后,回路增益 $\alpha_1+\alpha_2$ 略大于 1,而普通晶闸管导通后的回路增益 $\alpha_1+\alpha_2$ 常为 1.15 左右。因此,GTO 处于临界饱和状态,这为门极负脉冲关断 GTO 提供了有利条件。

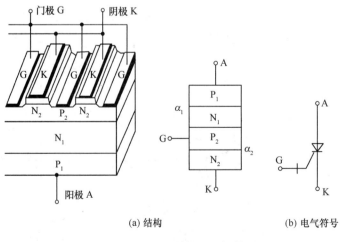

(a) 结构　　　　　　(b) 电气符号

图 1-14　GTO 的结构和电气符号

**2. 可关断晶闸管的特性**

**（1）伏安特性**

GTO 的伏安特性如图 1-15(b)所示。在 GTO 承受正向电压时，GTO 门极加正向触发电压和电流，GTO 导通；当 GTO 门极加反向触发电压和电流且足够大时，GTO 关断。当外加电压超过正向转折电压 $U_{BO}$ 时，GTO 也会导通，此时不会破坏 GTO 的性能，但是，GTO 正常工作时应由门极触发导通。当外加电压超过反向击穿电压 $U_{BO}$ 之后，则发生雪崩击穿，造成 GTO 损坏。

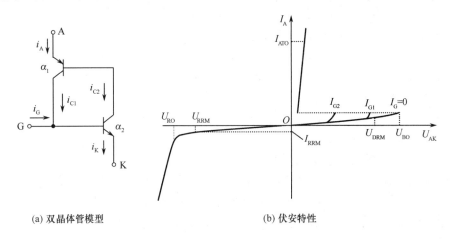

(a) 双晶体管模型          (b) 伏安特性

图 1-15 　GTO 的双晶体管模型和伏安特性

**（2）开关特性**

GTO 开关过程的波形如图 1-16 所示。

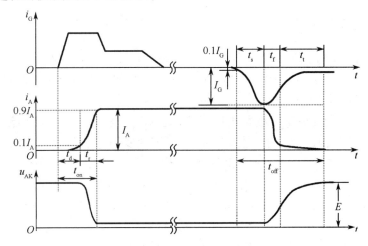

图 1-16 　GTO 开关过程的波形

1）导通特性

当 $u_{AK}>0$ 时，门极注入一定电流时，GTO 的导通过程与普通晶闸管相似，为双晶体管模型的正反馈过程，阳极电流大于擎住电流之后，GTO 临界饱和导通。导通时间 $t_{on}$ 由延迟时间 $t_d$ 和上升时间 $t_r$ 组成，GTO 的延迟时间一般为 $1\sim2\mu s$，上升时间随着阳极电流的增大而增大。

2）关断特性

GTO 在通态时，在门极加足够大的 $-i_G$ 时，相当于将 $i_{B2}$ 的电流抽出，$i_{C2}$ 随之减小，又使 $i_{C1}$ 减小，这是一个正反馈过程。当 $i_{C1}$ 和 $i_{C2}$ 的减小使 $\alpha_1+\alpha_2<1$ 时，等效晶体管 $P_1N_1P_2$ 和 $N_1P_2N_2$ 退

出饱和,GTO 不满足维持导通条件,阳极电流 $i_A$ 下降到零而关断。

整个关断过程由存储时间 $t_s$、下降时间 $t_f$、尾部时间 $t_t$ 组成。$t_s$ 对应着从门极加入负脉冲电流开始到阳极电流 $i_A$ 开始下降到 $0.9I_A$ 的时间。在这段时间内,$i_A$ 几乎不变。$t_f$ 对应着 $i_A$ 迅速下降、$u_{AK}$ 不断上升和门极反电压开始建立的过程。在这段时间内,GTO 开始退出饱和。$t_t$ 则是指 $i_A$ 降到极小值时开始,直到达到维持电流为止的时间。在这段时间内,仍有残存的载流子被抽出,但是 $u_{AK}$ 已为正,因此如果有过高的 $du/dt$,将使 GTO 重新导通,造成 GTO 关断失败。

GTO 的存储时间随着 $i_A$ 的增大而增大,下降时间一般为 $2\mu s$。

GTO 关断时的瞬时功耗较大,因此必须设计适当的缓冲电路。

综上所述,GTO 和普通晶闸管有着相同的 PNPN 四层三端结构,GTO 在承受正向电压时实现门极关断的原因一是其多元结构,二是其内部参数。

**3. 可关断晶闸管的主要参数**

GTO 的许多参数与普通晶闸管相同,这里只介绍一些与普通晶闸管不同的参数。

① 最大可关断阳极电流 $I_{ATO}$

GTO 的阳极电流既受热学上的限制,额定工作结温决定了 GTO 的平均电流额定值,又受电学上的限制,电流过大时,$\alpha_1+\alpha_2$ 稍大于 1 的条件可能被破坏,使器件饱和程度加深,导致门极关断失败,即当阳极电流大于最大可关断阳极电流,试图用门极电流关断 GTO 时,将使 GTO 损坏。通常用门极可关断的最大阳极电流 $I_{ATO}$ 作为 GTO 的额定电流。

② 关断增益 $\beta_{off}$

GTO 的关断增益 $\beta_{off}$ 为最大可关断阳极电流 $I_{ATO}$ 与门极负电流最大值 $I_{GM}$ 之比,因而一切影响 $I_{ATO}$ 和 $I_{GM}$ 的因素均会影响 $\beta_{off}$。$\beta_{off}$ 通常只有 5 左右,因此关断驱动回路必须提供很大的电流,$\beta_{off}$ 低是 GTO 的一个主要缺点。

## *1.2.4　集成门极换流晶闸管

集成门极换流晶闸管(Integrated Gate-Commutated Thyristor,IGCT)是通过对 GTO 的结构进行重大改进,研制出了门极换流晶闸管(GCT),又将门极驱动电路集成在 GCT 旁形成的。

**1. 集成门极换流晶闸管的结构**

IGCT 是由 GCT 和门极驱动电路集成而成的。GCT 是 IGCT 的核心器件,它由 GTO 演变而来。对 GTO 的结构进行改革,引入缓冲层、可穿透发射区和集成续流快速恢复二极管结构,形成了 GCT。在相同阻断电压下,和 GTO 结构相比,可选用更薄的硅片厚度,从而大大降低开关损耗。当 IGCT 导通时,它具有晶闸管的工作机理,其特点为大电流和低导通电压。当门极电压反偏时,通过器件的全部电流瞬间从门极抽走,即瞬间从通态转变为断态,这样使 IGCT 具有承受很大的 $du/dt$ 冲击的能力。在关断过程中,可以不需要缓冲电路对线路的 $du/dt$ 进行抑制。IGCT 对外的端口有阳极、阴极、门极驱动电源、传输门极控制信号和反馈开关管状态的光纤。

**2. 集成门极换流晶闸管的特点**

IGCT 的导通特性像晶闸管,其关断特性像晶体管,具有以下特点:

① 阻断电压高;

② 功率容量大;

③ 通态电压降;

④ 开关速度快,特别是关断时间小(小于 $3\mu s$);

⑤ 开关损耗低。

与标准 GTO 相比，IGCT 的最显著特点是存储时间短。因此，关断时间的差异很小，有利于将 IGCT 进行串/并联，适合应用于大功率的范围。

**3. 集成门极换流晶闸管的主要参数**

IGCT 既有晶闸管导通和阻断时的电压及电流参数，也有 GTO 的关断参数。另外，IGCT 的开关特性参数还有导通延迟时间、上升时间、关断存储时间、下降时间、门极导通状态反馈延迟时间、关断状态反馈延迟时间、通态最小时间（10μs）、断态最小时间（10μs）等，以及光纤传输的相关参数。

由于 IGCT 驱动和特性上的优点，在实际应用中已经替代了 GTO 的应用。

## *1.2.5  双极型功率晶体管

双极型功率晶体管（Bipolar Junction Transistor，BJT），也称为巨型晶体管（Giant Transistor，GTR）。双极型功率晶体管通常指耗散功率 1W 以上的晶体管。

**1. 双极型功率晶体管的结构**

双极型功率晶体管具有和小功率晶体管一样的 PNP 和 NPN 两种类型，NPN 型 BJT 的结构和电气符号如图 1-17 所示。

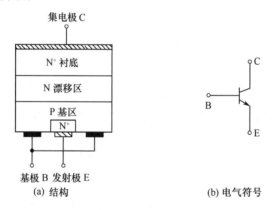

(a) 结构　　　　　　　　　　　(b) 电气符号

图 1-17　NPN 型 BJT 的结构和电气符号

**2. 双极型功率晶体管的特性**

（1）输入特性

双极型功率晶体管的输入特性表示基射电压 $U_{BE}$ 和基极电流 $I_B$ 的关系。当基射电压大于 0.7V 时，PN 结开始导通，有基极电流，输入特性如图 1-18(a) 所示。

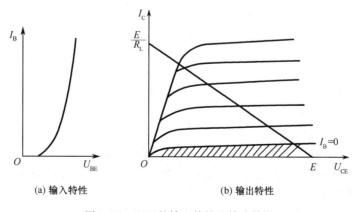

(a) 输入特性　　　　　　　　　　(b) 输出特性

图 1-18　BJT 的输入特性和输出特性

（2）输出特性

BJT 的输出特性是指在一定的基极电流 $I_B$ 下，BJT 集射电压 $U_{CE}$ 同集电极电流 $I_C$ 的关系特性。BJT 的输出特性如图 1-18(b)所示，BJT 的输出特性与小功率晶体管的特性相似，但 BJT 的 $\beta$ 值小，且随着 $I_C$ 值增大，$\beta$ 值减小更明显。

（3）开关特性

晶体管有放大、饱和与截止 3 种工作状态，有线性和开关两种工作方式。BJT 主要应用于开关工作方式。在开关工作方式下，即工作于伏安特性中的饱和区和截止区。在实用电路中，用一定的正向基极电流 $I_{B1}$ 去驱动 BJT 导通，用反向基极电流 $I_{B2}$ 使 BJT 关断。BJT 开关过程的波形如图 1-19 所示。

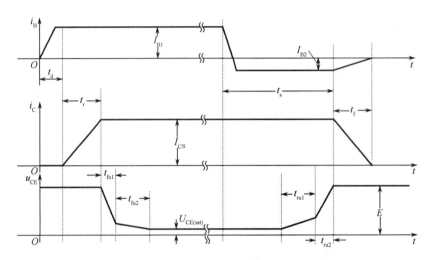

图 1-19　BJT 开关过程的波形

1）导通特性

从图 1-19 可以看出，加入 $i_B$ 以后一段时间里，$i_C$ 仍保持为截止状态时的很小电流，基极加入正向电流 $i_B$ 时刻起到 $i_C$ 上升到 $0.1I_{CS}$ 所需要的时间为 BJT 的延迟时间 $t_d$。此后，$i_C$ 不断上升，直到 $i_C = I_{CS}$，BJT 进入饱和状态。$i_C$ 从 $0.1I_{CS}$ 上升到 $0.9I_{CS}$ 所需要的时间为上升时间 $t_r$。通常把延迟时间 $t_d$ 和上升时间 $t_r$ 之和称为 BJT 的导通时间 $t_{on}$，即

$$t_{on} = t_d + t_r \tag{1-9}$$

2）关断特性

当基极电流 $i_B$ 从正向 $I_{B1}$ 变为反向 $I_{B2}$ 时，BJT 的集电极电流 $i_C$ 并不立即减小，仍保持 $I_{CS}$，而要经过一段时间才下降。基极电流从正向 $I_{B1}$ 变为反向 $I_{B2}$ 时到 $i_C$ 下降到 $0.9I_{CS}$ 所需的时间为存储时间 $t_s$。此后，$i_C$ 继续下降，$i_C$ 从 $0.9I_{CS}$ 下降到 $0.1I_{CS}$ 所需的时间为下降时间 $t_f$。此后，$i_C$ 继续下降，一直到接近反向饱和电流为止，这时 BJT 完全恢复到截止状态。存储时间 $t_s$ 和下降时间 $t_f$ 之和称为 BJT 的关断时间 $t_{off}$，即

$$t_{off} = t_s + t_f \tag{1-10}$$

BJT 的导通时间和关断时间都是几微秒，导通时间比关断时间稍短一些。

BJT 的开关时间对它的应用有较大的影响，选用 BJT 时，应注意其开关频率，应使输入脉冲持续时间大于 BJT 开关时间。

由于 BJT 已经被 IGBT 替代，其安全工作区和主要参数等内容在此不再赘述。

### 1.2.6 功率场效应晶体管

功率 MOSFET(Power Metal-Oxide Semiconductor Field-effect Transistor)是从 MOS 集成电路工艺中发展起来的器件。根据其结构不同,分为结型场效应晶体管和金属-氧化物-半导体场效应晶体管。

MOSFET 根据导电沟道的类型不同,可分为 N 沟道和 P 沟道两大类;根据零栅压时器件的导电状态,又可分为耗尽型和增强型两类:栅压为零时已存在导电沟道的称为耗尽型,栅压大于零时才存在导电沟道的称为增强型。

**1. 功率场效应晶体管的结构**

VDMOS 结构采用垂直导电的双扩散 MOS 结构,利用两次扩散形成的 P 型区和 $N^+$ 型区,在硅片表面处的结深之差形成沟道,电流在沟道内沿表面流动,然后垂直被漏极接收。VDMOS 结构和电气符号如图 1-20 所示。在 MOSFET 中只有一种载流子(N 沟道时是电子,P 沟道时是空穴)。由于电子的迁移率比空穴高 3 倍左右,从减小导通电阻、增大导通电流方面考虑,一般常用 N 沟道器件。

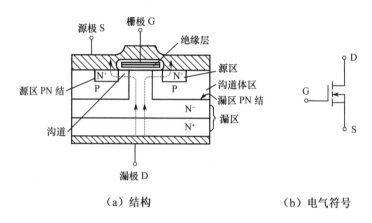

（a）结构　　　　　　（b）电气符号

图 1-20　功率场效应晶体管 VDMOS 结构和电气符号

**2. 功率场效应晶体管的特性**

功率 MOSFET 在特性上的优越之处在于输入阻抗高,跨导的线性度好和工作频率高。

（1）转移特性

转移特性表示功率 MOSFET 的输入栅源电压 $U_{GS}$ 与输出漏极电流 $I_D$ 的关系,如图 1-21(a)所示,功率 MOSFET 中,增强型占主流。转移特性表示功率 MOSFET 的放大能力,由于功率 MOSFET 是电压控制器件,因此用跨导这一参数来表示。当栅源电压 $u_{GS} < U_{G(th)}$ 时,功率 MOSFET 处于断态;当栅源电压 $u_{GS} > U_{G(th)}$ 时,功率 MOSFET 处于通态。

（2）输出特性

当栅源电压 $U_{GS}$ 一定时,漏极电流 $I_D$ 与漏源电压 $U_{DS}$ 的关系曲线称为 MOSFET 的输出特性,如图 1-21(b)所示。只有当栅源电压 $U_{GS}$ 达到或超过 $U_{G(th)}$ 时,MOSFET 进入导通状态。栅源电压 $U_{GS}$ 越大,反型层越厚,即沟道越宽,则漏极电流越大。可见,漏极电流 $I_D$ 受栅源电压 $U_{GS}$ 的控制。输出特性的导通部分分为 3 个区域,即可调电阻区、饱和区和雪崩区。

在可调电阻区 I 内,器件的电阻值是变化的。当栅源电压 $U_{GS}$ 一定时,器件内的沟道已经形成;当漏源电压 $U_{DS}$ 很小时,对沟道的影响可忽略。此时沟道的宽度和电子的迁移率几乎不变,所以 $I_D$ 与 $U_{DS}$ 几乎呈线性关系,该区域相当于 BJT 的饱和区。当 $U_{DS}$ 逐渐增大时,靠近漏区一端

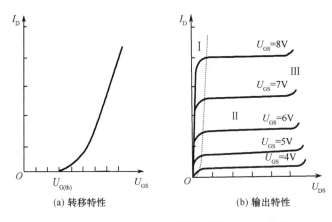

(a) 转移特性　　　(b) 输出特性

图 1-21　功率 MOSFET 的转移特性和输出特性

的沟道逐渐变窄,同时,沟道电子将达到散射极限速度,使 $I_D$ 增加趋缓,即沟道有效电阻值逐渐增加,直至靠近漏区一端的沟道被夹断或沟道电子达到散射极限速度,才使沟道电子的运动摆脱沟道电场的影响,开始进入饱和区 II。在饱和区 II 中,当 $U_{GS}$ 不变时,$I_D$ 趋于不变,该区域相当于 BJT 的线性放大区。当 $U_{DS}$ 增大至使漏极 PN 结反偏电压过高时,发生雪崩击穿,$I_D$ 突然增加,此时进入雪崩区 III,直至器件损坏。使用时应避免出现这种情况。当栅源电压小于阈值电压 $U_{G(th)}$ 时,功率 MOSFET 处于截止区。功率 MOSFET 应工作在开关状态。

（3）开关特性

功率 MOSFET 是一种多数载流子传输的器件,可以在高频下工作,但受限于栅极输入电容和载流子通过漂移区所产生的穿越时间延迟。其开关过程的波形如图 1-22 所示。

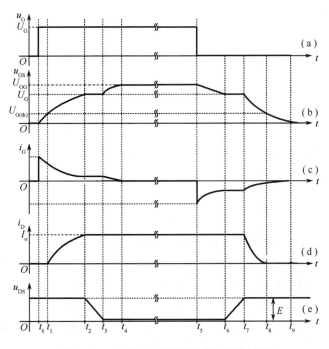

图 1-22　功率 MOSFET 开关过程的波形

1）导通特性

功率 MOSFET 开始处于关断状态，在 $t=t_0$ 时，加栅极驱动电压信号 $u_G=U_G$，通过驱动电路的栅极电阻 $R_{Gon}$ 对栅源电容 $C_{GS}$ 充电，栅极电流 $i_G$ 呈指数曲线下降，栅源电压 $u_{GS}$ 呈指数曲线上升。当 $t>t_1$ 时，$u_{GS}>U_{G(th)}$，器件开始导通，$i_D$ 按指数曲线上升。当 $t=t_2$ 时，漏极电流 $i_D$ 上升到 $I_o$，此时，$u_{GS}$ 达到恒定值 $U_G$，$i_G$ 下降到接近 0。当 $t>t_2$ 时，$i_G$ 全部流入栅漏电容 $C_{GD}$，$i_D$ 使漏源电容放电，直到 $t=t_3$，漏源电压 $u_{DS}$ 达到由其通态电阻决定的最小值 $U_{DS(ON)}$。当 $t>t_3$ 时，$u_{DS}$ 保持 $U_{DS(ON)}$，此时 $i_G$ 继续对 $C_{GD}$ 充电，$u_{GS}$ 按指数曲线上升，直到 $t_4$ 时刻，$u_{GS}$ 达到 $U_{GG}$，$i_G=0$，器件进入完全导通状态。从脉冲电压的前沿到 $i_D$ 出现，这段时间用 $\Delta t_{10}=t_1-t_0$ 表示，也称为导通延迟时间 $t_{d1}$，从 $i_D$ 开始上升到 $i_D$ 达到稳态值所用时间用 $\Delta t_{21}=t_2-t_1$ 表示，也称为上升时间 $t_r$。导通时间 $t_{on}$ 可表示为

$$t_{on}=t_{d1}+t_r \tag{1-11}$$

$R_{Gon}$ 会影响导通时间，显然，$R_{Gon}$ 越小，导通时间越短。

2）关断特性

功率 MOSFET 开始处于导通状态，$u_{DS}=U_{DS(ON)}$，$i_G=0$。在 $t=t_5$ 时，$u_G$ 降到零，此时 $C_{GS}$ 和 $C_{GD}$ 通过驱动电路的栅极电阻 $R_{Goff}$ 放电，$u_{GS}$ 呈指数曲线下降，$i_G$ 突变到负最大值后呈指数曲线下降。在 $t=t_6$ 时，$u_{GS}$ 达到恒定值并保持，此时 $i_G$ 全部从 $C_{GD}$ 中吸取，$u_{DS}$ 线性变化。当 $t=t_7$ 时，$u_{DS}=E$。当 $t>t_7$ 时，$i_G$、$u_{GS}$ 和 $i_D$ 均呈指数曲线下降。当 $t=t_8$ 时，$u_{GS}=U_{G(th)}$，$i_D$ 为零，MOSFET 关断。当 $t>t_8$ 时，$u_{GS}$ 继续按指数曲线下降。当 $t=t_9$ 时，$i_G$ 为零。从脉冲电压下降到零到 $i_D$ 开始减小，这段时间用 $\Delta t_{75}=t_7-t_5$ 表示，也称为关断延迟时间 $t_{d2}$。$u_{GS}$ 下降，$i_D$ 减小，到 $u_{GS}<U_{G(th)}$，沟道关断，$i_D$ 下降到零，这段时间用 $\Delta t_{87}=t_8-t_7$ 表示，也称为下降时间 $t_f$。关断时间 $t_{off}$ 可表示为

$$t_{off}=t_{d2}+t_f \tag{1-12}$$

为了降低 MOSFET 的开关时间，必须减小栅漏电容。由于 MOSFET 只靠多数载流子导电，不存在存储效应，因此开关过程比较快。功率 MOSFET 的开关时间在 $10\sim100ns$ 之间，是常用电力电子器件中开关频率最高的。

（4）安全工作区

功率 MOSFET 具有非常宽的安全工作区（SOA），特别是在高电压范围内。但是功率 MOSFET 的通态电阻比较大，所以在低压部分不仅受最大电流的限制，还要受到自身功耗的限制。

1）正向偏置安全工作区

正向偏置安全工作区（FBSOA）是开关管处于通态时允许的工作范围，功率 MOSFET 的 FBSOA 如图 1-23（a）所示，它是由 4 条边界极限所包围的区域。这 4 条边界是：漏源通态电阻、

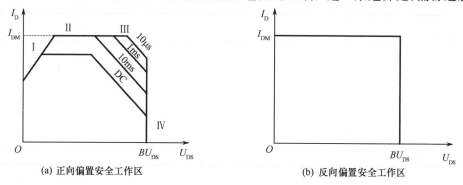

(a) 正向偏置安全工作区    (b) 反向偏置安全工作区

图 1-23    功率 MOSFET 的安全工作区

漏极最大电流、最大功耗和漏源击穿电压。最大功耗的限制是由器件的热响应特性、最大允许结温和最大热阻抗联合决定的;对应不同的工作时间有不同的耐量,时间越短,耐量越大。

2) 反向偏置安全工作区

反向偏置安全工作区(RBSOA)是开关管关断时允许的极限范围,功率 MOSFET 的 RBSOA 如图1-23(b)所示,它是由最大漏极电流 $I_{DM}$、漏源击穿电压 $BU_{DS}$ 和最大结温决定,超出该区域,开关管将损坏。功率 MOSFET 的正、反向偏置安全工作区的最大电压、最大电流一样。

**3. 功率场效应晶体管的主要参数**

(1) 漏源击穿电压 $BU_{DS}$

它是功率 MOSFET 的最高工作电压,这是为了避免开关管进入雪崩区而设的极限参数。$BU_{DS}$ 的大小取决于漏极 PN 结的雪崩击穿结构和栅极对沟道、漏区间反偏结耗尽层电场分布的影响,以及开关管各部分表面的电场分布效应等因素。

(2) 栅源击穿电压 $BU_{GS}$

它是功率 MOSFET 栅源极能承受的最高电压,是为了防止栅源电压过高而发生电击穿的参数。

(3) 漏极最大电流 $I_{DM}$

它是功率 MOSFET 的漏极最大电流值。功率 MOSFET 的集电极电流过大时,电流放大系数迅速下降,它的下降限制了集电极电流的增加。功率 MOSFET 的跨导 $g_m$ 随漏极电流的增大而增大,直至达到稳定值。

(4) 开启电压 $U_{G(th)}$

$U_{G(th)}$ 又称阈值电压,是指功率 MOSFET 流过一定量的漏极电流时的最小栅源电压。当栅源电压等于开启电压时,功率 MOSFET 开始导通。在转换特性上,$U_{G(th)}$ 为转移特性曲线与横坐标的交点,其值的大小与耗尽层的正向电荷量有关。

(5) 通态电阻 $R_{on}$

通态电阻 $R_{on}$ 是指在确定的栅源电压 $U_{GS}$ 下,功率 MOSFET 处于恒流区时的直流电阻。它与输出特性密切相关,是影响最大输出功率的重要参数,$R_{on}$ 的大小与栅源电压有很大的关系。

(6) 极间电容

功率 MOSFET 的极间电容是影响其开关速度的主要因素。其极间电容分为两类:一类为 $C_{GS}$ 和 $C_{GD}$,它们由 MOS 结构的绝缘层形成,其电容量的大小由栅极的几何形状和绝缘层的厚度决定;另一类是 $C_{DS}$,它由 PN 结构成,其数值的大小由沟道面积和有关结的反偏程度决定。一般生产厂家提供的是漏源短路时的输入电容 $C_i$、共源极输出电容 $C_{out}$ 及反馈电容 $C_f$,它们与各极间电容关系表达式为

$$C_i = C_{GS} + C_{GD} \tag{1-13}$$

$$C_{out} = C_{DS} + C_{GD} \tag{1-14}$$

$$C_f = C_{GD} \tag{1-15}$$

显然,$C_i$、$C_{out}$ 和 $C_f$ 均与栅漏电容 $C_{GD}$ 有关。

## 1.2.7 绝缘栅双极型晶体管

绝缘栅双极型晶体管(Insulated Gate Bipolar Transistor,IGBT)是20世纪80年代中期问

世的一种新型复合电力电子器件。由于它兼有 MOSFET 的快速响应、高输入阻抗和 BJT 的低通态压降、高电流密度的特性,这些年发展十分迅速。

### 1. 绝缘栅双极型晶体管的结构

绝缘栅双极型晶体管的结构、电气符号和等效电路如图 1-24 所示。从图中可见,有一个区域是 MOSFET,另一个区域是双极型晶体管。IGBT 相当于一个由 MOSFET 驱动的厚基区 BJT。从图中还可以看到,在集电极和发射极之间存在着一个寄生晶体管。IGBT 的低掺杂 N 漂移区较宽,因此可以阻断很高的反向电压。

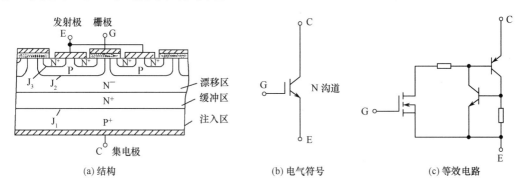

图 1-24　IGBT 的结构、电气符号和等效电路

### 2. 绝缘栅双极型晶体管的工作原理

由栅极电压来控制 IGBT 导通或关断。当 IGBT 栅极电压大于开启电压 $U_{G(th)}$ 时,MOSFET 内形成沟道,并为 PNP 晶体管提供基极电流,使 IGBT 导通。当 IGBT 栅极加上负电压时,MOSFET 内沟道消失,切断 PNP 晶体管的基极电流,IGBT 关断。

当 $u_{CE} < 0$ 时,$J_3$PN 结处于反偏状态,IGBT 呈反向阻断状态。

当 $u_{CE} > 0$ 时,分两种情况:

① 若 $u_{GE} < U_{G(th)}$,沟道不能形成,IGBT 呈正向阻断状态;

② 若 $u_{GE} > U_{G(th)}$,绝缘栅极下的沟道形成,使 IGBT 正向导通。

### 3. 绝缘栅双极型晶体管的特性

(1) 输出特性

IGBT 的输出特性是指以栅射电压 $U_{GE}$ 作为参变量时集电极电流 $I_C$ 和集射电压 $U_{CE}$ 的关系曲线,如图 1-25(a)所示。IGBT 的输出特性也分 3 个区域:正向阻断区、有源放大区和饱和区,这分别与 BJT 的截止区、放大区和饱和区相对应。当 $U_{GE} < U_{G(th)}$ 时,IGBT 工作于阻断状态;当 $U_{GE} > U_{G(th)}$ 时,VDMOS 沟道体区内形成导电沟道,IGBT 进入正向导通状态。正向导通区又分为有源放大区和饱和区。在电力电子电路中,开关管 IGBT 工作于开关状态。

(2) 转移特性

IGBT 的转移特性是指集电极电流 $I_C$ 与栅射电压 $U_{GE}$ 的关系曲线,如图 1-25(b)所示。IGBT 的转移特性与功率 MOSFET 的转移特性相同。当 $U_{GE} < U_{G(th)}$ 时,IGBT 处于关断状态;当 $U_{GE} > U_{G(th)}$ 时,IGBT 导通。在 IGBT 导通后,集电极电流随着 $U_{GE}$ 增大而增大。

(3) 开关特性

IGBT 开关过程的波形如图 1-26 所示。

1) 导通特性

在 IGBT 导通的过程中,与功率 MOSFET 的情况非常相似。当 IGBT 的栅射电压大于 $U_{G(th)}$ 时,集电极电流开始上升,在 IGBT 导通的数十纳秒内,集射电压会迅速下降到某一数值,

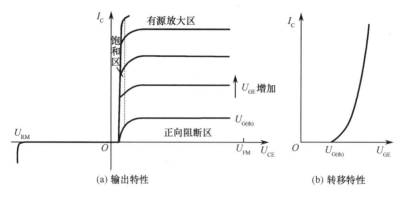

(a) 输出特性 　　　　　　　　　　　　(b) 转移特性

图 1-25　IGBT 的输出特性和转移特性

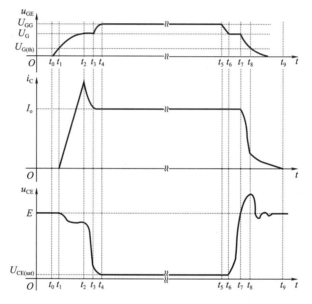

图 1-26　IGBT 开关过程的波形

该数值对应着 n-区的电压降,最后 n-区充满了 p 集电极的正载流子;经过几百纳秒到几微秒后,IGBT 的集射电压降到通态压降 $U_{CE(sat)}$,集电极电流达到负载电流值。IGBT 的导通时间是导通延迟时间和上升时间之和。

2) 关断特性

在 IGBT 关断的过程中,先将栅极电容的电荷释放掉,当发射极电流在 n 区被消除时,集电极电流在开始阶段下降很快。当发射极电流在 n 区被关断后,n 漂移区内还有大量由 IGBT 集电极注入的 p 载流子。它们必须通过再结合或者反注入的方式被清除,这就产生了集电极的尾部电流,从而有一个尾部时间。IGBT 的关断时间是关断延迟时间、下降时间和尾部时间之和。

(4) 擎住效应

IGBT 为 4 层结构,体内存在一个寄生晶体管,其结构和等效电路如图 1-24 所示。在 NPN 晶体管的基极与发射极之间,存在一个体区短路电阻,P 型区的横向空穴流过该电阻会产生一定压降,对 $J_3$ 结来说相当于一个正偏置电压。在规定的集电极电流范围内,这个正偏置电压不大,NPN 晶体管不会导通;当 $I_C$ 大到一定程度时,该正偏置电压使 NPN 晶体管导通,进而使 NPN 和 PNP 晶体管处于饱和状态,寄生晶体管导通,栅极失去控制作用,这就是所谓的擎住效应。IGBT 发生擎住效应后,造成导通状态锁定,无法关断 IGBT。因此,IGBT 在使用中,应注意防止

过高的 $du/dt$ 和过大的过载电流。采用空穴旁路结构并使发射区宽度微细化后,可基本消除寄生晶体管的擎住效应。

（5）安全工作区

IGBT 导通时的正向偏置安全工作区（FBSOA）如图 1-27(a) 所示,由集电极最大电流、集射极击穿电压和最大耗散功率 3 条边界包围而成。集电极最大电流 $I_{CM}$ 是根据避免擎住效应而确定的,最大集电极电压 $BU_{CEO}$ 是由 IGBT 中 PNP 晶体管的击穿电压所确定的,最大耗散功率则由最高允许结温所决定。IGBT 导通时间长,发热严重,因而相应的 FBSOA 变窄。

IGBT 关断时的反向偏置安全工作区（RBSOA）如图 1-27(b) 所示,与 IGBT 关断时的 $du/dt$ 有关。$du/dt$ 越高,RBSOA 越窄。

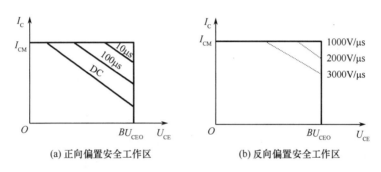

(a) 正向偏置安全工作区　　　　(b) 反向偏置安全工作区

图 1-27　IGBT 的安全工作区

**4. 绝缘栅双极型晶体管的主要参数**

（1）集射极击穿电压 $BU_{CEO}$

它是 IGBT 集射极所能承受的最大电压值,是根据器件的雪崩击穿电压而规定的。

（2）栅射极额定电压 $U_{GES}$

IGBT 是电压控制器件,靠加到栅极的电压信号来控制 IGBT 的导通和关断,而 $U_{GES}$ 是栅极的电压控制信号额定值。通常 IGBT 对栅极的电压控制信号相当敏感,只有电压在额定电压值很小的范围内,才能使 IGBT 导通而不致损坏。

（3）栅射极开启电压 $U_{G(th)}$

它是指使 IGBT 导通所需的最小栅射电压。通常,IGBT 的开启电压 $U_{G(th)}$ 为 3～5.5V。

（4）集电极最大电流 $I_{CM}$

它是指在额定的测试温度（壳温为 25℃）条件下,IGBT 所允许的集电极最大直流电流。

（5）集射极饱和电压 $U_{CE(sat)}$

它是 IGBT 在饱和导通时,通过额定电流的集射电压,代表了 IGBT 的通态损耗大小。通常 IGBT 的集射极饱和电压 $U_{CE(sat)}$ 为 1.5～3V。

由于与 BJT 相比,IGBT 的特性更好,驱动电路更简单,IGBT 已经取代了 BJT 的应用。

# 1.3　电力电子器件的驱动电路

驱动电路是电力电子器件与控制电路之间的环节,根据控制电路的输入信号提供足够的功率使电力电子器件在“断态”与“通态”之间进行转换,驱动电路应该使电力电子器件快速导通或关断,并保持低开关损耗。开关管驱动电路的优劣,对它的工作有很大的影响,驱动电路性能不好,轻则使开关管不能正常工作,重则导致开关管损坏。增加驱动电流可使电流上升率增大,使开关管饱和压降降低,从而减小导通损耗。驱动电路对开关管的关断损耗亦有重要影响。过大的驱动电流,虽可减小开关管的饱和压降,但开关管饱和越深,其退出饱和的时间越长,对开关管的关断过程和减小关断损耗越不利。驱动电路一般设计快速保护功能,防止开关管的过电压或过电流损坏。

驱动电路一般分为是单电源驱动还是双电源驱动,是直接驱动还是隔离驱动。

本节介绍目前常用的晶闸管、功率 MOSFET 和 IGBT 的驱动电路。IGCT 只需要光纤信号驱动,在这里就不介绍了。

### 1.3.1　晶闸管的门极驱动电路

#### 1. 对门极驱动电路的基本要求

要使晶闸管导通,必须具备一定的外界条件,即晶闸管阳极加正向电压时,门极也施加正的控制信号。在晶闸管导通后,控制信号就不起作用。

晶闸管对驱动电路的基本要求有以下 3 个方面。

① 驱动信号可以是交流、直流或脉冲。为了减小门极的损耗,驱动信号常采用脉冲形式。

② 驱动信号应有足够的功率。驱动电压和驱动电流应大于晶闸管的门极触发电压和门极触发电流。

③ 驱动信号应有足够的宽度和陡度。驱动信号的宽度一般应保证晶闸管阳极电流在脉冲消失前能达到擎住电流,这是最小的脉冲宽度。脉冲宽度还与负载性质有关。一般驱动信号前沿陡度大于 $10V/\mu s$ 或 $800mA/\mu s$。

#### 2. 门极驱动电路的形式

控制电路应该和主电路隔离,隔离可采用脉冲变压器或光耦合器。基于脉冲变压器 Tr 和晶体管放大器的驱动电路如图 1-28 所示,36V 交流电压经整流、滤波后得到 50V 直流电压,经 $R_3$ 对电容 $C_3$ 充电,$C_3$ 电压为 50V。当 $V_1$ 导通时,$C_3$ 经脉冲变压器一次侧、$R_1$、$C_1$、$V_1$ 迅速放电,形成脉冲尖峰,由于有 $R_3$,且电容 $C_3$ 存储的电能有限,$C_3$ 电压迅速下降。当电压下降到 14.3V 时,$VD_4$ 导通,$C_3$ 电压被 15V 电源钳位在 14.3V。$C_1$ 组成加速电路,用来提高触发脉冲前沿陡度。强触发可以缩短晶闸管的导通时间,提高晶闸管电流上升率的承受能力,有利于改善串、并联元件的均压和均流,提高触发可靠性。

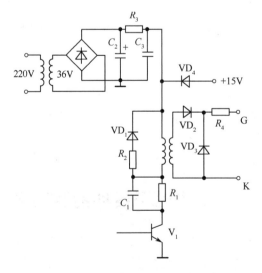

图 1-28　带脉冲变压器的驱动电路

### 1.3.2　功率场效应晶体管和绝缘栅双极型晶体管的栅极驱动电路

**1. 对栅极驱动电路的要求**

① 为了使功率 MOSFET 可靠导通,驱动电压应高于功率 MOSFET 的开启电压。

② 在功率 MOSFET 截止时,为了防止误导通,最好能提供负的栅源电压。

③ 减小驱动电路的输出电阻,提高栅极充、放电速度,可以提高功率 MOSFET 的开关速度。

④ 驱动电压要具有足够快的上升和下降速度,驱动电源必须并联旁路电容,它不仅滤除噪声,也用于给栅极提供瞬时电流,加快功率 MOSFET 的开关速度。

**2. 栅极驱动电路的形式**

功率 MOSFET 和 IGBT 是电压型控制的开关管,其驱动电路比较简单,如图 1-29 所示。在图 1-29 中,栅极电阻被分为两部分 $R_{Gon}$ 和 $R_{Goff}$,分别用于开关管的导通和关断。这种方法可以限制从 $+E_1$ 流到 $-E_1$ 的直通电流。这个直通电流产生于驱动器末端的晶体管开关过程中,通常是不可避免的。而且,这种方法最主要的优点是可以分别优化导通与关断过程中的所有动态参数。

在任何情况下,都不能省略栅射极电阻 $R_{GE}$($10\Omega \sim 100\text{k}\Omega$),它的作用是在驱动器处于高阻输出状态时(关闭状态和驱动器电源电压故障时),防止栅极电容被意外充电。该电阻必须放置在控制终端处。

在靠近驱动器的电源端,常并联一个低电感的电容 $C$,它被用来保证驱动器尽可能小的动态内阻。电容提供了快速开关所需的峰值电流。

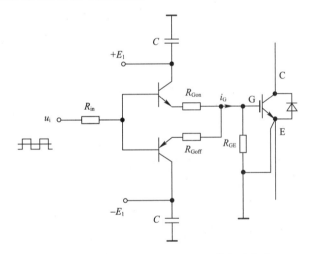

图 1-29　功率 MOSFET 和 IGBT 的驱动电路

### 1.3.3　集成驱动电路

电力电子器件的集成驱动电路由于具有和电力电子器件匹配好,具有过电流保护功能而得到广泛的应用。

GTO 的集成驱动可采用 HL301A,BJT 的集成驱动可采用 HL201、HL202、EXB356、EXB357 和 UAA4002 等,IGBT 的集成驱动模块主要有:日本富士公司的 EXB 系列,日本三菱公司的 M579 系列和美国公司的 IR 系列等,通常功率 MOSFET 也能用 IGBT 驱动模块。

集成驱动模块一般具有以下特点:

① 驱动电路可输出要求的驱动电流,确保快速有效的导通和关断,缩短存储时间;

② 导通时,监控集射极饱和压降,自动调节开关管驱动电流,以维持开关管处于临界饱和状

态,相当于抗饱和贝克钳位电路;

③ 可串联电阻检测集电极电流,送到集成驱动模块,实现过电流保护;

④ 集成驱动模块一般还具有电源正、负电压的检测、热保护、欠电压保护等功能;

⑤ 有的集成驱动模块还具有高速输入/输出隔离功能;

⑥ 当上、下桥臂的两个开关管对应的输入信号都为高电平时,封锁该两路驱动信号,防止直通现象发生。

日本三菱公司 M57962AL 是为驱动 IGBT 而设计的厚膜集成电路,其内有 2500V 隔离电压光耦合器,具有短路保护功能。M57962AL 的主要特点有:高速输入/输出隔离,输入/输出电平与 TTL 电平兼容,内部有定时逻辑短路保护电路,同时具有延时保护特性,具有可靠通断措施(采用双电源),可以驱动 600A/600V 或 400A/1200V 的 IGBT 模块。

M57962AL 内部功能如图 1-30 虚线框所示。其主要引脚功能是:引脚 13 和引脚 14 为控制信号输入端,引脚 5 为驱动信号输出端,引脚 4 和引脚 6 分别接正电源$+E_1$ 和负电源$-E_1$,引脚 8 为故障信号输出。

M57962AL 应用电路接线图如图 1-30 所示。当检测到引脚 1 电压为 5V 时,判定为电路短路,立即输出关断信号,从而使引脚 5 输出低电平,将 IGBT 的 G、E 两端置于负向偏置,可靠关断。同时,输出误差信号使故障信号输出引脚 8 为低电平,驱动外接的保护电路工作。延时 2~3s 后,若检测到引脚 13 为高电平,则 M57962AL 恢复工作。30V 瞬态抑制二极管用于防止 $VD_1$ 击穿而损坏 M57962AL,$R_G$ 为限流电阻,$DZ_2$ 和 $DZ_3$ 起限幅作用,以确保 IGBT 可靠导通与关断。

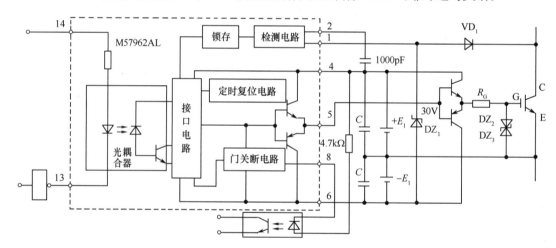

图 1-30　集成驱动芯片 M57962AL 应用电路接线图

# 1.4　电力电子器件的缓冲电路

## 1.4.1　缓冲电路的作用

电力电子器件的 PN 结在工作时,都有多数载流子存储。这些载流子的存储电荷为 $Q_S$,在 PN 结进行换向时,具有电感的电路中可能产生很大的过电压 $u=Ldi/dt$,当此过电压施加在开关管的 PN 结上时,如果不被吸收,这个过电压就可能击穿 PN 结而损坏开关管。

附加各种缓冲电路,目的不仅是降低浪涌电压、$du/dt$ 和 $di/dt$,还希望能减少开关损耗、避免开关管损坏和抑制电磁干扰,提高可靠性。

从图 1-31 所示的未加缓冲电路时开关管的开关波形可以看出,在导通和关断过程中的某一时刻,会出现开关管端电压和电流同时达到最大值的情况,这时瞬时开关损耗也最大。其开关过程的开关轨迹线如图 1-32 中的虚线所示。为了不使上述电压和电流的最大值同时出现,必须采用导通和关断缓冲电路,如图 1-33 所示的缓冲电路,其中电感 $L_S$ 提供导通缓冲电路的作用,减少开关管的 $di/dt$ 及导通损耗;电容 $C_S$ 和二极管 $VD_S$ 组成有极性的关断缓冲电路,减少开关管的 $du/dt$ 及关断损耗,电阻 $R_S$ 提供放电回路,能减小开关管导通时电容 $C_S$ 的放电电流。这样明显地改变了开关管的开关轨迹,其开关轨迹线如图 1-32 中的实线所示,避免了开关管端电压和电流同时出现最大值的情况。

缓冲电路之所以能够减小开关管的开关损耗,是因为把开关损耗由开关管本身转移至缓冲电路内,根据这些被转移的能量如何处理、怎样消耗掉,引出了两类缓冲电路:一类是耗能式缓冲电路,即转移至缓冲器的开关损耗能量消耗在电阻上,这种电路简单,但效率低;另一类是馈能式缓冲电路,即将转移至缓冲器的开关损耗能量以适当的方式再提供给负载或回馈给供电电源,这种电路效率高但电路复杂。

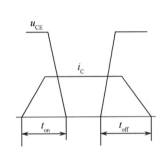

图 1-31　电力电子器件的开关波形

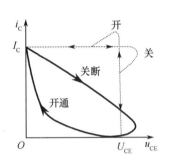

图 1-32　开关轨迹线

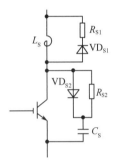

图 1-33　缓冲电路

## 1.4.2　缓冲电路的类型

### 1. 耗能式缓冲电路

（1）RC 关断缓冲电路

在晶闸管的阳极和阴极并联 RC 缓冲电路,如图 1-34 所示,用来防止晶闸管两端过大的 $du/dt$ 造成晶闸管的误触发,其中电阻 $R_S$ 能减小晶闸管导通时电容 $C_S$ 的放电电流。功率二极管的缓冲电路和晶闸管相同。

（2）RCD 关断缓冲电路

全控型电力电子器件广泛地使用 RCD 关断缓冲电路,如图 1-35 所示,$C_S$ 将吸收电路中产生的过电压,一旦开关管导通,电容 $C_S$ 中的能量将有很大的放电电流流过开关管,当这个放电电流的上升率过大时也会损坏器件。为了减小电容器 $C_S$ 中电荷的放电速率,在电容器上串联一个吸收电阻 $R_S$,此电阻的作用是以 $\tau=R_SC_S$ 的时间常数衰减 $C_S$ 的放电电流,还有阻止 $C_S$ 与电路中电感 $L_S$ 所产生的振荡作用。在吸收电阻 $R_S$ 的两端又并联了二极管 $VD_S$,这样在吸收过电压时不经过 $R_S$,以加快对过电压的吸收,而电容 $C_S$ 只能通过电阻 $R_S$ 放电,这样就可以衰减放电电流以保护开关管。

（3）母线吸收式关断缓冲电路

RCD 组成的关断缓冲电路虽具有较明显的抑制 $du/dt$ 的作用,但电阻 $R_S$ 的功耗很大,既造成散热困难,又影响了系统的效率。数个开关管公用一个母线吸收式缓冲电路的方案既具有抑制 $du/dt$ 的作用,又可大大降低电阻 $R_S$ 的功耗,其缓冲器电路如图 1-36 所示。

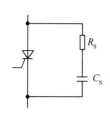

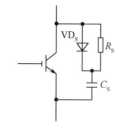

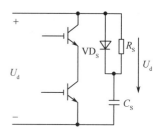

图 1-34　RC 关断缓冲电路　　图 1-35　RCD 关断缓冲电路　　图 1-36　母线吸收式关断缓冲电路

（4）导通缓冲电路

开关管导通时稳态电流值越大，导通时间越短，则 $di/dt$ 越大。为了限制 $di/dt$ 的大小，常采用串联电感的方法，典型的导通缓冲电路如图 1-37 所示。导通缓冲电路由电感 $L_S$ 和二极管 $VD_S$ 组成，与开关管串联，在开关管导通过程中，电感 $L_S$ 限制电流上升率 $di/dt$；当开关管关断时，存储在电感 $L_S$ 中的能量通过二极管 $VD_S$ 的续流作用而消耗在 $VD_S$ 和电感本身的电阻上。

如果缓冲电感 $L_S$ 采用饱和电抗器，则效果会更好。因为只要设计得当，使得缓冲电感在开始导通时呈现高阻抗，在开关管完全导通后处于饱和状态，就可以减少导通损耗。

（5）复合缓冲电路

在实际应用中，总是将关断缓冲电路与导通缓冲电路结合在一起组成复合缓冲电路，如图 1-38 所示。当开关管导通时，$L_S$ 限制电流上升率 $di/dt$，而缓冲电容中的能量经 $C_S$、$R_S$ 和 $L_S$ 回路放电，也减少了开关管承受的电流上升率 $di/dt$。当开关管关断时，由于 $C_S$、$VD_S$ 限制了开关管两端的电压上升率 $du/dt$。在开关管关断后，缓冲电容 $C_S$ 的端电压将充至电源电压 $E$，并存储 $C_S E^2/2$ 的能量；当下一次开关管导通时，电容 $C_S$ 将经电阻 $R_S$ 和开关管放电，电容 $C_S$ 上存储的能量基本上消耗在电阻 $R_S$ 上，关断损耗转移到缓冲电路。在开关管导通后，存储在电感 $L_S$ 中的能量为 $L_S I_0^2/2$；当开关管关断时，通过二极管 $VD_S$ 的续流作用，电感中的能量消耗在 $VD_S$ 和电感本身的电阻上。加入缓冲电路后，开关管的功率损耗下降了。

**2. 馈能式缓冲电路**

将储能元件中的储能通过适当的方式回馈给负载或电源，可以提高装置的效率。在馈能过程中，由于采用的元件不同，又可分为无源和有源两种方式。

无源馈能式复合缓冲电路如图 1-39 所示。开关管在断态时，电容 $C_S$ 充电至电源电压 $E$；在开关管下一次导通时，电容 $C_S$ 上的能量经 $VD_0$、$C_0$、$L_S$ 和开关管回路转移到电容 $C_0$ 上，$L_S$ 起导通缓冲作用，直至稳态，$L_S$ 中的电流为 $I_0$；当开关管下一次关断时，电容 $C_0$ 经 $VD_C$ 向负载馈送能量，电感 $L_S$ 中的能量经 $VD_S$、$VD_0$、$VD_C$ 向负载馈送能量。

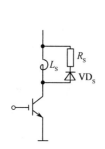

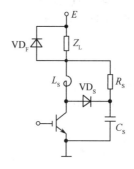

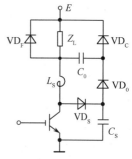

图 1-37　导通缓冲电路　　图 1-38　复合缓冲电路　　图 1-39　无源馈能式
　　　　　　　　　　　　　　　　　　　　　　　　　　　　　　复合缓冲电路

### 1.4.3 缓冲电路元件的选择

增加缓冲电容 $C_S$，可以有效地抑制过电压，但抑制过电压，不宜采用过分增大 $C_S$ 的方法，增大 $C_S$ 会增加整体损耗。如果缓冲电路元件的参数选择不当，或连线过长造成分布电感 $L_S$ 过大等，也可能产生严重的过电压。因此，尽量减小连接线的分布电感 $L_S$，这就意味着要尽可能缩短二极管 $VD_S$、电容器 $C_S$ 和开关管的连线长度。

要求二极管 $VD_S$ 能快速导通、反向恢复时间 $t_{rr}$ 短和反向恢复电荷 $Q_r$ 尽量小，吸收电路中的 $C_S$ 和 $R_S$ 应是无感元件，以尽可能减小缓冲电路的杂散分布电感 $L_S$。例如，$R_S$ 不应选用线绕式的，而应采用涂膜工艺制作的无感电阻，电容 $C_S$ 应选用低串联电阻、电感小且频率特性好的电容。

目前很多大功率电力电子器件都由生产厂商将缓冲电路与器件集成在一起，减少了缓冲电路的设计环节，也增加了电力电子器件的可靠性。

# 1.5　全控型电力电子器件的过电压及过电流保护

**1. 过电压保护**

（1）栅源极或栅射极的过电压保护

对于功率 MOSFET 和 IGBT 来说，如果栅源极或栅射极的阻抗过高，则漏源极或集射极电压的突变会引起极间电容耦合到栅极而产生相当高的栅源极或栅射极电压过冲，这一电压会引起栅极氧化层永久性的损坏。如果是正方向的栅源极或栅射极，瞬态电压还会导致器件的误导通。应采取的措施有：

① 为适当降低栅极驱动电路的阻抗，在栅源极或栅射极并接阻尼电阻；

② 功率 MOSFET 和 IGBT 的栅源极或栅射极输入端接入瞬态抑制二极管。

（2）集射极或漏源极的过电压保护

电路中有电感性负载，或回路中有等效电感时，当器件关断时，电流的突变会产生比电源电压高得多的集射极或漏源极的电压过冲，导致器件的损坏。对 GTO、BJT、MOSFET、IGBT 应采取 RCD 缓冲电路、瞬态抑制二极管等保护措施。

**2. 过电流保护**

全控型电力电子器件的热容量极小，过电流能力很低，其过电流损坏在微秒级的时间内，远远小于快速熔断器的熔断时间，所以诸如快速熔断器之类的过电流保护方法对全控型电力电子器件来说是无用的。为了使全控型电力电子器件组成的电力电子装置安全运行，保护的主要方法是：对桥臂中两个开关管进行桥臂互锁保护；检测电流方法进行保护等。单独使用任一方法都不能进行有效保护，只有各种方法综合应用才能实现全方位的保护。

（1）桥臂互锁保护

逆变器运行时，同一相上、下桥臂的两个开关管不能同时导通。由于开关管有关断时间，只有确认一个开关管关断后，另一个开关管才能导通。为防止两个开关管同时导通，应该设置桥臂互锁时间，防止桥臂短路故障。桥臂互锁时间应大于开关管的关断时间。

（2）过饱和保护

BJT 基极驱动引起的过饱和使 BJT 的存储时间增加，直接影响着 BJT 的开关频率，所以 BJT 的过饱和保护对它的安全可靠工作有着极其重要的作用。通常过饱和保护，可根据被驱动 BJT 的基射电压降的高低来自动调节基极驱动电流的大小，构成抗饱和贝克钳位驱动电路。GTO、IGBT 在过饱和时也会使关断时间变长，造成关断损耗增大的问题，也可以采用抗饱和贝克钳位驱动电路实现过饱和保护。

（3）直接检测电流方法

负载的接入或切除均可能产生很高的冲击电流，从而造成集电极电流或漏极电流超过极限值，过大的电流也会造成 IGBT 的擎住现象，可以用电流传感器检测电流，控制电路使开关管在电流上升到极限值前关断，从而实现过电流保护。

（4）GTO 的过电流保护

当 GTO 阳极电流大于阳极最大可关断电流 $I_{\text{ATO}}$ 时，如果关断 GTO，就会使其烧毁。因此一旦检测出 GTO 过电流，应该封锁关断脉冲，同时降低主电路电流，使阳极电流迅速下降到阳极最大可关断电流以下，然后关断 GTO。

### 3. 静电保护

功率 MOSFET 和 IGBT 的栅极的绝缘氧化层很薄，在静电较强的场合，容易引起静电击穿，造成栅源短路。此外，静电击穿电流易将栅源的金属化薄膜铝熔化，造成栅极或源极开路，故应采取如下 3 个方面的措施。

① 应存放在防静电包装袋、导电材料包装袋或金属容器中，不能放在塑料袋或纸袋中。取用器件时，应拿器件管壳，而不要拿引线。

② 将开关管接入电路时，工作台和电烙铁都必须良好接地，焊接时电烙铁功率应不超过25W，最好采用内热式电烙铁，先焊栅极，后焊漏极与源极或集电极和发射极，最好使用 12～24V的低电压电烙铁，且前端作为接地点。

③ 在测试开关管时，测量仪器和工作台都必须良好接地，并尽量减少相同仪器的使用次数和使用时间，开关管的 3 个电极未全部接入测试仪器或电路前，不要施加电压，改换测试范围时，电压和电流都必须先恢复到零。

# *1.6　电力电子器件的串联与并联技术

电力电子器件串联或并联使用，可以提高装置的电压等级和电流容量。电力电子器件串联时，必须解决均压问题，均压包括静态均压和动态均压；电力电子器件并联时，必须解决均流问题，均流包括静态均流和动态均流。

## 1.6.1　晶闸管的串/并联

### 1. 晶闸管的串联

（1）静态均压

由于串联各晶闸管的正向（或反向）阻断特性不同，各晶闸管所承受的电压是不同的，晶闸管串联时反向电压分配曲线如图 1-40 所示。为了使各晶闸管的电压接近，应给每个晶闸管并联均压电阻 $R_j$。如果 $R_j$ 远远小于晶闸管的断态电阻，则电压分配主要决定于 $R_j$，但若 $R_j$ 过小，则会造成 $R_j$ 上损耗增大，因此要综合考虑。

（2）动态均压

在导通和关断的过程中，由于各晶闸管的导通时间和关断时间不一致而造成动态电压分配不均匀，产生动态过电压。晶闸管串联均压电路如图 1-41 所示，晶闸管在开关过程中，瞬时电压的分配决定于各晶闸管的结电容、导通时间和关断时间等。晶闸管并联电容 $C_S$ 可以降低过电压，为了减小电容 $C_S$ 对晶闸管放电造成过大的 $di/dt$，还应在电容 $C_S$ 支路中串联电阻 $R_S$。

晶闸管串联后，考虑均压效果，必须提高晶闸管电压的安全裕量，串联后选择晶闸管的额定电压为

$$U_{\text{TN}} = (2.2 \sim 3.8)\frac{U_{\text{M}}}{n_{\text{s}}} \tag{1-17}$$

式中,$U_M$为作用于串联晶闸管上的峰值电压;$n_s$为串联晶闸管个数。

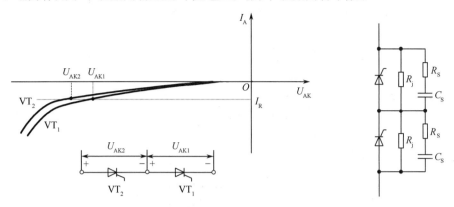

图 1-40　晶闸管串联时反向电压分配曲线　　　图 1-41　晶闸管串联均压电路

**2. 晶闸管的并联**

由于并联的各晶闸管在导通时的伏安特性不相同,通过并联晶闸管的电流是不等的,晶闸管并联时正向电流分配曲线如图 1-42 所示。为了使并联晶闸管的电流均匀分配,可采用串联电阻和串联电抗等均流措施。

(1) 串联电阻法

晶闸管串联电阻的均流电路如图 1-43(a)所示,通过电阻调节晶闸管通态电压,从而达到均流的目的。

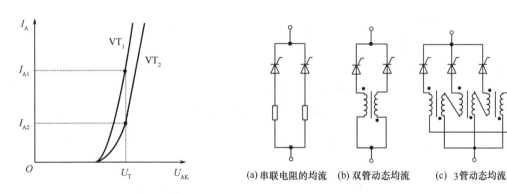

图 1-42　晶闸管并联时正向电流分配曲线　　　图 1-43　晶闸管并联均流电路

(2) 串联电抗法

晶闸管串联电抗的均流电路如图 1-43(b)、(c)所示。用一个均流电抗器接在两个并联的晶闸管电路中,当两个线圈内的电流相等时,铁心内励磁磁势相互抵消;当电流不等时,就会产生一个电势造成环流,此环流使电流小的支路电流增大,电流大的支路电流减小,达到了均流的目的。

晶闸管并联后,考虑均流效果,必须提高晶闸管电流的安全裕量,并联后选择晶闸管的额定电流为

$$I_{T(AV)} = (1.7 \sim 2.5) \frac{I}{n_p \times 1.57} \tag{1-18}$$

式中,$I$为流过的总电流有效值;$n_p$为并联晶闸管个数。

晶闸管串/并联连接时,要求串/并联的各晶闸管导通时间之差要小,所以触发脉冲前沿要陡,触发脉冲电流要大,并应尽可能选择参数比较接近的晶闸管进行串/并联。

在需要同时采取串联和并联晶闸管时,通常采用先串后并的方法。

## 1.6.2 功率场效应晶体管的串/并联

### 1. 功率 MOSFET 的串联

因为功率 MOSFET 经常工作在高频开关电路中,由于分布参数的影响,常用的电阻与电容串联难以解决动态均压,所以通常不串联工作。

### 2. 功率 MOSFET 的并联

由于功率 MOSFET 是单极载流子工作的,具有正的电阻温度系数,所以功率 MOSFET 对电流有一定的自限流能力,在并联使用时不必采用并联均流措施。

## 1.6.3 绝缘栅双极型晶体管的串/并联

### 1. IGBT 的串联

为了提高变换器的电压等级,IGBT 可以串联连接。开关管在串联应用时的动态均压很难解决,非常容易因均压不好造成器件击穿。在串联使用时,必须采取串联均压措施,才能最大限度地利用开关管的电压容量,建议采用以下措施。

(1)开关管的选型

不同类型和不同厂家的开关管,不能进行串联连接。电流回路和控制回路的布局应保证最小寄生电感与严格对称。

(2)冷却条件

开关管是密集地安装在一个共同散热器上的。对于有多个散热片的大型系统,应尽可能避免热串联,尤其是对空气冷却系统。10℃ 的温差对相同的开关管会带来 1.5~2.5 倍的漏电流的差距,较热的开关管上的分压会减少,会部分的缓解温差。

(3)通过 RCD 缓冲电路改善动态均压

为了改善动态均压,可以采用 RCD 缓冲电路。缓冲电路在开关管的通断期间,能减少且均衡电压上升率。

(4)通过开关时间校正措施改善动态均压

这是通过调整延迟时间来对开关时间进行校正,从而改善动态均压的。这种方法不再需要任何额外的缓冲电路,另外在 IGBT 和 MOSFET 中不会产生任何额外的损耗,但是要求高精度的控制和驱动。

(5)通过控制 $du/dt$、$di/dt$ 改善动态均压

控制系统设置一个开关管电压上升率的参考值,在开关管导通和关断时刻,控制系统把开关管的电压上升率同参考值进行比较,并把差额传给驱动电路。准确且可重复地实现并传输 $du/dt$ 的实际值是问题的关键。如果在硬开关变换器中,$du/dt$ 的值比实际的电压变化率小,就会在开关管中产生额外的损耗。因此,需要提高驱动电路的设计精度,一些标准的驱动器不适用这种方法。同理,也可以通过电感耦合对 IGBT 和 MOSFET 的 $di/dt$ 进行同样的控制处理。

(6)有源电压钳位

通过测量集射电压,并通过一个齐纳二极管反馈给栅极实现电压钳位。如果开关管的集射电压值超过所给定的最大电压值,提高栅极电压,使集电极电流增加,即在输出特性曲线上

对工作点进行调整。对开关管集射电压的限制过程中会产生相对较小的额外损耗。这种有源电压钳位对开关管上升或下降波形的边缘具有均衡作用。这种方法没有时间延迟,限制的电压值不受变换器工作点的影响。另外,它几乎可以与所有标准驱动器配合,并且在关断时,反并联二极管会自动保持对电压的钳位,即使在驱动电路电源电压发生故障时,它也能提供有效的保护。

(7)减额使用

在实际使用中,建议对开关管降额 10% 使用。

**2. IGBT 的并联**

为了提高电流容量,IGBT 可以并联使用。在并联使用时,必须采取并联均流措施,才能最大限度地利用开关管的电流容量,建议采用以下措施。

(1)开关管的选型

建议采用相同型号和相同厂家的开关管,选取具有相同通态电压的开关管更有益。

(2)驱动电路

共同的驱动末级必须使用扭曲在一起的相同长度的导线,印制电路板上的连线也必须相同,保证栅极电阻的阻抗误差较小($<1\%$)。

除驱动末级的栅极电阻 $R_{Gon}$ 和 $R_{Goff}$ 外,不同的开关管还有阻尼电阻 $R_{Gonx}$ 和 $R_{Goffx}$,它们可以抑制栅射极回路中寄生元素导致的振荡。最重要的是,它们减少了半导体转移特性中不同斜率带来的影响。

不同的驱动电路有不同的传播延迟时间,会在驱动电路中产生抖动,因此对并联的开关管应采用相同的驱动电路。

(3)电路布局

并联电路内所有主电路和控制电路的设计都应尽量减少寄生电感和严格按照对称回路接线来进行。对于对称的要求,不只是对交流连线要求同等的长度(分支阻抗),而且对从开关管到直流母线电容器(换流回路电感)的路径也要求同等长度。每个开关管配备相同数量的电容器,并且保持相同的装配距离。发射极的感应电感必须保持较小,因为它会使开关管在工作时的驱动电压发生变化。

(4)冷却条件

在任何情况下,并联开关管良好的散热耦合是很重要的。这种散热耦合是指并联开关管同基板或底板及散热器的连接,所以开关管被密集连接在一起来达到较好的散热耦合效果。对于有多个散热片的并联系统,应尽量避免热串联结构,尤其是对空气冷却系统。当温度相差 10°C 时,对相同的开关管会带来正向通态电压差 20mV 的差别,越热的开关管承受更多的电流,这会加剧温差。

(5)直流母线电压的对称

为了避免直流电压并联电容器组的差异,电容器组应紧密连接在一起。重要的是要确保在电容器组之间没有振荡(LC 电路)出现。对于一些大型系统(兆瓦数量级),建议在电容器组之间使用直流熔断器,来限制电容器组中的能量在短路时产生过大的短路电流。并联系统必须保证在结构上相同,并使用相同类型和容量值的电容器。

(6)减额使用

仅通过优化模块选择、控制设计和导线布局仍不可能完全达到一个理想的静态和动态的均流,因此,必须根据开关管的总额定负载,考虑降低电流使用。在实际使用中,建议对开关管降额 10% 使用。

# 1.7 MATLAB Simulink/Power System 工具箱及常用电力电子器件的仿真模型

Simulink 是 MATLAB 中的可视化仿真工具,用于多域仿真及基于模型的设计,支持系统级设计、仿真、自动代码生成以及嵌入式系统的连续测试和验证。Simulink 提供图形编辑器、可自定义的模块库及求解器,能够进行动态系统建模和仿真。MATLAB 的工具箱有极其丰富的内涵,现在结合本书内容,主要介绍 MATLAB Simulink/Power System 工具箱的模块搭建及系统的仿真技术。本书以 MATLAB R2014a 版本为基础,介绍典型电力电子器件和常用典型环节的仿真模型的功能及使用方法,并对典型的电力电子变换器进行建模与仿真。

## 1.7.1 MATLAB Simulink/Power System 工具箱简介

### 1. Simulink 工具箱

在 MATLAB 命令窗口输入【Simulink】命令,或单击 MATLAB 工具栏中的 Simulink 图标,则打开 Simulink 工具箱界面,如图 1-44 所示。

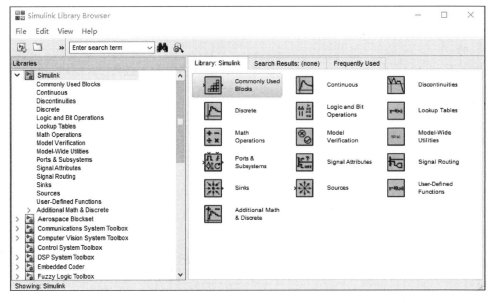

图 1-44  Simulink 工具箱界面

图 1-44 中左侧的树状目录是各分类模块库的名称。在分类模块库下还有二级模块库,双击模块库名则可展开或关闭二级模块库的目录。

从图 1-44 左侧可以看到,整个 Simulink 工具箱由若干个模块库构成,故图 1-44 左侧又称为工具箱浏览器。可以看出,Simulink 的基本模块库包括 16 个模块库,常用的模块库有:通用模块库(Commonly Used Blocks)、连续模块库(Continous)、离散模块库(Discrete)、逻辑和位操作模块库(Logic and Bit Operations)、查表函数模块库(Lookup Tables)、一般数学运算库(Math Operations)、端口与子系统模块库(Ports & Subsystems)、输出模块库(Sinks)、信号源模块库(Sources)、用户自定义函数模块库(User-Defined Functions)等。

### 2. 电力系统(Power System)工具箱

在 MATLAB 命令窗口中输入【powerlib】命令,则弹出如图 1-45 所示工具箱界面。

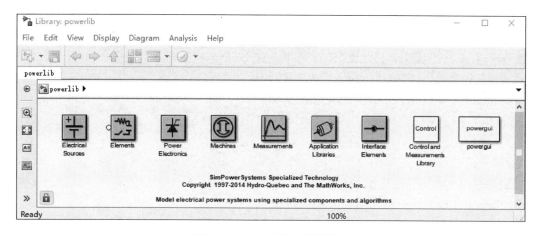

图 1-45　电力系统工具箱界面

电力系统工具箱专用于 RLC 电路、电力电子电路、电动机调速系统和电力系统仿真,包含各种交/直流电源、大量电气元器件和电工测量仪表以及分析工具等。利用电力系统工具箱,可以模拟电力系统运行和故障的各种状态,并进行仿真和分析。Power System 工具箱包含电源模块库(Electrical Sources)、元件模块库(Elements)、电力电子模块库(Power Electronics)、电动机模块库(Machines)、测量模块库(Measurements)、应用模块库(Application Libraries)、接口元件库(Interface Elements)、控制和测量元件库(Control and Measurements Library)和电源接口(powergui)9 部分,每一部分又包括许多相应的电力电子器件模块。

**3. Simulink 和 Power System 的模型窗口**

在 MATLAB 中新建一个模型文件的方法有如下几种:

① 在 MATLAB 窗口的菜单栏单击【File】/【New】/【Simulink Model】命令。

② 在 MATLAB 的文本窗口中输入"simulink",在菜单栏单击【File】/【New】/【Model】命令。

③ 在 MATLAB 窗口的"当前文件夹"子窗口中,右击"新建",选择新建文件→模型。

完成上述操作之一,即可弹出名为"untitled"的模型窗口,如图 1-46 所示。文件命名时,不需要写入扩展名,保存文件时 MATLAB 会自动添加模型文件扩展名".slx",也可选择为".mdl",以供在 MATLAB 低版本中使用。

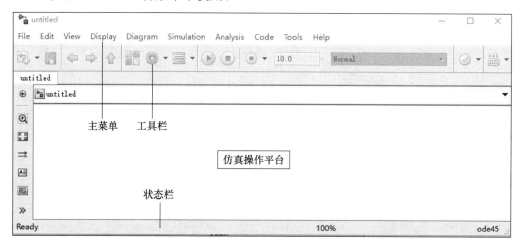

图 1-46　名为"untitled"的模型窗口

Simulink 和 Power System 模型窗口的主菜单有【File】(文件)、【Edit】(编辑)、【View】(查看)、【Display】(显示)、【Diagram】(图表)、【Simulation】(仿真)、【Analysis】(分析)、【Code】(代码)、【Tools】(工具)与【Help】(帮助)10 个选项。这 10 个选项都有其下拉菜单,每个下拉菜单项为一个命令,只要单击,即可执行命令所规定的操作。

### 4. Simulink 和 Power System 工具箱的基本操作

Simulink 和 Power System 工具箱的基本操作是相同的:

① 模块的选定、复制、移动与删除等;

② 模块的连接;

③ 模块标题命名、内部参数的修改。

### 5. Simulink 和 Power System 工具箱的操作

Simulink 和 Power System 工具箱的操作包括:

① 系统模型标题名称的标注;

② 系统模型文件的保存与打开;

③ 模型框图的打印;

④ 观察 Siniulink 的仿真结果。

### 6. Simulink/Power System 子系统的建立

在 Simulink 的模块库里,有许多标准模块(如 PID)是由多个更基本的标准功能模块封装而成的,其目的是实现系统的模块化管理。通常,需要使用"Subsystem"子系统技术将功能相关的模块库合在一起,即对多个标准功能模块采用 Simulink 的封装技术,将其集成在一起,形成新的功能模块(子系统)。经封装后的子系统,可以有特定的图标与参数设置对话框,成为一个独立的功能模块。

创建子系统的方法如下:首先在"untitled"模型窗口(见图 1-46)中编辑好一个需要封装的子系统模型,然后选择【Edit】/【Select all】命令,将子系统模型全部选中,右击并选择下拉菜单中的【Create Subsystem from Selection】命令,自动生成一个名为"Subsystem"的模块,再选择【Diagram】/【Create Mask】命令,弹出如图 1-47 所示的封装编辑器界面,通过它进行各种设置,单击"Apply"或"OK"按钮,保存设置。

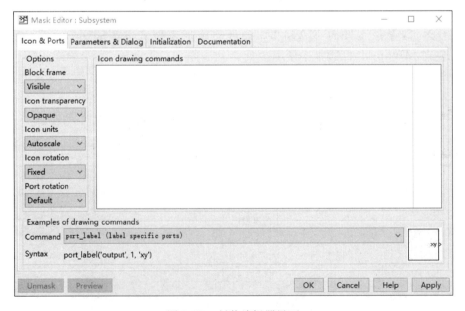

图 1-47　封装编辑器界面

## 7. Simulink/Power System 系统的仿真

在 Simulink 环境下，编辑模型的过程是：首先打开一个空白的编辑窗口，然后将模块库中需要的模块复制到编辑窗口中，并依照给定的框图修改编辑窗口中的模块参数，再将各个模块按照给定的框图连接起来，完成上述工作后就可以对整个模型进行仿真。

启动仿真过程最简单的方法是：单击 Simulink 工具栏下的"启动仿真"按钮，启动仿真过程后，系统将以默认参数为基础进行仿真。除此以外，用户还可以设置要求的仿真参数。仿真参数的设置可以单击【Simulation】/【Model Configuration Parameters】命令，弹出如图 1-48 所示的对话框，这是 Solver 变步长仿真参数设置对话框；Solver 固定步长仿真参数设置对话框如图 1-49所示。用户可以设置相应的数据，修改仿真参数。

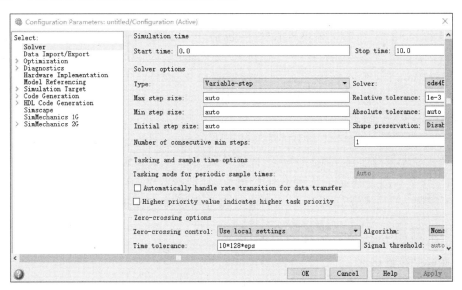

图 1-48　Solver 变步长仿真参数设置对话框

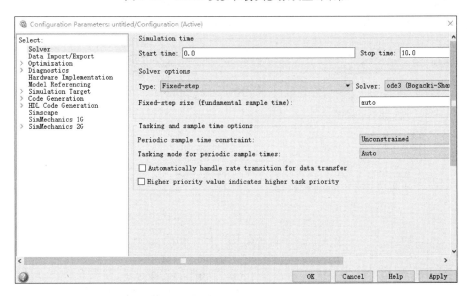

图 1-49　Solver 固定步长仿真参数设置对话框

图 1-48 和图 1-49 默认为微分方程求解程序 Solver 的设置，这两个对话框主要用于微分方程求解的算法及仿真控制参数设置。

（1）仿真算法介绍

Simulink仿真必然涉及微分方程组的数值求解，由于控制系统的多样性，没有哪一种仿真算法是万能的。为此，用户须针对不同类型的仿真模型，按照各种算法的不同特点、仿真性能与适用范围，正确选择算法，并确定适当的仿真参数，以得到最佳的仿真结果。

（2）解算器(Solver)标签页的参数设置

解算器(Solver)标签页的参数设置是仿真工作必需的步骤，最基本的参数设定包括仿真的起始时间与终止时间、仿真的步长大小与解算问题的算法等。如图1-48所示解算器(Solver)标签页参数设定窗口中选项的意义如下：

① "Simulation time"栏为设置仿真时间，在"Start time"与"Stop time"旁的编辑框内分别输入仿真的起始时间和停止时间，其单位是"秒"。

② "Solver options"栏为选择算法的操作，包括许多选项。"Type"栏的下拉式选择框中可选择变步长(Variable-step)算法(界面见图1-48)或者固定步长(Fix step)算法(界面见图1-49)。

在变步长情况下，连续系统仿真可选择的算法有 de45、ode15s、ode23、ode113、ode23s、ode23t、ode23tb 等。离散系统一般默认地选择定步长的 discrete(no continous states)算法。一般系统设定 ode45 为默认算法。

在固定步长情况下，连续系统仿真可选择的算法有 ode1、ode2、ode3、ode4、ode5、ode8、discrete 几种。一般 ode4 为默认算法，它等效于 ode45。固定步长方式只可以设定"fixed step size"，为"auto"。

③ 在图1-48和图1-49的右下部有4个按钮，分别是"OK"按钮、"Cancel"按钮、"Help"按钮、"Apply"按钮。这4个按钮的组合，在其他许多界面里都有，其功能与此相同。

## 1.7.2　常用电力电子器件的仿真模型

### 1. 晶闸管的仿真模型

（1）晶闸管的图标、符号和仿真模型

晶闸管仿真模型由电阻 $R_{on}$、电感 $L_{on}$、直流电压源 $V_f$ 和一个开关串联组成。开关受逻辑信号控制，该逻辑信号由电压、电流和门极触发信号(g)决定。晶闸管的图标、符号和仿真模型如图1-50所示。

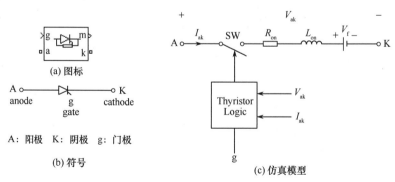

图 1-50　晶闸管的图标、符号和仿真模型

晶闸管模型还包括一个RC串联缓冲电路，它与晶闸管并联。缓冲电路的 R 和 C 值可以设置，当指定 $C=\inf$ 时，缓冲电路为纯电阻；当指定 $R=0$ 时，缓冲电路为纯电容；当指定 $R=\inf$ 或 $C=0$ 时，缓冲电路开路。

（2）晶闸管的伏安特性

晶闸管的伏安特性如图1-51所示。

（3）晶闸管的仿真模型和参数设置

为了提高仿真速度,本节采用标准的晶闸管模型,在设置晶闸管模型参数时注意不能将电感 $L$ 设为零。在晶闸管的图标中可以看到,它有两个输入和两个输出。第 1 个输入 a 和输出 k 对应于晶闸管的阳极和阴极。第 2 个输入 g 为加在门极上的触发信号（g）。第 2 个输出 m 用于测量输出向量$[I_{ak},V_{ak}]$。

晶闸管需要设置的参数有:内电阻 $R_{on}$（单位为 $\Omega$）、内电感 $L_{on}$（单位为 H）、正向管压降 $V_f$（单位为

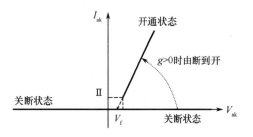

图 1-51　晶闸管的伏安特性

V）、初始电流 $I_c$（单位为 A）、缓冲电阻 $R_s$（单位为 $\Omega$）和缓冲电容 $C_s$（单位为 F）。对于晶闸管的详细（标准）模型,还有擎住电流 $I_L$（单位为 A）和关断时间 $T_q$（单位为 s）两个参数需要设置。

**2. 绝缘栅双极型晶体管（IGBT）的仿真模型**

（1）IGBT 的图标、符号和仿真模型

IGBT 是一个受栅极信号控制的电力电子器件,它由一个电阻 $R$、一个电感 $L$、一个直流电压源 $V_f$ 与一个由驱动信号（g>0 或 g=0）控制的开关串联电路组成。IGBT 的图标、符号和仿真模型如图 1-52 所示。

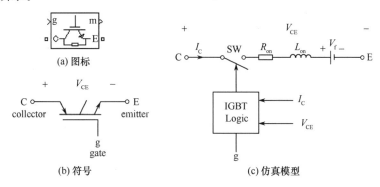

图 1-52　IGBT 的图标、符号和仿真模型

（2）IGBT 的伏安特性

IGBT 的伏安特性如图 1-53 所示。当集射电压为正且大于 $V_f$,同时栅极施加正信号时（g>0）,IGBT 开通;当集射电压为正,但栅极信号为"0"时（g=0）,IGBT 关断。当集射电压为负时,IGBT 处于关断状态。

关断电流曲线如图 1-54 所示。有些 IGBT 没有反向阻断能力,可作为反并联的二极管使用,IGBT 模型还包含一个 RCD 缓冲电路,与 IGBT 并联。

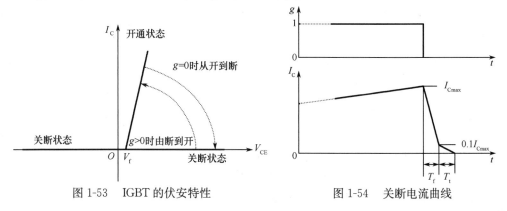

图 1-53　IGBT 的伏安特性　　　　图 1-54　关断电流曲线

IGBT 的关断特性被近似分成两段。当栅极信号变为 $0(g=0)$ 时,集电极电流 $I_C$ 从最大值 $I_{Cmax}$ 下降到 $1/10I_{Cmax}$ 所用的时间,称为下降时间 $T_f$;从 $1/10I_{Cmax}$ 下降到 0 的时间,称为尾部时间 $T_t$。

(3) IGBT 的输入和输出

IGBT 的图标见图 1-52(a),由图可见,它有两个输入和两个输出。第一个输入 C 和输出 E 对应于绝缘栅双极型晶体管的集电极(C)和发射极(E);第二个输入 g 为加在栅极上的 Simulink 驱动信号(g),第二个输出 m 用于测量输出向量 $[I_c, V_{CE}]$。

(4) IGBT 的参数设置

IGBT 的参数设置对话框如图 1-55 所示。

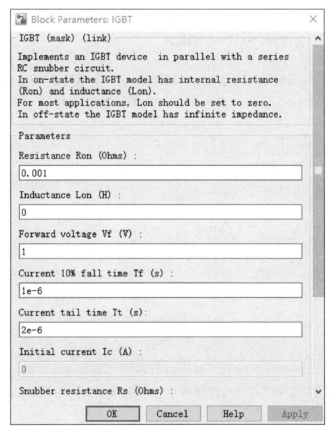

图 1-55　IGBT 的参数设置对话框

仿真含有 IGBT 的电路时,必须使用刚性积分算法,通常可使用 de23tb 或 ode15s,以获得较快的仿真速度。

# 小　结

功率二极管、晶闸管及其派生器件、MOSFET、IGBT、IGCT 等大功率电力电子器件组成的变换器在工业、航空和国防领域有着突出的作用。作为电力电子技术发展的重要因素,电力电子器件的研发及关键技术的突破,必然会促进电力电子技术的迅速发展。

但是我国的电力电子技术起步晚于西方发达国家,这就使我国在电力电子器件的研发和生产上比较落后,尤其是我国宽禁带电力电子器件技术和产业水平还落后于国际先进水平,而且我国在大功率电力电子器件上的研发一直举步维艰。以 IGBT 为例,我国 IGBT 芯片的进口率居高不下,主要市场仍然被国外企业所主导,严重阻碍了我国 IGBT 器件产业的健康发展。从技术发展趋势上看,基于新材料的电力电子器件不断出现,我国只有在研制大功率电力电子器件上取得突破,才能在电力电子领域取得辉煌的成绩。

**本章要求**:了解常见电力电子器件的分类,掌握晶闸管的工作原理、特性及其主要参数,计算晶闸管的额定电压和额定电流;掌握全控型电力电子器件的特性和主要参数;设计合适的驱动电路和缓冲电路,使电力电子器件可靠工作;根据装置要求的器件的容量、开关频率选择电力电子器件。

**本章重点**:晶闸管、IGBT、功率 MOSFET 的特性和主要参数。

**本章难点**:晶闸管的额定电流的计算。

# 习 题 1

1-1　晶闸管导通的条件是什么? 关断的条件是什么?

1-2　为什么要限制晶闸管的通态电流上升率?

1-3　为什么要限制晶闸管的断态电压上升率?

1-4　额定电流为 100A 的晶闸管流过单相全波电流时,允许其最大平均电流是多少?

1-5　晶闸管中通过的电流波形如图 1-56 所示,求晶闸管电流的有效值、平均值、波形系数及晶闸管额定电流。

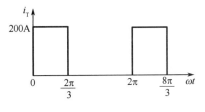

图 1-56　习题 1-5 图

1-6　额定电流为 10A 的晶闸管能否通过 15A 的直流电流?

1-7　温度升高后,使晶闸管导通的触发电流、正反向漏电流、正向转折电压和反向击穿电压各如何变化?

1-8　比较 GTO 与晶闸管的导通和关断,说明它们之间的不同之处。

1-9　电力电子器件为何要设置缓冲电路? 并说明其作用。有哪些缓冲电路形式?

1-10　功率 MOSFET 是电压控制器件,是否需要栅极驱动电流?

1-11　功率 MOSFET 的静电保护措施有哪些?

1-12　IGBT 在何种情况下会出现擎住效应? 使用中如何避免出现该效应?

1-13　全控型电力电子器件的缓冲电路的主要作用是什么? 试说明 RCD 缓冲电路中各元件的作用。

1-14　列表比较 SCR、功率 MOSFET、IGBT 等开关管触发(或驱动)电流或电压波形的要求及主要优缺点。

1-15　21 世纪电力电子器件最可能的重大技术发展是什么? (要求查阅相关文献)

# 第 2 章 交流-直流变换器

本章主要内容包括：单相相控整流器和三相相控整流器的结构、工作原理、工作波形、基本数量关系；晶闸管触发电路；变压器漏抗对相控整流器的影响；相控整流器在逆变状态时的工作情况，逆变失败的原因、最小逆变角限制；相控整流器谐波分析；相控整流器的 MATLAB 仿真。

建议本章教学学时数为 10 学时，其中，2.3.4 节、2.4.2 节、2.4.3 节、2.7 节为选修内容，其余各节为必修内容。

## 2.1 引　言

在生产实际中，某些应用如直流电动机调速系统，要求直流输出电压是可控的。采用晶闸管组成的整流器称为相控整流器，它可以将交流电变换成可调的直流电。功率二极管组成的整流器相当于触发角为 0 时的相控整流器。

相控整流器的电路示意图如图 2-1(a)所示。相控整流器的交流侧接有工频交流电源(电网)。交流电网电压一定时，相控整流器输出的直流电压平均值 $U_d$ 可以从正的最大值到负的最大值连续可控。但相控整流器的直流电流 $I_d$ 的方向不能改变，这将在后续章节详细介绍。这种只能在两个象限中工作的相控整流器，其工作平面图如图 2-1(b)所示。其中，第 1 象限上 $U_d$ 与 $I_d$ 均为正值，处于整流运行状态，能量从交流侧输向直流侧，此时电路称为整流器。在第 4 象限内，$I_d$ 仍为正，$U_d$ 变负，处于逆变运行状态，能量从直流侧输向交流侧，此时电路称为逆变器。应该指出，只有直流侧的负载电路中存在一个直流电源，如电池、电动机电枢的反电势等，逆变运行模式才是可能的。在图 2-1(b)上，$U_d$ 的最大值受电网电压与电路拓扑结构所限定，同时整流器可以输出负电压时，而 $I_d$ 的最大值由器件的电流额定参数所限制。

在另外一些应用中，如可以实现再生制动的直流电动机可逆调速系统，要求必须能在全部 4 个象限内运行，这时可将两个上述的两象限相控整流器反并联连接。

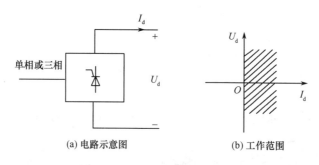

(a) 电路示意图　　　　　　　　(b) 工作范围

图 2-1　相控整流器和工作范围

# 2.2 单相相控整流器

## 2.2.1 单相半波相控整流器

### 1. 电阻性负载

（1）工作原理

单相半波相控整流器原理图及接电阻性负载时的工作波形如图 2-2 所示。在实际应用中，某些负载基本上是电阻性的，如电阻加热炉、电解和电镀等。电阻性负载的特点是电压与电流成正比，波形相同并且同相位，电流可以突变。在分析工作原理时，首先假设：①开关管是理想的，即开关管（晶闸管）导通时，通态压降为零，关断时电阻为无穷大；②变压器是理想的，即变压器漏抗为零，绕组的电阻为零，励磁电流为零。

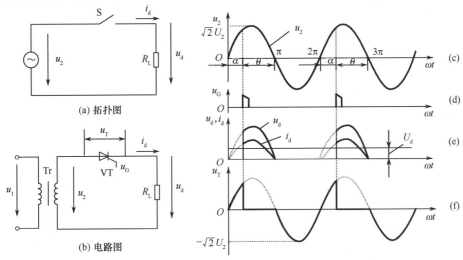

图 2-2　单相半波相控整流器电阻性负载时的电路图和工作波形

图 2-2（a）是单相半波相控整流器的拓扑结构，图 2-2（b）是采用晶闸管作为开关管的电路图，变压器 Tr 起变换电压和隔离的作用，其一次侧和二次侧电压瞬时值分别用 $u_1$ 和 $u_2$ 表示。在图 2-2（b）的单相半波相控整流器中，交流电源 $u_2$ 波形如图 2-2（c）所示，显然在电源电压正半波（0～$\pi$ 区间），晶闸管承受正向电压 $u_T > 0$，脉冲 $u_g$ 在 $\omega t = \alpha$（$\alpha$ 称为触发角）处触发晶闸管，晶闸管开始导通，形成负载电流 $i_d$，负载上的输出电压等于变压器输出电压 $u_2$。在 $\omega t = \pi$ 时刻，$u_2 = 0$，电源电压自然过零，晶闸管电流小于维持电流而关断，负载电流为零。在电源电压负半波（$\pi$～$2\pi$ 区间），$u_T < 0$，晶闸管承受反向电压而处于关断状态，负载电流为零，负载上没有输出电压，直到电源电压 $u_2$ 的下一周期的正半波，脉冲 $u_g$ 在 $\omega t = 2\pi + \alpha$ 处又触发晶闸管，晶闸管再次被触发导通，输出电压和电流又加在负载上，如此不断重复，图 2-2(e)，(f)是直流输出电压 $u_d$ 和晶闸管两端电压 $u_T$ 的波形。直流输出电压 $u_d$ 和负载电流 $i_d$ 的波形相位相同。

通过改变触发角 $\alpha$ 的大小，直流输出电压 $u_d$ 的波形发生变化，负载上的输出电压平均值发生变化，显然当 $\alpha = 180°$ 时，$U_d = 0$。由于晶闸管只在电源电压正半波（0～$\pi$ 区间）内导通，输出电压 $u_d$ 为极性不变但瞬时值变化的脉动直流，故称"半波"整流。下面介绍几个名词术语和概念。

① 触发角 $\alpha$ 与导通角 $\theta$

触发角 $\alpha$ 也称触发延迟角或控制角，是指晶闸管从承受正向电压开始到导通止之间的电角度。导通角 $\theta$,是指晶闸管在一周期内处于通态的电角度。单相半波相控整流器电阻性负载情况下,触发角 $\alpha$ 与导通角 $\theta$ 的关系是

$$\alpha + \theta = 180°$$

② 移相与移相范围

移相是指改变触发脉冲 $u_G$ 出现的时刻,即改变触发角 $\alpha$ 的大小。

移相范围是指触发脉冲 $u_G$ 的移动范围,它决定了输出电压的变化范围。单相半波相控整流器电阻性负载时的移相范围是 $0° \sim 180°$。

下面分析各电量与触发角 $\alpha$ 的关系。

(2) 基本数量关系

① 输出电压平均值 $U_d$

由图 2-2(e)可见直流输出电压平均值 $U_d$ 为

$$U_d = \frac{1}{2\pi}\int_\alpha^\pi \sqrt{2}U_2 \sin\omega t \, d(\omega t) = \frac{\sqrt{2}U_2}{\pi}\frac{1+\cos\alpha}{2} = 0.45U_2\frac{1+\cos\alpha}{2} \tag{2-1}$$

当 $\alpha = 0°$ 时,$U_d = 0.45U_2$;当 $\alpha = 180°$ 时,$U_d = 0$,所以触发角的移相范围是 $0° \sim 180°$。

② 输出电流平均值 $I_d$

$$I_d = 0.45\frac{U_2}{R_L}\frac{1+\cos\alpha}{2} \tag{2-2}$$

③ 输出电压有效值 $U$

$$U = \sqrt{\frac{1}{2\pi}\int_\alpha^\pi (\sqrt{2}U_2\sin\omega t)^2 \, d(\omega t)} = U_2\sqrt{\frac{1}{4\pi}\sin2\alpha + \frac{\pi-\alpha}{2\pi}} \tag{2-3}$$

④ 输出电流有效值 $I$

$$I = \frac{U}{R_L} = \frac{U_2}{R_L}\sqrt{\frac{1}{4\pi}\sin2\alpha + \frac{\pi-\alpha}{2\pi}} \tag{2-4}$$

⑤ 晶闸管电流有效值和变压器二次侧电流有效值

单相半波相控整流器中,晶闸管电流有效值和变压器二次侧电流有效值与负载电流相等,即

$$I_T = I_2 = I = \frac{U_2}{R_L}\sqrt{\frac{1}{4\pi}\sin2\alpha + \frac{\pi-\alpha}{2\pi}} \tag{2-5}$$

⑥ 晶闸管承受的正反向电压最大值 $U_M$

由图 2-2(f)可以看出晶闸管承受的正反向电压最大值 $U_M$ 是相电压峰值,即

$$U_M = \sqrt{2}U_2 \tag{2-6}$$

⑦ 功率因数 PF

整流器功率因数是变压器二次侧有功功率与视在功率的比值,当忽略晶闸管的压降时,电源供给的有功功率 $P = UI_2$,则

$$\mathrm{PF} = \frac{P}{S} = \frac{UI_2}{U_2 I_2} = \sqrt{\frac{1}{4\pi}\sin2\alpha + \frac{\pi-\alpha}{2\pi}} \tag{2-7}$$

式中,$P$ 为变压器二次侧的有功功率;$S$ 为变压器二次侧的视在功率。

【例 2-1】 如图 2-2 所示单相半波相控整流器,电阻性负载,电源电压 $U_2$ 为 220V,要求的直流输出电压为 50V,直流输出平均电流为 20A,试计算:

① 晶闸管的触发角;

② 输出电流的有效值；

③ 功率因数；

④ 晶闸管的额定电压和额定电流。

**解** ① 由式(2-1)，计算输出电压为 50V 时的晶闸管触发角 $\alpha$ 为

$$\cos\alpha = \frac{2U_d}{0.45U_2} - 1 = \frac{2 \times 50}{0.45 \times 220} - 1 \approx 0$$

则 $\alpha = 90°$。

②

$$R_L = \frac{U_d}{I_d} = \frac{50}{20} = 2.5\ \Omega$$

当 $\alpha = 90°$ 时，输出电流有效值

$$I = \frac{U}{R_L} = \frac{U_2}{R_L}\sqrt{\frac{1}{4\pi}\sin 2\alpha + \frac{\pi - \alpha}{2\pi}} = 44A$$

③ 功率因数
$$PF = \frac{P}{S} = \frac{UI_2}{U_2 I_2} = \frac{U}{U_2} = \frac{44 \times \frac{50}{20}}{220} = 0.5$$

④ 晶闸管电流有效值 $I_T$ 与输出电流有效值相等，即 $I_T = I$，则晶闸管额定电流

$$I_{T(AV)} = \frac{I_T}{1.57}(1.5 \sim 2) = 42 \sim 56A$$

考虑 2～3 倍安全裕量，晶闸管的额定电压为
$$U_{TN} = (2 \sim 3)U_M = (2 \sim 3) \times 311 = 622 \sim 933V$$

式中，$U_M = \sqrt{2}U_2 = \sqrt{2} \times 220 = 311V$。

根据计算结果查产品手册，选取满足要求的晶闸管。

**2. 电感性负载**

（1）工作原理

电感性负载电路如图 2-3 所示，电源电压是工频正弦电压，在生产实际中，电动机的励磁线圈和负载串联电抗器等都是电感性负载。

当流过电感的电流变化时，电感两端产生感应电势，感应电势对负载电流的变化有阻止作用，使得负载电流不能突变。当电流增大时，电感吸收能量储能，电感的感应电势阻止电流增大；当电流减小时，电感释放出能量，感应电势阻止电流的减小，输出电压、电流有相位差。

如图 2-3 所示，在 $\omega t = 0$ 到 $\alpha$ 期间，晶闸管阳极和阴极之间的电压 $u_T$ 大于零，由于晶闸管门极没有触发信号，晶闸管处于正向关断状态，输出电压、电流都等于零。在 $\omega t = \alpha$ 时，门极有触发信号，晶闸管被触发导通，电源电压 $u_2$ 施加到负载上，输出电压 $u_d = u_2$。由于电感的存在，在 $u_d$ 的作用下，负载电流 $i_d$ 只能缓慢上升。在 $\omega t_1 \sim \omega t_2$ 的范围内，负载电流 $i_d$ 从零增至最大值。电源提供的能量一部分供给负载电阻，一部分为电感储能。在 $\omega t_2 \sim \omega t_3$ 期间，负载电流从最大值开始下降，由于电感的电压改变方向，电感释放能量，企图维持电流不变。当 $\omega t = \pi$ 时，交流电压 $u_2$ 过零，由于有电感电势的存在，晶闸管阳极、阴极之间的电压 $u_T$ 仍大于零，晶闸管会继续导通，此时电感存储的磁能一部分释放变成电阻的热能，同时一部分磁能变成电能送回电网，电感的储能全部释放完后，晶闸管在 $u_2$ 反压作用下而截止，直到下一个周期的正半周。在 $\omega t = 2\pi + \alpha$ 时，晶闸管再次被触发导通。如此循环不断，其输出电压、电流及元件的电压波形如图 2-3(b)所示。

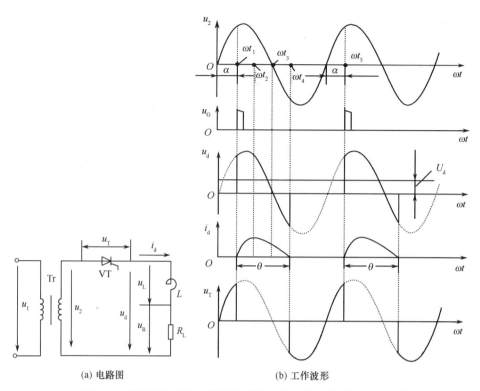

(a) 电路图　　　　　　　　　　(b) 工作波形

图 2-3　单相半波相控整流器电感性负载时的电路图和工作波形

（2）基本数量关系

由图 2-3 可见，直流输出电压平均值 $U_d$ 为

$$U_d = \frac{1}{2\pi}\int_{\alpha}^{\alpha+\theta} \sqrt{2}U_2\sin\omega t\, d(\omega t) \tag{2-8}$$

从 $u_d$ 的波形可以看出，与电阻性负载相比，电感负载的存在，使得晶闸管的导通角增大，电源电压由正到负过零点也不会关断，输出电压出现了负波形，输出电压和电流的平均值减小；当为大电感负载时，输出电压正负面积趋于相等，输出电压平均值趋于零，则 $I_d$ 也很小。由于导通角不仅与触发角有关，也与阻抗角有关，因此输出电压与触发角不是一一对应关系。所以，在实际的大电感电路中，常常在负载两端并联一个续流二极管。

### 3. 电感性负载加续流二极管

（1）工作原理

为了解决电感性负载输出电压下降和输出电压控制的问题，必须在负载两端反并联续流二极管，把输出电压的负波形去掉。电感性负载加续流二极管的电路如图 2-4 所示。

在电源电压正半波（0～π 区间），$u_2 > 0$，晶闸管承受正向电压，$u_T > 0$。脉冲 $u_G$ 在 $\omega t = \alpha$ 处触发晶闸管，元件导通，形成负载电流 $i_d$，负载上有输出电压和电流，在此期间，续流二极管 $VD_R$ 承受反向电压而处于断态。

在电源电压负半波（π～2π 区间），$u_2 < 0$，电源电压 $u_2$ 通过续流二极管 $VD_R$，使晶闸管承受反向电压而关断，$u_T < 0$。电感的感应电压使续流二极管 $VD_R$ 承受正向电压导通续流，负载两端的输出电压仅为续流二极管的管压降，如果电感足够大，续流二极管一直导通到下一周期晶闸管导通，使 $i_d$ 连续，且 $i_d$ 波形如图 2-4 所示。

由以上分析可以看出，电感性负载加续流二极管后，输出电压波形与电阻性负载波形相同，续流二极管可以起到提高输出电压的作用。在大电感负载时，负载电流波形连续且近似一条直线,而流过晶闸管的电流波形和流过续流二极管的电流波形是矩形波。可以看出,对于电感性负载加续流二极管的单相半波相控整流器,移项范围与单相半波相控整流器电阻性负载相同,都为 $0°\sim180°$,且有 $\alpha+\theta=180°$。

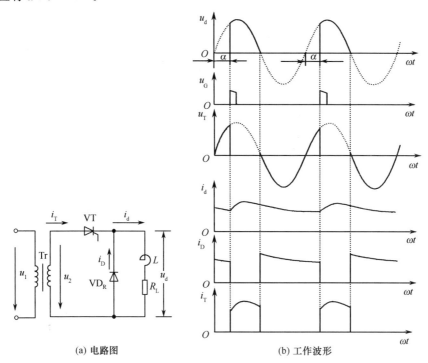

(a) 电路图　　　　　(b) 工作波形

图 2-4　单相半波相控整流器电感性负载加续流二极管时的电路图和工作波形

(2) 基本数量关系

① 输出电压平均值 $U_d$

由图 2-4(b)的输出电压波形可见,输出电压平均值 $U_d$ 为

$$U_d = \frac{1}{2\pi}\int_\alpha^\pi \sqrt{2}U_2\sin\omega t\,d(\omega t) = \frac{\sqrt{2}U_2}{\pi}\frac{1+\cos\alpha}{2} = 0.45U_2\frac{1+\cos\alpha}{2} \tag{2-9}$$

由上式可见,单相半波整流器电感负载加续流二极管的输出电压平均值和电阻负载的输出电压平均值相等。

② 输出电流平均值 $I_d$

$$I_d = \frac{U_d}{R_L} = 0.45\frac{U_2}{R_L}\frac{1+\cos\alpha}{2} \tag{2-10}$$

由于电感的作用,负载电流是平直的。

③ 晶闸管电流有效值和变压器二次侧电流有效值

晶闸管电流有效值和变压器二次侧电流有效值相等,即

$$I_T = I_2 = \sqrt{\frac{1}{2\pi}\int_\alpha^\pi I_d^2\,d(\omega t)} = \sqrt{\frac{\pi-\alpha}{2\pi}}I_d \tag{2-11}$$

④ 续流二极管的电流平均值 $I_{dDR}$

$$I_{dDR} = \frac{\pi+\alpha}{2\pi}I_d \tag{2-12}$$

⑤ 续流二极管的电流有效值 $I_{DR}$

$$I_{DR} = \sqrt{\frac{1}{2\pi}\int_\pi^{2\pi+\alpha} I_d^2\,d(\omega t)} = \sqrt{\frac{\pi+\alpha}{2\pi}}I_d \tag{2-13}$$

⑥ 晶闸管承受的最大正反向电压

晶闸管承受的最大正反向电压均为电源电压的峰值 $U_M = \sqrt{2}U_2$。

⑦ 续流二极管承受的最大反向电压

续流二极管承受的最大反向电压为电源电压的峰值 $U_M = \sqrt{2}U_2$。

单相半波相控整流器的优点是电路简单,调整方便,容易实现。但整流电压脉动大,每周期脉动一次。变压器二次侧流过单方向的电流,存在直流磁化、利用率低的问题,为使变压器不饱和,必须增大铁心截面,这样就导致设备容量增大。

### 2.2.2 单相桥式相控整流器

如图 2-5(a)所示为典型的单相桥式相控整流器,共用了 4 个晶闸管,两个晶闸管接成共阴极,两个晶闸管接成共阳极。桥式整流器的工作特点是整流元件必须成对导通以构成回路。下面首先分析电阻性负载的工作原理。

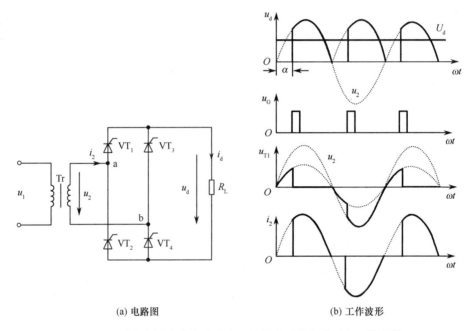

(a) 电路图　　　　　　　　(b) 工作波形

图 2-5　单相桥式相控整流器电阻性负载时的电路图和工作波形

#### 1. 电阻性负载

（1）工作原理

在电源电压 $u_2$ 正半波（$0 \sim \pi$ 区间），晶闸管 $VT_1$、$VT_4$ 承受正向电压。假设 4 个晶闸管的漏电阻相等,则在 $0 \sim \alpha$ 区间内,由于 4 个晶闸管都不导通,$u_{T1,4} = 1/2 u_2$。在 $\omega t = \alpha$ 处,触发晶闸管 $VT_1$、$VT_4$，$VT_1$、$VT_4$ 导通,电流沿 a→$VT_1$→$R_L$→$VT_4$→b 流通,此时负载上有输出电压（$u_d = u_2$）和电流,且波形相位相同。此时电源电压反向施加到晶闸管 $VT_2$、$VT_3$ 上,使其承受反向电压而处于关断状态。晶闸管 $VT_1$、$VT_4$ 一直要导通到 $\omega t = \pi$ 为止,此时因电源电压过零,晶闸管阳极电流也下降为零而关断。

在电源电压负半波（$\pi \sim 2\pi$ 区间），晶闸管 $VT_2$、$VT_3$ 承受正向电压,在 $\pi \sim \pi + \alpha$ 区间,$u_{T2,3} = -1/2 u_2$,在 $\omega t = \pi + \alpha$ 处,触发晶闸管 $VT_2$、$VT_3$，$VT_2$、$VT_3$ 导通,电流沿 b→$VT_3$→$R_L$→$VT_2$→a 流通,电源电压沿正半周期的方向施加到负载电阻上,负载上有输出电压（$u_d = -u_2$）和电流,且波形相位相同。此时电源电压反向施加到晶闸管 $VT_1$、$VT_4$ 上,使其承受反向电压而处

于关断状态。晶闸管 $VT_2$、$VT_3$ 一直要导通到 $\omega t=2\pi$ 为止，此时电源电压再次过零，晶闸管阳极电流也下降为零而关断。晶闸管 $VT_1$、$VT_4$ 和 $VT_2$、$VT_3$ 在对应时刻不断周期性交替导通、关断，其电压、电流波形如图 2-5(b)所示。可以看出，当 $\alpha=0°$ 时，输出电压最高；$\alpha=180°$ 时，输出电压最小，因此单相桥式相控整流器电阻性负载时的移相范围是 $0°\sim180°$。从图 2-5(b)可以看出，晶闸管承受的最大反向电压是相电压峰值 $\sqrt{2}U_2$，晶闸管承受的最大正向电压是 $U_2/\sqrt{2}$。

尽管输入整流器的电压 $u_2$ 是交变的，但负载上正、负两个半波内均有相同方向的电流流过，从而使直流输出电压、电流的脉动在一个交流周期内脉动两次。由于桥式整流器在正、负半周均能工作，使变压器二次绕组在正、负半周内均有大小相等、方向相反的电流流过，消除了直流磁化现象，从而改善了变压器的工作状态，提高了变压器的有效利用率。

（2）基本数量关系

① 输出电压平均值 $U_d$

$$U_d=\frac{1}{\pi}\int_\alpha^\pi \sqrt{2}U_2\sin\omega t\,\mathrm{d}(\omega t)=\frac{2\sqrt{2}U_2}{\pi}\frac{1+\cos\alpha}{2}=0.9U_2\frac{1+\cos\alpha}{2} \tag{2-14}$$

当 $\alpha=0°$ 时，$U_d=0.9U_2$；当 $\alpha=180°$ 时，$U_d=0$，所以触发角的移相范围是 $0°\sim180°$。

② 输出电流平均值 $I_d$

$$I_d=\frac{U_d}{R_L}=\frac{0.9U_2}{R_L}\frac{1+\cos\alpha}{2} \tag{2-15}$$

③ 输出电压有效值 $U$

$$U=\sqrt{\frac{1}{\pi}\int_\alpha^\pi(\sqrt{2}U_2\sin\omega t)^2\,\mathrm{d}(\omega t)}=U_2\sqrt{\frac{1}{2\pi}\sin2\alpha+\frac{\pi-\alpha}{\pi}} \tag{2-16}$$

④ 输出电流有效值 $I$

$$I=\frac{U}{R_L}=\frac{U_2}{R_L}\sqrt{\frac{1}{2\pi}\sin2\alpha+\frac{\pi-\alpha}{\pi}} \tag{2-17}$$

⑤ 晶闸管电流有效值 $I_T$

晶闸管电流是输出电流的二分之一，其有效值 $I_T$ 为

$$I_T=\frac{U_2}{R_L}\sqrt{\frac{1}{4\pi}\sin2\alpha+\frac{\pi-\alpha}{2\pi}}=\frac{1}{\sqrt{2}}I \tag{2-18}$$

⑥ 变压器二次侧电流 $I_2$

变压器二次侧电流 $I_2$ 与输出电流有效值 $I$ 相同，为

$$I_2=I=\frac{U_2}{R_L}\sqrt{\frac{1}{2\pi}\sin2\alpha+\frac{\pi-\alpha}{\pi}} \tag{2-19}$$

⑦ 晶闸管承受的正反向电压最大值 $U_M$

晶闸管承受的最大反向电压为电源电压的峰值 $\sqrt{2}U_2$，晶闸管承受的最大正向电压为电源电压的峰值的一半，即 $\sqrt{2}U_2/2$。所以晶闸管承受的正反向电压最大值是 $\sqrt{2}U_2$。

⑧ 功率因数 PF

整流器的功率因数是变压器二次侧有功功率与视在功率的比值，即

$$\text{PF}=\frac{P}{S}=\frac{UI_2}{U_2I_2}=\sqrt{\frac{1}{2\pi}\sin2\alpha+\frac{\pi-\alpha}{\pi}}$$

**2. 电感性负载**

电感性负载的单相桥式相控整流器及工作波形如图 2-6 所示，由于电感的感应电势阻止电流的变化，输出电压波形出现负波形，如果电感足够大，则输出电流是近似平直的，流过晶闸管和变压器二次侧的电流近似为矩形波。

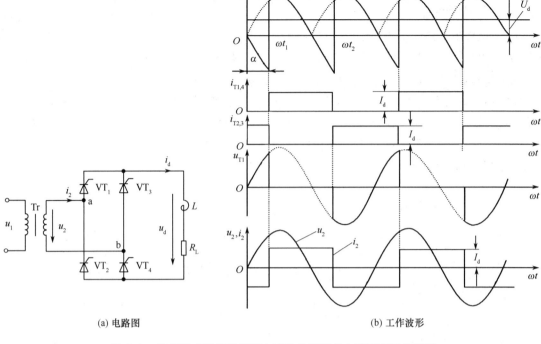

(a) 电路图　　　　　　　　(b) 工作波形

图 2-6　单相桥式相控整流器电感性负载时的电路图和工作波形

（1）工作原理

在电源电压正半波（$0\sim\pi$ 区间），假设电路已经工作在稳定状态，则在 $0\sim\alpha$ 区间，由于电感释放能量，晶闸管 $VT_2$、$VT_3$ 维持导通，在 $\omega t=\alpha$ 处触发晶闸管 $VT_1$、$VT_4$，晶闸管 $VT_1$、$VT_4$ 承受正向电压导通，电流沿 $a\to VT_1\to L\to R_L\to VT_4\to b$ 流通，此时负载上有输出电压（$u_d=u_2$）和电流。此时电源电压反向施加到晶闸管 $VT_2$、$VT_3$ 上，使其承受反向电压而处于关断状态。

当 $\omega t=\pi$ 时，电源电压自然过零，感应电势使晶闸管继续导通。

在电源电压负半波，晶闸管 $VT_2$、$VT_3$ 承受正向电压，在 $\omega t=\pi+\alpha$ 处，触发晶闸管 $VT_2$、$VT_3$，$VT_2$、$VT_3$ 导通，电流沿 $b\to VT_3\to L\to R_L\to VT_2\to a$ 流通，电源电压沿正半周期的方向施加到负载上，负载上有输出电压（$u_d=-u_2$）和电流。此时电源电压反向施加到晶闸管 $VT_1$、$VT_4$ 上，使其承受反向电压而由导通状态变为关断状态。晶闸管 $VT_2$、$VT_3$ 一直要导通到下一周期 $\omega t=2\pi+\alpha$ 处，再次触发晶闸管 $VT_1$、$VT_4$ 为止。

从波形可以看出，$\alpha>90°$ 时，输出电压波形正负面积相同，平均值为零，所以移相范围是 $0°\sim90°$。触发角 $\alpha$ 在 $0°\sim90°$ 之间变化时，晶闸管导通角 $\theta\equiv\pi$，即导通角 $\theta$ 与触发角 $\alpha$ 无关。晶闸管承受的正反向电压最大值 $U_M=\sqrt{2}U_2$。

（2）基本数量关系

① 输出电压平均值 $U_d$

$$U_d=\frac{1}{\pi}\int_{\alpha}^{\pi+\alpha}\sqrt{2}U_2\sin\omega t\,d(\omega t)=\frac{2\sqrt{2}U_2}{\pi}\cos\alpha=0.9U_2\cos\alpha \qquad (2\text{-}20)$$

当 $\alpha=0°$ 时，$U_d=0.9U_2$；当 $\alpha=90°$ 时，$U_d=0$，所以触发角的移相范围是 $0°\sim90°$。

② 输出电流平均值 $I_d$

$$I_d=\frac{U_d}{R_L}=\frac{0.9U_2\cos\alpha}{R_L} \qquad (2\text{-}21)$$

输出电流波形是一条水平线。

③ 晶闸管电流有效值 $I_T$

晶闸管的电流是输出电流的一半,输出电流波形是一条水平线,因此其有效值为

$$I_T = \frac{1}{\sqrt{2}}I_d \tag{2-22}$$

④ 变压器二次侧电流有效值 $I_2$

变压器二次侧的电流波形是对称的正负矩形波,其有效值与输出电流平均值相等,即

$$I_2 = I_d \tag{2-23}$$

⑤ 晶闸管承受的正反向电压最大值 $U_M$

晶闸管承受的最大正反向电压均为电源电压的峰值,$U_M = \sqrt{2}U_2$。

### 3. 反电势负载

**(1) 反电势电阻性负载**

首先分析负载回路无电感的情况(如蓄电池充电)。反电势负载的特点是:只有整流电压的瞬时值 $u_d$ 大于反电势 $E$ 时,晶闸管才能承受正向电压而导通,这使得晶闸管导通角减小。晶闸管导通时,$u_d = u_2$,$i_d = \frac{u_d - E}{R}$;晶闸管关断时,$u_d = E$。如图 2-7 所示,与电阻性负载相比,晶闸管提前了电角度 $\delta$ 停止导电,在 $\alpha$ 相同情况下,$i_d$ 波形在一周期内为 0 的时间较电阻性负载时长,$\delta$ 称为停止导电角,即

$$\delta = \arcsin\frac{E}{\sqrt{2}U_2} \tag{2-24}$$

若 $\alpha < \delta$,触发脉冲到来时,晶闸管承受负电压,不可能导通。为了使晶闸管可靠导通,要求触发脉冲有足够的宽度,保证当晶闸管开始承受正电压时,触发脉冲仍然存在。这样,相当于触发角被推迟,即 $\alpha = \delta$。

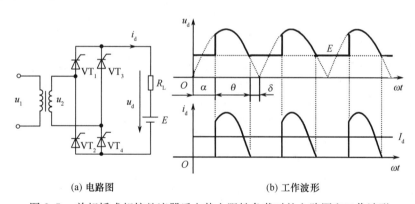

(a) 电路图          (b) 工作波形

图 2-7　单相桥式相控整流器反电势电阻性负载时的电路图和工作波形

在反电势电阻性负载时的输出电压平均值 $U_d$ 为

$$U_d = E + \frac{1}{\pi}\int_\alpha^{\pi-\delta}(u_2 - E)\mathrm{d}\omega t = \frac{\alpha + \delta}{\pi}E + \frac{1}{\pi}\int_\alpha^{\pi-\delta}\sqrt{2}U_2\sin\omega t\,\mathrm{d}\omega t \tag{2-25}$$

**(2) 反电势电感性负载**

图 2-7 中若负载为直流电动机,此时负载性质为反电势电感性负载,电感不足够大,输出电流波形仍然断续,使电动机机械特性变软。通常在负载回路中串接平波电抗器,以减小电流脉动,延长晶闸管导通时间,如果电感足够大,电流就能连续,在这种条件下的工作情况与电感性负载相同,其工作波形如图 2-6(b) 所示。

① 输出电压平均值 $U_d$

在反电势电感性负载时的输出电压平均值 $U_d$ 为

$$U_d = 0.9U_2\cos\alpha$$

② 输出电流平均值 $I_d$

$$I_d = \frac{U_d - E}{R_L} \tag{2-26}$$

### 2.2.3 电容滤波的不可控整流器

在不间断电源、开关电源等应用场合中,最常用的是电容滤波的单相桥式和三相桥式不可控整流器。单相桥式不可控整流器常用于小功率单相交流输入的场合,如目前大量普及的微机、电视机等家电产品中。由于电路中的电力电子器件采用整流二极管,故也称这类电路为二极管整流器。下面以电容滤波的单相桥式不可控整流器为例,讨论其工作原理和主要数量关系,在以下讨论中忽略变压器漏抗、线路电感等作用。

#### 1. 工作原理及波形分析

二极管整流器接电容和电阻性负载的电路图如图 2-8 所示。在 $u_2$ 正半周过零点至 $\omega t = 0$ 期间,因 $u_2 < u_d$,故二极管均不导通,电容 $C$ 向负载电阻 $R_L$ 放电,提供负载所需电流,同时输出电压 $u_d$ 下降。至 $\omega t = 0$ 之后,$u_2$ 将要超过 $u_d$,$VD_1$ 和 $VD_4$ 承受正向电压导通,$u_d = u_2$,交流电源向电容充电,同时向负载 $R_L$ 供电。至 $\omega t = \theta$ 之后,$u_2 < u_d$,$VD_1$ 和 $VD_4$ 关断,电容开始以指数规律放电。通过分析,可知 $\delta$ 和 $\theta$ 决定于 $\omega RC$ 的乘积。

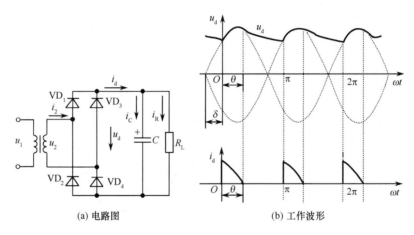

(a) 电路图      (b) 工作波形

图 2-8 单相桥式不可控整流器电容滤波时的电路图和工作波形

#### 2. 基本数量关系

① 输出电压平均值 $U_d$

空载时,负载 $R_L$ 为无穷大,因此放电时间常数为无穷大,输出电压最大,$U_d = \sqrt{2}U_2$。重载时,负载 $R_L$ 很小,电容放电很快,$U_d$ 逐渐趋近于 $0.9U_2$,即趋近于接近电阻性负载时的特性。

在设计时根据负载的情况选择电容 $C$ 值,使

$$R_L C \geqslant (3 \sim 5)\frac{T}{2} \tag{2-27}$$

式中,$T$ 为交流电源的周期。此时输出电压为

$$U_d \approx 1.2U_2$$

② 输出电流平均值 $I_d$

$$I_d = \frac{U_d}{R_L} \qquad\qquad (2\text{-}28)$$

在稳态时,电容 $C$ 在一个电源周期内吸收的能量和释放的能量相等,其电压平均值保持不变,相应地流经电容的电流在一个电源周期内平均值为零,又由 $i_d = i_R + i_C$ 得:$I_d = I_R$。

③ 二极管电流

二极管电流平均值 $I_{dVD}$ 为

$$I_{dVD} = \frac{I_d}{2} \qquad\qquad (2\text{-}29)$$

二极管电流波形由于是脉冲波形,电流有效值与波形形状有关,波形形状与电容和负载电阻有关,一般应按照输出电压等于 $1.2U_2$ 时计算有效值。可以根据工程计算的方法得出二极管电流有效值。

④ 二极管承受的电压

二极管承受的反向电压最大值为变压器二次电压最大值 $\sqrt{2}U_2$。

**3. 感容滤波的二极管整流器**

在实际应用中,开始工作时会有大的冲击电流,该电流会使电力电子器件损坏。为抑制冲击电流,常采用在直流侧串入电感、加入热敏电阻或在直流侧串入电阻在电容充电一段时间接近额定电压时再用晶闸管短接电阻等措施。如串入较小的电感,则电路成为感容滤波的电路,电路如图 2-9 所示,此时 $u_d$ 波形更平直,电流 $i_2$ 的上升段平缓了许多,有效地抑制了电流冲击。

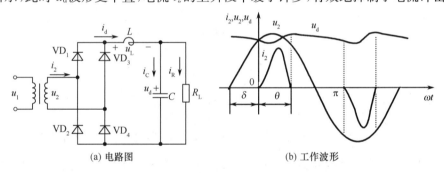

(a) 电路图　　　　　　　　(b) 工作波形

图 2-9　单相桥式不可控整流器感容滤波时的电路图和工作波形

单相桥式相控整流器主要适用于小于 $4kW$ 的应用场合,每周期脉动两次。变压器二次侧流过正反两个方向的电流,不存在直流磁化,利用率高。

# 2.3　三相相控整流器

## 2.3.1　三相半波共阴极相控整流器

**1. 电阻性负载**

(1) 工作原理

三相半波共阴极相控整流器如图 2-10(a)所示,为了得到零线,整流变压器二次绕组接成星形。为了给 3 次谐波电流提供通路,减轻高次谐波对电网的影响,变压器一次绕组接成三角形。图中 3 个晶闸管的阴极连在一起,为共阴极接法。

稳定工作时,3 个晶闸管的触发脉冲互差 $120°(2\pi/3)$,在三相整流器中,通常规定 $\omega t = \pi/6$

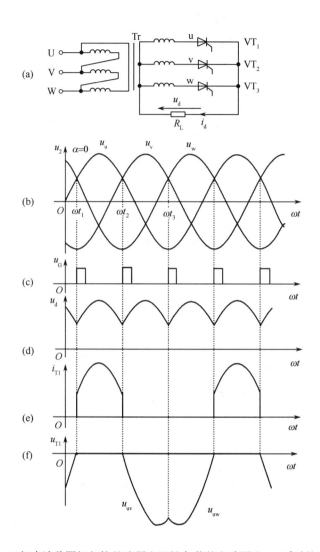

图 2-10　三相半波共阴极相控整流器电阻性负载的电路图和 $\alpha=0°$ 时的工作波形

为触发角 $\alpha$ 的起点,称为自然换相点。三相半波共阴极相控整流器的自然换相点是三相电源相电压正半周期的交叉点,在各相相电压的 $\pi/6$ 处,即 $\omega t_1$、$\omega t_2$、$\omega t_3$ 点,自然换相点之间互差 $2\pi/3$,三相脉冲也互差 $120°(2\pi/3)$。

假设电路已经正常工作,电阻性负载 $\alpha=0°$ 时的输出电压波形如图 2-10(d)所示。在 $\omega t_1$ 时刻触发 $VT_1$,在 $\omega t_1 \sim \omega t_2$ 区间有 $u_u > u_v$、$u_u > u_w$,u 相电压最高,$VT_1$ 承受正向电压而导通,导通角 $\theta=120°(2\pi/3)$,输出电压 $u_d=u_u$。其他晶闸管承受反向电压而不能导通。$VT_1$ 通过的电流 $i_{T1}$ 与变压器二次侧 u 相电流波形相同,大小相等。

在 $\omega t_2$ 时刻触发 $VT_2$,在 $\omega t_2 \sim \omega t_3$ 区间,v 相电压最高,由于 $u_u < u_v$,$VT_2$ 承受正向电压而导通,$u_d=u_v$。$VT_1$ 两端电压 $u_{T1}=u_u-u_v=u_{uv}<0$,晶闸管 $VT_1$ 承受反向电压关断。在 $\omega t_2$ 时刻,发生的一相晶闸管导通变换为另一相晶闸管导通的过程称为换相。

在 $\omega t_3$ 时刻触发 $VT_3$,在 $\omega t_3 \sim \omega t_4$ 区间,w 相电压最高,由于 $u_v < u_w$,$VT_3$ 承受正向电压而导通,$u_d=u_w$。$VT_2$ 两端电压 $u_{T2}=u_v-u_w=u_{vw}<0$,晶闸管 $VT_2$ 承受反向电压关断。在 $VT_3$ 导通期间,$VT_1$ 两端电压 $u_{T1}=u_u-u_w=u_{uw}$。这样在一周期内,$VT_1$ 只导通 $2\pi/3$,在其余 $4\pi/3$ 时间承受反向电压而处于关断状态。

可以看出任一时刻,只有承受较高电压的晶闸管才能被触发导通,输出电压 $u_d$ 波形是相电压的一部分,每周期脉动3次,是三相电源相电压正半波完整的包络线,输出电流$i_d$与输出电压$u_d$波形相同、相位相同($i_d=u_d/R_L$)。

从图2-10中可以看出,电阻性负载$\alpha=0°$时,$VT_1$在$VT_2$、$VT_3$导通时仅承受反向电压,随着$\alpha$的增大,晶闸管承受正向电压增大(见图2-11、图2-12),其他两个晶闸管承受的电压波形相同,仅相位依次相差120°。增大$\alpha$,即触发脉冲从自然换相点往后移,则整流电压相应减小。

图2-11所示是$\alpha=30°$时的波形,从输出电压、电流的波形可以看出,$\alpha=30°$是输出电压、电流连续和断续的临界点。当$\alpha<30°$时,输出电压、电流连续,后一相的晶闸管导通使前一相的晶闸管关断。当$\alpha>30°$时,输出电压、电流断续,前一相的晶闸管由于交流电压过零变负而关断后,后一相的晶闸管未到触发时刻,此时3个晶闸管都不导通,输出电压$u_d=0$,这时晶闸管的端电压为本相的相电压,直到后一相的晶闸管被触发导通,输出电压为后一相电压。如图2-12所示为$\alpha=60°$时的波形。显然,$\alpha=150°$时,输出电压为零,所以三相半波整流器电阻性负载移相范围是0°～150°($5\pi/6$)。

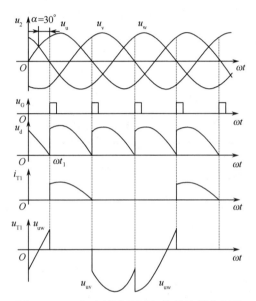

图2-11　三相半波共阴极相控整流器电阻性负载,$\alpha=30°$时的工作波形

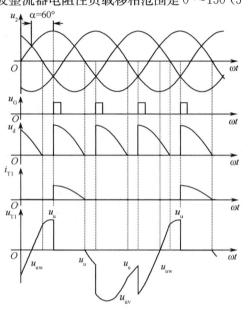

图2-12　三相半波共阴极相控整流器电阻性负载,$\alpha=60°$时的工作波形

（2）基本数量关系

① 输出电压平均值$U_d$

由于$\alpha=30°$是$u_d$波形连续和断续的分界点,$\alpha\le30°$,输出电压$u_d$波形连续;$\alpha>30°$,$u_d$波形断续,因此,计算输出电压平均值$U_d$时应分两种情况进行。

● 当$\alpha\le30°$时

$$U_d = \frac{1}{2\pi/3}\int_{\frac{\pi}{6}+\alpha}^{\frac{5\pi}{6}+\alpha} \sqrt{2}U_2\sin\omega t\,\mathrm{d}(\omega t) = 1.17U_2\cos\alpha \tag{2-30}$$

当$\alpha=0°$时,$U_d=U_{d0}=1.17U_2$。

● 当$\alpha>30°$时

$$U_d = \frac{1}{2\pi/3}\int_{\frac{\pi}{6}+\alpha}^{\pi} \sqrt{2}U_2\sin\omega t\,\mathrm{d}(\omega t) = 0.675U_2[1+\cos(\pi/6+\alpha)] \tag{2-31}$$

当$\alpha=150°$时,$U_d=0$,所以触发角的移相范围为0°～150°。

② 输出电流平均值$I_d$

$$I_d=\frac{U_d}{R_L}$$

③ 晶闸管电流有效值 $I_\mathrm{T}$ 和变压器二次侧电流有效值 $I_2$

● 当 $\alpha \leqslant 30°$ 时

$$I_\mathrm{T} = \sqrt{\frac{1}{2\pi} \int_{\frac{\pi}{6}+\alpha}^{\frac{5\pi}{6}+\alpha} \left( \frac{\sqrt{2} U_2 \sin\omega t}{R_\mathrm{L}} \right)^2 \mathrm{d}(\omega t)} = \frac{U_2}{R_\mathrm{L}} \sqrt{\frac{1}{2\pi} \left( \frac{2\pi}{3} + \frac{\sqrt{3}}{2}\cos 2\alpha \right)} \qquad (2\text{-}32)$$

● 当 $\alpha > 30°$ 时

$$I_\mathrm{T} = \sqrt{\frac{1}{2\pi} \int_{\frac{\pi}{6}+\alpha}^{\pi} \left( \frac{\sqrt{2} U_2 \sin\omega t}{R_\mathrm{L}} \right)^2 \mathrm{d}(\omega t)} = \frac{U_2}{R_\mathrm{L}} \sqrt{\frac{1}{2\pi} \left( \frac{5\pi}{6} - \alpha + \frac{\sqrt{3}}{4}\cos 2\alpha + \frac{1}{4}\sin 2\alpha \right)} \qquad (2\text{-}33)$$

三相半波相控整流器中,变压器二次侧电流有效值和晶闸管电流有效值相等,$I_2 = I_\mathrm{T}$。

④ 晶闸管承受的正反向电压最大值 $U_\mathrm{M}$

从图 2-12 可以看出,晶闸管承受的最大反向电压为电源线电压的峰值 $U_\mathrm{M} = \sqrt{6} U_2$;其承受的正向电压为:当触发角 $\alpha \leqslant 30°$ 时,$U_\mathrm{M} = \sqrt{2} U_2 \sin 30°$;当 $\alpha > 30°$ 时,其承受的最大电压是相电压的峰值 $\sqrt{2} U_2$,所以晶闸管承受的正反向电压最大值是 $\sqrt{6} U_2$。

### 2. 电感性负载

（1）工作原理

三相半波相控整流器共阴极电感性负载时的电路如图 2-13 所示。当 $\alpha \leqslant 30°$ 时的工作情况与电阻性负载相同,输出电压 $u_\mathrm{d}$ 波形、$u_\mathrm{T1}$ 波形也相同。由于负载电感的储能作用,输出电流 $i_\mathrm{d}$ 是近似平直的直流波形,晶闸管中分别流过幅度 $I_\mathrm{d}$、宽度 $2\pi/3$ 的矩形波电流,导通角 $\theta = 120°$。

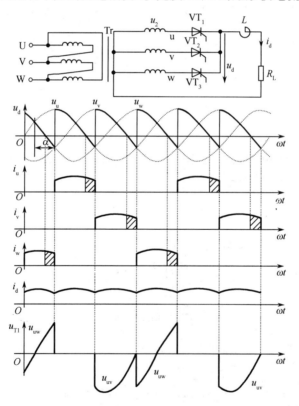

图 2-13 三相半波共阴极相控整流器电感性负载的电路图和 $\alpha = 60°$ 时的工作波形

当 $\alpha > 30°$ 时,假设 $\alpha = 60°$,$VT_1$ 已经导通,在 u 相交流电压过零变负后,由于 $VT_2$ 未到触发时刻没有导通,$VT_1$ 在负载电感产生的感应电势作用下维持导通,输出电压 $u_\mathrm{d} < 0$,直到 $VT_2$ 被触

发导通，VT$_1$承受反向电压关断，输出电压 $u_d=u_v$，然后重复 u 相的过程。

显然，$\alpha=90°$时输出电压为零，所以三相半波整流器电感性负载（电流连续）的移相范围为 $0°\sim90°$。

显然，晶闸管承受的最大正反向电压是变压器二次侧线电压的峰值，即

$$U_M=U_{FM}=U_{RM}=\sqrt{2}\times\sqrt{3}U_2=\sqrt{6}U_2$$

（2）基本数量关系

① 输出电压平均值 $U_d$

由于 $u_d$ 波形是连续的，所以输出电压 $U_d$ 的表达式为

$$U_d=\frac{1}{2\pi/3}\int_{\frac{\pi}{6}+\alpha}^{\frac{5\pi}{6}+\alpha}\sqrt{2}U_2\sin\omega t\,d(\omega t)=1.17U_2\cos\alpha \tag{2-34}$$

当 $\alpha=0°$时，$U_d=1.17U_2$，当 $\alpha=90°$时，$U_d=0$，所以触发角的移相范围为 $0°\sim90°$。

② 输出电流平均值 $I_d$

$$I_d=\frac{U_d}{R_L}=\frac{1.17U_2\cos\alpha}{R_L} \tag{2-35}$$

③ 晶闸管电流有效值 $I_T$ 和变压器二次侧电流有效值 $I_2$

晶闸管电流是输出电流的三分之一，其有效值为

$$I_T=\frac{1}{\sqrt{3}}I_d=0.577I_d \tag{2-36}$$

三相半波相控整流器中，变压器二次侧电流和晶闸管电流相同，故有 $I_2=I_T$。

④ 晶闸管承受的正反向电压最大值 $U_M$

晶闸管承受的正反向电压最大值为电源线电压的峰值，$U_M=\sqrt{6}U_2$。

## 2.3.2 三相半波共阳极相控整流器

把 3 个晶闸管的阳极接成公共端连在一起，就构成了共阳极接法的三相半波相控整流器，这种接法要求三相的触发电路必须彼此绝缘。由于晶闸管只有在阳极电位高于阴极电位时才能导通，因此当工作在整流状态时，共阳极接法晶闸管只在相电压负半周被触发导通，换相总是换到阴极更负的那一相。其工作情况、波形和数量关系与共阴极接法时相仿，仅输出极性相反。图 2-14 给出了共阳极接法的三相半波相控整流器和 $\alpha=30°$时的波形。

从前面的分析可以看出，三相半波整流器在一个周期内脉动 3 次，比单相整流器的脉动要小。但三相半波整流器也存在变压器直流磁化的现象，因此也不适合在大功率负载的场合应用。

## 2.3.3 三相桥式相控整流器

三相桥式相控整流器是由三相半波相控整流器演变而来的，它可看作是三相半波共阴极接法（VT$_1$、VT$_3$、VT$_5$）和三相半波共阳极接法（VT$_4$、VT$_6$、VT$_2$）的串联组合，如图 2-15 所示。

### 1. 电阻性负载

（1）工作原理

接电阻性负载的三相桥式相控整流器如图 2-15 所示。三相桥式相控整流器中共阴极接法（VT$_1$、VT$_3$、VT$_5$）和共阳极接法（VT$_4$、VT$_6$、VT$_2$）的触发角 $\alpha$ 分别与三相半波相控整流器共阴极接法和共阳极接法相同。在一个周期内，晶闸管的导通顺序为 VT$_1$、VT$_2$、VT$_3$、VT$_4$、VT$_5$、VT$_6$。下面首先分析 $\alpha=0°$时电路的工作情况。

如图 2-16 所示，将一周期相电压分为 6 个区间。

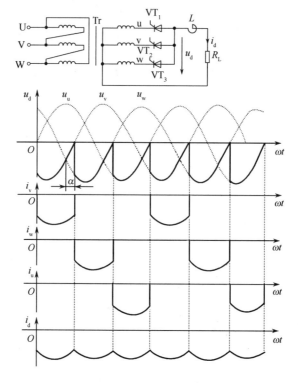

图 2-14　三相半波共阳极相控整流器电感性负载的电路图和 $\alpha=30°$时的工作波形

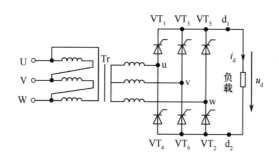

图 2-15　三相桥式相控整流器电阻负载时的电路图

　　阶段 I：在 $\omega t_1 \sim \omega t_2$ 区间，u 相电压最高，$VT_1$ 被触发导通，v 相电压最低，$VT_6$ 被触发导通，加在负载上的输出电压 $u_d = u_u - u_v = u_{uv}$。

　　阶段 II：在 $\omega t_2 \sim \omega t_3$ 区间，u 相电压最高，$VT_1$ 被触发导通，w 相电压最低，$VT_2$ 被触发导通，加在负载上的输出电压 $u_d = u_u - u_w = u_{uw}$。

　　阶段 III：在 $\omega t_3 \sim \omega t_4$ 区间，v 相电压最高，$VT_3$ 被触发导通，w 相电压最低，$VT_2$ 被触发导通，加在负载上的输出电压 $u_d = u_v - u_w = u_{vw}$。

　　依次类推，可得到如表 2-1 所示的情况，工作波形如图 2-16 所示。

表 2-1　三相桥式相控整流器晶闸管导通状态表

| 阶段 | I | II | III | IV | V | VI |
|------|-----|-----|-----|-----|-----|-----|
| 输出电压 | $u_{uv}$ | $u_{uw}$ | $u_{vw}$ | $u_{vu}$ | $u_{wu}$ | $u_{wv}$ |
| 导通晶闸管 | $VT_6$，$VT_1$ | $VT_1$，$VT_2$ | $VT_2$，$VT_3$ | $VT_3$，$VT_4$ | $VT_4$，$VT_5$ | $VT_5$，$VT_6$ |

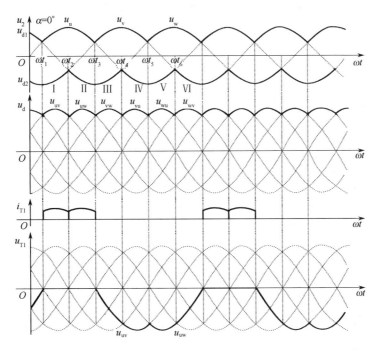

图 2-16　三相桥式相控整流器电阻性负载，$\alpha=0°$ 时的工作波形

从上述分析可以总结出三相桥式相控整流器的工作特点：

① 任何时候共阴极组、共阳极组各有一只元件同时导通才能形成电流回路。

② 共阴极组晶闸管 $VT_1$、$VT_3$、$VT_5$，按相序依次触发导通，相位相差 120°；共阳极组晶闸管 $VT_2$、$VT_4$、$VT_6$，相位相差 120°，同一相的晶闸管相位相差 180°。

③ 输出电压 $u_d$ 由 6 段线电压组成，每周期脉动 6 次，脉动频率为 300Hz。

④ 晶闸管承受的电压波形与三相半波时相同，它只与晶闸管导通情况有关，其波形由 3 段组成：一段为零（忽略导通时的压降），两段为线电压。晶闸管承受的最大正反向电压的关系也相同。

⑤ 变压器二次绕组流过正负两个方向的电流，消除了变压器的直流磁化，提高了变压器的利用率。

⑥ 对触发脉冲宽度的要求：整流桥开始工作时及电流断续后，要使电路正常工作，需保证应同时导通的两个晶闸管均有脉冲。常用的方法有两种：一种是宽脉冲触发，它要求触发脉冲的宽度大于 60°（一般为 80°～100°）；另一种是双窄脉冲触发，即触发一个晶闸管时，向小一个序号的晶闸管补发脉冲。宽脉冲触发要求触发功率大，易使脉冲变压器饱和，所以多采用双窄脉冲触发。

当 $\alpha>0°$ 时，晶闸管不在自然换相点换相，而是从自然换相点后移 $\alpha$ 角度开始换相，工作过程与 $\alpha=0°$ 基本相同。电阻性负载 $\alpha\leqslant60°$ 时的 $u_d$ 波形连续；$\alpha>60°$ 时 $u_d$ 波形断续。$\alpha=60°$ 和 $\alpha=90°$ 时的波形如图 2-17 和图 2-18 所示。可以看出，当 $\alpha=120°$ 时，输出电压 $U_d=0$，因此三相桥式相控整流器电阻性负载的移相范围为 0°～120°。同时可以看出，晶闸管两端承受的正反向电压最大值是变压器二次侧线电压的峰值，$U_{FM}=U_{RM}=\sqrt{2}\times\sqrt{3}U_2=\sqrt{6}U_2=2.45U_2$。

（2）基本数量关系

① 输出电压平均值 $U_d$

由于 $\alpha=60°$ 是输出电压 $u_d$ 波形连续和断续的分界点，输出电压平均值应分两种情况计算。

● $\alpha\leqslant60°$

$$U_d=\frac{1}{\pi/3}\int_{\frac{\pi}{3}+\alpha}^{\frac{2\pi}{3}+\alpha}\sqrt{6}U_2\sin\omega t\,\mathrm{d}(\omega t)=2.34U_2\cos\alpha=1.35U_{2L}\cos\alpha \tag{2-37}$$

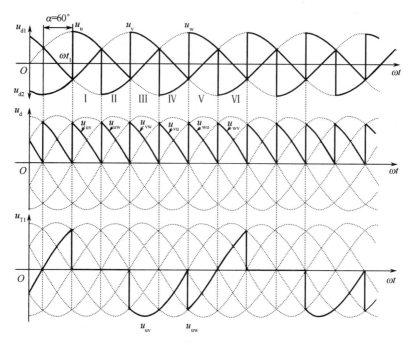

图 2-17　三相桥式相控整流器电阻性负载，$\alpha = 60°$时的工作波形

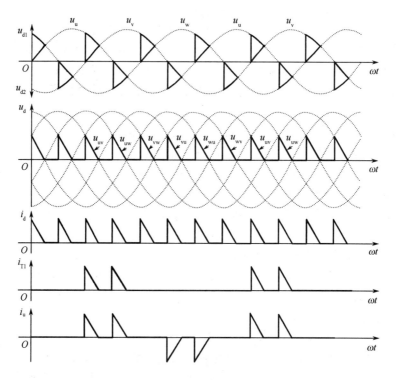

图 2-18　三相桥式相控整流器电阻性负载，$\alpha = 90°$时的工作波形

当 $\alpha=0°$ 时，$U_d = U_{d0} = 2.34U_2$。

• $\alpha > 60°$

$$U_d = \frac{1}{\pi/3}\int_{\frac{\pi}{3}+\alpha}^{\pi} \sqrt{6}U_2\sin\omega t\,\mathrm{d}(\omega t) = 2.34U_2[1+\cos(\pi/3+\alpha)] \tag{2-38}$$

当 $\alpha=120°$ 时，$U_d=0$，所以触发角的移相范围为 $0°\sim120°$。

② 输出电流平均值 $I_d$

$$I_d = \frac{U_d}{R_L} \tag{2-39}$$

③ 晶闸管电流有效值 $I_T$

晶闸管电流有效值在输出电压 $u_d$ 波形连续和断续的分界点有不同的表达式。

• $\alpha \leqslant 60°$

$$I_T = \sqrt{\frac{1}{\pi}\int_{\frac{\pi}{3}+\alpha}^{\frac{2\pi}{3}+\alpha}\left(\frac{\sqrt{6}U_2\sin\omega t}{R_L}\right)^2\mathrm{d}(\omega t)} \tag{2-40}$$

• $\alpha > 60°$

$$I_T = \sqrt{\frac{1}{\pi}\int_{\frac{\pi}{3}+\alpha}^{\pi}\left(\frac{\sqrt{6}U_2\sin\omega t}{R_L}\right)^2\mathrm{d}(\omega t)} \tag{2-41}$$

④ 变压器二次侧电流有效值 $I_2$

变压器二次侧电流是晶闸管电流的 2 倍，因此，变压器二次侧电流有效值为

$$I_2 = \sqrt{2}\,I_T \tag{2-42}$$

⑤ 晶闸管承受的正反向电压最大值 $U_M$

晶闸管承受的正反向电压的最大值为电源线电压的峰值，$U_M=\sqrt{6}U_2$。

**2. 电感性负载**

(1) 工作原理

当 $\alpha \leqslant 60°$ 时，电感性负载的工作情况与电阻性负载时十分相似，各晶闸管的通断情况、输出整流电压 $u_d$ 波形、晶闸管承受的电压波形等都一样。区别在于：由于电感的存在，同样的整流输出电压加到负载上，得到的负载电流 $i_d$ 波形不同。由于电感的作用，使得负载电流波形变得平直，当电感足够大时，负载电流的波形可近似为一条水平线。$\alpha=0°$ 时的波形如图 2-19 所示。

当 $\alpha > 60°$ 时，电感性负载时的工作情况与电阻性负载时不同。由于负载电感感应电势的作用，$u_d$ 波形会出现负的部分。电感性负载 $\alpha=90°$ 时的波形如图 2-20 所示。可以看出，当 $\alpha=90°$ 时，$u_d$ 波形上下对称，平均值为零，因此，电感性负载三相桥式相控整流器的 $\alpha$ 角移相范围为 $0°\sim90°$。

(2) 基本数量关系

① 输出电压平均值 $U_d$

由于 $u_d$ 波形是连续的，所以输出电压平均值的表达式为

$$U_d = \frac{1}{\pi/3}\int_{\frac{\pi}{3}+\alpha}^{\frac{2\pi}{3}+\alpha}\sqrt{6}U_2\sin\omega t\,\mathrm{d}(\omega t) = 2.34U_2\cos\alpha = 1.35U_{2L}\cos\alpha \tag{2-43}$$

当 $\alpha=0°$ 时，$U_{d0}=2.34U_2$，当 $\alpha=90°$ 时，$U_d=0$，所以触发角的移相范围是 $0°\sim90°$。

② 输出电流平均值 $I_d$

$$I_d = \frac{U_d}{R_L} = \frac{2.34U_2\cos\alpha}{R_L} \tag{2-44}$$

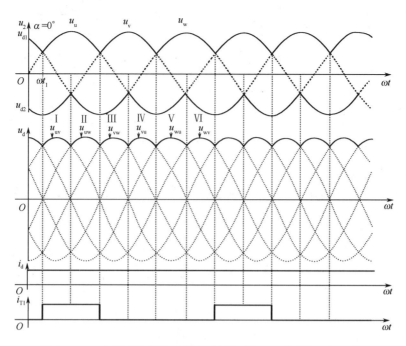

图 2-19　三相桥式相控整流器电感性负载，$\alpha = 0°$时的工作波形

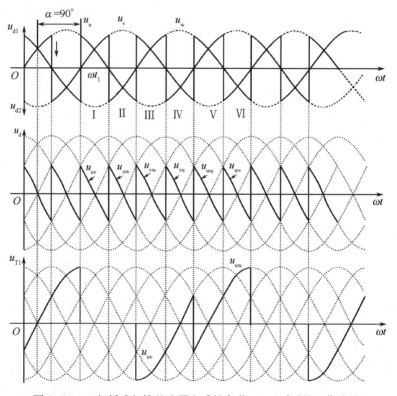

图 2-20　三相桥式相控整流器电感性负载，$\alpha = 90°$时的工作波形

③ 晶闸管电流有效值 $I_T$

$$I_T = \frac{1}{\sqrt{3}} I_d = 0.577 I_d \qquad\qquad (2\text{-}45)$$

④ 变压器二次侧电流有效值 $I_2$

$$I_2 = \sqrt{2}\,I_T = \sqrt{\frac{2}{3}}\,I_d = 0.816 I_d$$

⑤ 晶闸管承受的正反向电压最大值 $U_M$

晶闸管承受的正反向电压最大值为电源线电压的峰值，$U_M = \sqrt{6}\,U_2$。

**3. 反电势负载**

三相桥式相控整流器接反电势负载时，在负载电感足够大、负载电流连续的情况下，电路工作情况与电感性负载时相似，电路中各处电压、电流波形均相同，仅在计算 $I_d$ 时有所不同，负载电流平均值为

$$I_d = \frac{U_d - E}{R_L} \tag{2-46}$$

### *2.3.4  其他形式的大功率相控整流器

随着各种高电压、大电流电力电子器件的相继问世，晶闸管相控整流器主要用在三相大功率应用场合中。除以上三相电路外，还有其他的形式，如在电解、电镀等工业中，常常使用低电压大电流（如几十伏、几千至几万安）可调直流电源。由于三相桥式相控整流器有 2 倍的晶闸管压降，因此常常使用带平衡电抗器的双反星形相控整流器（见图 2-21），整流装置功率进一步加大时，所产生的谐波、无功功率等对电网的干扰也随之加大。为了减轻干扰，可采用多重化整流器。如图 2-22 所示为并联双重连接的 12 脉波整流器。

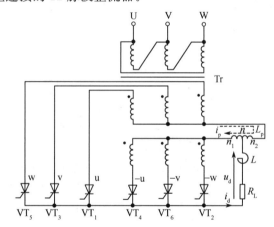

图 2-21　带平衡电抗器的双反星形相控整流器电路图

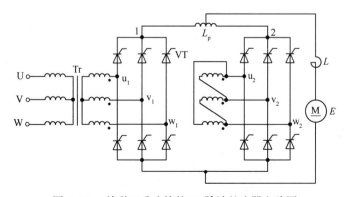

图 2-22　并联双重连接的 12 脉波整流器电路图

# 2.4 晶闸管触发电路

## 2.4.1 晶闸管触发电路的要求和类型

### 1. 触发电路的要求

整流器的正常可靠运行,与晶闸管触发电路准确、实时、可靠地产生触发脉冲密切相关,触发电路也必须满足主电路的要求。晶闸管触发电路有如下要求:

① 触发角应满足要求的移相范围;

② 在相同的控制电压时,触发角应该相同,触发脉冲与晶闸管主电路电源必须同步;

③ 为保证三相桥式相控整流器正常工作,触发电路应能输出双窄脉冲或宽脉冲。

### 2. 触发电路的类型

晶闸管触发电路按元件集成度可分为分立元件触发电路和集成触发电路;按信号性质可分为模拟触发电路和数字触发电路。集成触发电路和数字触发电路控制灵活、精度高,因而得到广泛的应用。在数字化控制的变换器系统中,微机除完成系统的控制和调节外,还实现数字触发电路的功能,提高了系统一体化程度,降低了成本,提高了性能。

## *2.4.2 同步信号为锯齿波的触发电路

锯齿波触发电路主要由脉冲形成与放大环节、锯齿波形成与脉冲移相环节、同步环节等组成,如图 2-23 所示。

### 1. 脉冲形成与放大环节

如图 2-23 所示,脉冲形成环节由 $V_4$、$V_5$、$R_9$、$R_{11}$、$C_3$、$VD_4$ 组成;放大环节由 $V_7$、$V_8$ 和脉冲变压器放大电路组成。电路的触发脉冲由脉冲变压器 Tr 二次侧输出,经整流提供,其一次侧绕组接在 $V_8$ 集电极电路中。

当 $V_4$ 的基极电压 $u_{b4} < 0.7V$ 时,$V_4$ 截止。$+E_1$ 电源通过 $R_{11}$ 提供给 $V_5$ 一个足够大的基极电流,使 $V_5$ 饱和导通。所以 $V_5$ 集电极电压接近于 $-E_1$,$V_7$、$V_8$ 处于截止状态,无脉冲输出。电源 $+E_1$ 经 $R_9$、$V_5$ 的发射极到 $-E_1$ 对电容 $C_3$ 充电,充满后电容两端电压接近 $2E_1$,极性如图 2-23 所示。当 $u_{b4} \geqslant 0.7V$ 时,$V_4$ 导通。A 点电位从 $+E_1$ 突降到 1V,由于电容 $C_3$ 电压不能突变,所以 $V_5$ 基极电位也突降到 $-2E_1$,$V_5$ 基射极反偏置,$V_5$ 立即截止,使得 $V_7$、$V_8$ 导通,输出触发脉冲。同时电容 $C_3$ 由 $+E_1$ 经 $R_{11}$、$VD_4$、$V_4$ 放电并反向充电,使 $V_5$ 基极电位逐渐上升。直到 $V_5$ 基极电位 $u_{b5} > -E_1$,$V_5$ 又重新导通。这时 $V_5$ 集电极电压又立即降到 $-E_1$,使 $V_7$、$V_8$ 截止,输出脉冲终止。可见,脉冲前沿由 $V_4$ 导通时刻确定,$V_5$(或 $V_6$)截止持续时间即为脉冲宽度,脉冲宽度由反向充电时间常数 $R_{11}C_3$ 决定。各点电位波形如图 2-24(g)~(m)所示。

### 2. 锯齿波形成与脉冲移相环节

锯齿波电压形成环节由 $V_2$、$V_3$、$C_2$ 和恒流源电路组成,其中 $V_1$、稳压管 $VS$、$RP_2$ 和 $R_3$ 为一恒流源电路。

当 $V_2$ 截止时,恒流源电流 $I_{1C}$ 对电容 $C_2$ 充电,所以 $C_2$ 两端的电压 $u_C$ 为

$$u_C = \frac{1}{C} \int I_{1C} dt = \frac{1}{C} I_{1C} t$$

$u_C$ 按线性增长,即 $u_{b3}$ 按线性增长。调节电位器 $RP_2$,可以改变 $C_2$ 的恒定充电电流 $I_{1C}$,因此,$RP_2$ 用来调节锯齿波的斜率。

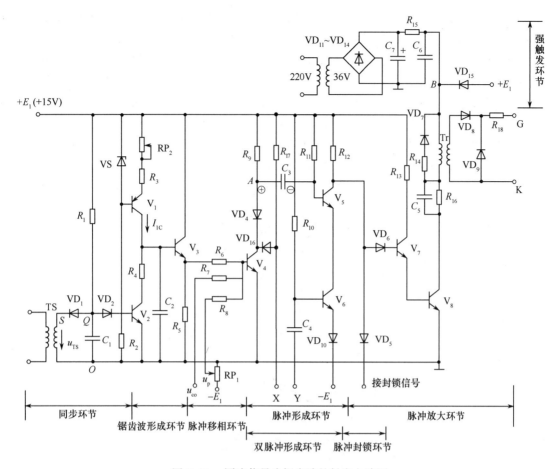

图 2-23 同步信号为锯齿波的触发电路图

当 $V_2$ 导通时,因 $R_4$ 很小,所以 $C_2$ 迅速放电,使得 $u_{b3}$ 电位迅速降到零附近。当 $V_2$ 周期性地导通和关断时,$u_{b3}$ 便形成一锯齿波,同样 $u_{e3}$ 也是一个锯齿波。射极跟随器 $V_3$ 的作用是减少控制回路电流对锯齿波电压 $u_{b3}$ 的影响。

$V_4$ 基极电位由锯齿波电压、控制电压 $u_{co}$、直流偏移电压 $u_p$ 三者叠加所定,它们分别通过电阻 $R_6$、$R_7$、$R_8$ 与 $V_4$ 基极连接,组成脉冲移相环节。

根据叠加原理,先设 $u_h$ 为锯齿波电压 $u_{e3}$ 单独作用在基极时的电压,其值为

$$u_h = u_{e3} \frac{R_7 /\!/ R_8}{R_6 + (R_7 /\!/ R_8)} \tag{2-47}$$

所以 $u_h$ 仍为锯齿波,但斜率比 $u_{e3}$ 小,$u_h$ 的波形如图 2-24(c) 所示。同理,直流偏移电压 $u_p$ 单独作用在 $V_4$ 基极时的电压 $u_p'$ 为

$$u_p' = u_p \frac{R_6 /\!/ R_7}{R_8 + (R_6 /\!/ R_7)} \tag{2-48}$$

所以,$u_p'$ 仍为一条与 $u_p$ 平行的直线,但绝对值比 $u_p$ 小。

控制电压 $u_{co}$ 单独作用在 $V_4$ 基极时的电压 $u_{co}'$ 为

$$u_{co}' = u_{co} \frac{R_6 /\!/ R_8}{R_7 + (R_6 /\!/ R_8)} \tag{2-49}$$

所以 $u_{co}'$ 仍为一条与 $u_{co}$ 平行的直线,但绝对值比 $u_{co}$ 小。

当 $V_4$ 不导通时,$V_4$ 基极 $b_4$ 的波形由 $u_h + u_p' + u_{co}'$ 确定。在 $b_4$ 的电压等于 $0.7V$ 后,$V_4$ 导通,之后 $u_{b4}$ 一直被钳位在 $0.7V$,所以实际波形如图 2-24(f) 所示。图中,$M$ 点是 $V_4$ 由截止到导通的

转折点，也就是脉冲的前沿。由前面分析可知，在 $M$ 点时电路输出脉冲，因此，改变 $u_{co}$ 便可以改变 $M$ 点的坐标，即改变了脉冲产生时刻，脉冲被移相。加 $u_p$ 的目的是为了保证控制电压 $u_{co}=0$ 时脉冲的初始相位。以三相桥式相控整流器为例，当接电感性负载电流连续时，脉冲初始相位应定在 $\alpha=90°$；如果是可逆系统，需要在整流和逆变状态下工作，则要求脉冲的移相范围理论上为 $180°$（由于考虑 $\alpha_{min}$ 和 $\beta_{min}$，实际一般为 $120°$），由于锯齿波波形两端的非线性，因而要求锯齿波的宽度大于 $180°$，如 $240°$，此时，当 $u_{co}=0$ 时，调节 $u_p$ 的大小，使产生脉冲的 $M$ 点移至对应于 $\alpha=90°$ 的位置。此时，若 $u_{co}$ 为正值，$M$ 点就向前移，触发角 $\alpha<90°$，整流器处于整流工作状态；若 $u_{co}$ 为负值，$M$ 点就向后移，触发角 $\alpha>90°$，整流器处于逆变状态。

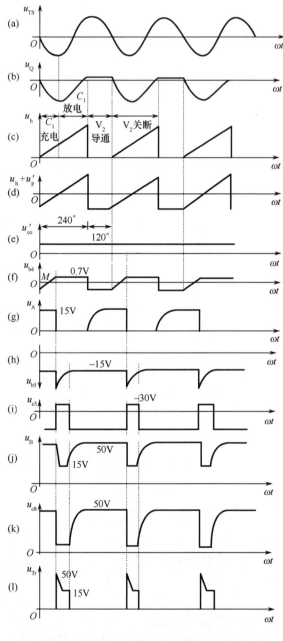

图 2-24　同步信号为锯齿波的触发电路的工作波形

### 3. 同步环节

对于同步信号为锯齿波的触发电路,与主电路同步是指要求锯齿波的频率与主电路电源的频率相同且相位关系确定。从图 2-23 可知,锯齿波是由开关管 $V_2$ 控制的,$V_2$ 由导通变截止期间产生锯齿波,$V_2$ 截止状态维持的时间就是锯齿波的宽度,$V_2$ 开关的频率就是锯齿波的频率。图 2-23 中的同步环节是由同步变压器 TS、$VD_1$、$VD_2$、$C_1$、$R_1$ 和晶体管 $V_2$ 组成的。同步变压器和整流变压器接在同一电源上,用同步变压器的二次侧电压来控制 $V_2$ 的通断,就保证了触发脉冲与主电路电源同步。

同步变压器 TS 的二次侧电压 $u_{TS}$ 经二极管 $VD_1$、$VD_2$ 加在 $V_2$ 的基极上。当二次侧电压波形在负半周的下降段时,$VD_1$ 导通,电容 $C_1$ 被迅速放电。因 $O$ 点接地为零电位,$S$ 点为负电位,$Q$ 点电位与 $S$ 点相近,故在这一阶段 $V_2$ 基极为反向偏置,$V_2$ 截止。在负半周的上升段,电源 $+E_1$ 通过 $R_1$ 给电容 $C_1$ 充电,其上升速度比 $u_{TS}$ 波形慢,故 $VD_1$ 截止,$u_Q$ 为电容反向充电电压,其波形如图 2-24(b)所示。当 $Q$ 点电位达到 1.4V 时,$V_2$ 导通,$Q$ 点电位被钳位在 1.4V。直到 TS 二次侧电压的下一个负半周到来,$VD_1$ 重新导通,$C_1$ 放电后又被充电,$V_2$ 截止,如此循环往复。在一个正弦波周期内,$V_2$ 有截止与导通两个状态,对应锯齿波波形恰好是一个周期,与主电路电源频率和相位完全同步,达到同步的目的。可以看出,锯齿波的宽度是由充电时间常数 $R_1 C_1$ 决定的。

### 4. 双窄脉冲形成环节

图 2-23 所示的触发电路在一个周期内可输出两个间隔 60° 的脉冲,称内双脉冲电路。如果在触发器外部通过脉冲变压器的二次侧设置双绕组得到双脉冲,称为外双脉冲电路。

图中 $V_5$、$V_6$ 构成"或"门,当 $V_5$、$V_6$ 都导通时,$V_7$、$V_8$ 都截止,没有脉冲输出。只要 $V_5$、$V_6$ 有一个截止,都会使 $V_7$、$V_8$ 导通,有脉冲输出。所以只要用适当的信号控制 $V_5$ 或 $V_6$ 的截止(前后间隔 60° 相位),就可以产生符合要求的双脉冲。其中,第一个脉冲由本相触发单元的 $u_{co}$ 对应的触发角 $\alpha$ 使 $V_4$ 由截止变导通造成 $V_5$ 瞬时截止,使得 $V_8$ 输出脉冲。隔 60° 的第二个脉冲是由滞后 60° 相位的后一相触发单元产生的,在其生成第一个脉冲时刻,将其信号经 X 端引至本单元的 Y 端,使 $V_6$ 截止,使本触发电路第二次输出触发脉冲。其中,$VD_4$ 和 $VD_{16}$ 的作用主要是防止双脉冲信号的相互干扰。

在三相桥式相控整流器中,双脉冲环节的接线可按如图 2-25 所示进行。6 个触发器的连接顺序是:1Y2X,2Y3X,3Y4X,4Y5X,5Y6X,6Y1X。

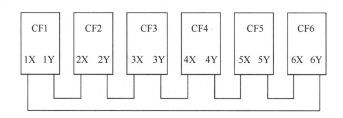

图 2-25　触发器的连接顺序接线图

### 5. 强触发环节

为保证晶闸管可靠、快速导通,采用图 2-23 所示的强触发环节,其工作原理在第 1 章的晶闸管门极驱动电路中已详细介绍,在此不再赘述。

### 6. 脉冲封锁环节

二极管 $VD_5$ 阴极接零电位或负电位,使 $V_7$、$V_8$ 截止,可以实现脉冲封锁。$VD_5$ 用来防止接地端与负电源之间形成大电流通路。

## *2.4.3 集成触发器

集成电路具有可靠性高、技术性能好、体积小、功耗低、调试方便等优点。集成触发器 TCA785、TCA787 具有温度适用范围宽、对过零点识别更加可靠、输出脉冲的整齐度更好等优点,由于输出的脉冲宽度可手动自由调节,所以适用范围更广泛。

### 1. TCA785 集成触发器

TCA785 是德国西门子(Siemens)公司于 1988 年前后开发的第三代单片移相触发集成电路,其引脚排列与 TCA780、TCA780D 和国产的 KJ785 完全相同,因此可以互换。目前,它在国内电力电子技术领域已得到广泛应用。

TCA785 是双列直插式的 16 引脚大规模集成电路,其引脚排列和内部结构图如图 2-26 所示。

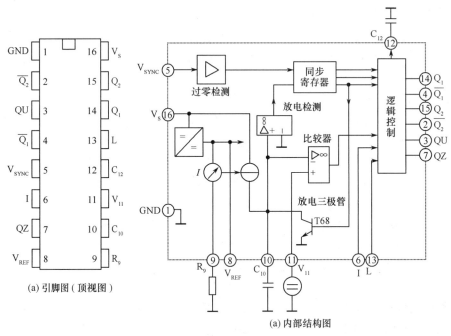

(a) 引脚图(顶视图)　　　(a) 内部结构图

图 2-26　TCA785 的引脚排列(顶视图)和内部结构框图

TCA785 集成触发器主要由过零检测、同步寄存器、基准电源、放电检测、放电三极管、锯齿波形成电路、锯齿波比较器、逻辑控制等功能模块组成。

为保证触发脉冲与晶闸管主电路电源同步,同步电压信号从 TCA785 的引脚 5 输入,过零检测部分对同步电压信号进行检测,当检测到同步电压信号过零时,同步寄存器输出控制放电三极管导通,电容放电,锯齿波下降,保证了触发信号与同步电压信号的同步。锯齿波由恒流源充电,电压线性上升,斜率大小由引脚 9 外接电阻和引脚 10 外接电容决定。引脚 14、15 输出两路相位差为 180°的移相触发脉冲,触发脉冲可在 0～180°之间变化,输出脉冲宽度由引脚 12 外接电容的大小决定。控制电压 $u_{co}$ 从引脚 11 输入,触发脉冲的产生由 $u_{co}$ 与锯齿波的交点决定,改变 $u_{co}$ 的大小,也就改变了触发角,实现了移相控制功能。

(2) 各引脚的功能

引脚 16($V_S$):电源端,电源电压 $E$ 最大为 18V。

引脚 1(GND):接地端。

引脚 8($V_{REF}$):TCA785 输出的高稳定基准电压 $U_{REF}$ 输出端。其负载能力可以为 10 个

CMOS 集成电路提供基准电压,TCA785 的电源电压 $E$ 及其输出脉冲频率不同,$U_{\text{REF}}$ 会发生变化,变化范围为 2.8~3.4V。当 TCA785 的电源电压为 15V,输出脉冲频率为 50Hz 时,$U_{\text{REF}}$ 的典型值为 3.1V,如电路中不需要应用 $U_{\text{REF}}$,则该引脚可以开路。

引脚 14($Q_1$)和 15($Q_2$):输出脉冲 1 和 2 的输出端。这两个引脚可输出宽度变化的脉冲,相位互差 180°,脉冲宽度受引脚 12 的控制。脉冲输出高电平的最高幅值为电源电压 $E$。

引脚 4($\overline{Q_1}$)和 2($\overline{Q_2}$):引脚 14 和引脚 15 的反相输出端。这两个引脚可输出宽度变化的脉冲信号,其相位互差 180°,脉冲的宽度受引脚 13 的控制。它们的高电平最高幅值为电源电压 $E$,允许最大负载电流为 10mA。若输出脉冲在系统中不用,允许这两个引脚开路。

引脚 13(L):非输出脉冲宽度控制端。该引脚允许施加电压的范围为 $-0.5\text{V} \sim E$,当该引脚接地时,$Q_1$、$Q_2$ 为最宽脉冲输出;当该引脚接 $E$ 时,$Q_1$、$Q_2$ 为窄脉冲输出,脉冲宽度由 $C_{12}$ 的大小决定。

引脚 12($C_{12}$):输出 $Q_1$、$Q_2$ 脉宽控制端。该引脚通过电容 $C_{12}$ 接地,改变 $C_{12}$ 的大小,可以调节输出脉冲宽度。

引脚 11($V_{11}$):控制电压 $u_{\text{co}}$ 输入端。当 TCA785 工作于 50Hz 时,$u_{\text{co}}$ 的有效范围为 0.2V ~ $E-2\text{V}$。当 $u_{\text{co}}$ 在此范围内连续变化时,输出脉冲 $Q_1$、$Q_2$ 及 $\overline{Q_1}$、$\overline{Q_2}$ 的相位便在整个移相范围内变化,其触发脉冲出现的时刻为

$$t_{\text{Tr}} = \frac{u_{\text{co}} R_9 C_{10}}{U_{\text{REF}} K} \tag{2-50}$$

式中,$R_9$、$C_{10}$、$U_{\text{REF}}$ 分别为连接到 TCA785 引脚 9 的电阻、引脚 10 的电容及引脚 8 的基准电压;$K$ 为常数,为 1.1。$t_{\text{Tr}}$ 对应的触发角 $\alpha = \omega t_{\text{Tr}}$。由式(2-50)可知,控制电压 $u_{\text{co}}$ 越高,触发角 $\alpha$ 越大,则输出电压越低。如果要求 $u_{\text{co}} = 0$,$U_d = 0$,可以加正的偏置电压,使触发角 $\alpha$ 满足输出为 0 的要求,同时将控制电压 $u_{\text{co}}$ 经电压变换电路变成负电压。为降低干扰,引脚 11 通过 $0.1\mu\text{F}$ 的电容接地,通过 $2.2\mu\text{F}$ 的电容接正电源。

引脚 10($C_{10}$):外接锯齿波电容连接端。$C_{10}$ 的范围为 500~1000pF,最小充电电流为 $10\mu\text{A}$,最大充电电流为 1mA,电流的大小受连接于引脚 9 的电阻 $R_9$ 控制,锯齿波的最高峰值为 $E-2\text{V}$,最低值为三极管的饱和电压,其典型的下降沿下降时间为 $80\mu\text{s}$。

引脚 9($R_9$):锯齿波电阻连接端。电阻 $R_9$ 的范围为 3~300kΩ。电阻 $R_9$ 决定着 $C_{10}$ 的充电电流,其充电电流为

$$I_{10} = \frac{U_{\text{REF}} K}{R_9} \tag{2-51}$$

连接于引脚 9 的电阻也决定了引脚 10 锯齿波电压幅度的高低,锯齿波电压为

$$u_{10} = \frac{U_{\text{REF}} K t}{R_9 C_{10}} \tag{2-52}$$

引脚 7(QZ)和 3(QU):TCA785 输出的两个逻辑脉冲信号端。其高电平脉冲幅值最大为 $E-2\text{V}$,高电平最大负载能力为 10mA。QZ 为窄脉冲信号,它的输出为 $\overline{Q_1 + Q_2}$;QU 为方波信号,正、负半波分别与 $Q_1$、$Q_2$ 同步。QZ 和 QU 信号可用来给用户的控制电路提供作为同步信号或其他用途的信号,不用时可开路。

引脚 6(I):脉冲信号禁止端,作用是封锁 $Q_1$、$Q_2$ 及 $\overline{Q_1}$、$\overline{Q_2}$ 的输出脉冲。该引脚通常通过阻值 10kΩ 的电阻接地或接正电源,允许施加的电压范围为 $-0.5\text{V} \sim E$。当该引脚通过电阻接地,且该引脚电压低于 2.5V 时,则输出脉冲被封锁;当该引脚通过电阻接正电源,且该引脚电压高

于 4V 时,则封锁功能不起作用。该端允许低电平最大灌电流为 0.2mA,高电平最大拉电流为 0.8mA。

引脚 5($V_{SYNC}$):同步电压输入端。应用中需对接地端接两个正反向并联的限幅二极管,该端吸取的电流为 20~200μA,随着该端与同步电源之间所接的电阻阻值的不同,同步电压可以取不同的值,当所接电阻为 200kΩ 时,同步电压可直接取 220V 交流电压。

(3) TCA785 的典型应用

TCA785 组成的单相桥式相控整流器的触发器电路接线图如图 2-27 所示。

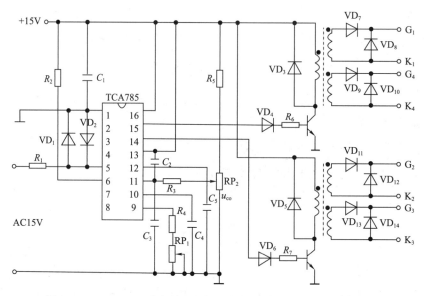

图 2-27　TCA785 组成的单相桥式相控整流器的触发器电路接线图

电位器 $RP_1$ 调节锯齿波的斜率,调节电位器 $RP_2$ 改变输入的控制电压,脉冲从引脚 14、引脚 15 输出,输出的脉冲互差 180°,可用于单相整流器及逆变器。该电路中,控制电压为 0 时的输出电压最高。

### 2. TC787 集成触发器

TC787 采用独有的先进集成电路工艺技术,并参照国外最新移相触发集成电路而设计的单片集成电路。它可单电源工作,亦可双电源工作。只需一个 TC787,就可完成 3 只 TCA785 或 1 只 KC41、1 只 KC42 和 3 只 KC04 系列器件组合才能具有的三相触发功能。因此,TC787 可广泛应用于三相整流器中,为提高整机寿命、缩小体积、降低成本提供了一种新的、更加有效的途径。

## 2.4.4　数字触发器

在各种数字触发器中,目前使用较多的是采用微型计算机或可编程逻辑器件产生触发信号。微型计算机通过采集同步电压保证触发脉冲与主电路同步,计算控制电压所对应的触发角通过定时器给出触发脉冲。数字触发器的特点是与控制器为一体,结构简单,控制灵活,准确可靠,抗干扰能力强。本节对数字触发器的基本工作原理进行简单介绍。

现以 MCS-96 单片机 8098 构成的三相桥式相控整流器的数字触发器为例介绍,其原理框图如图 2-28 所示。与模拟触发电路一样,数字触发器也包括脉冲同步、脉冲移相、脉冲形成与输出等环节。

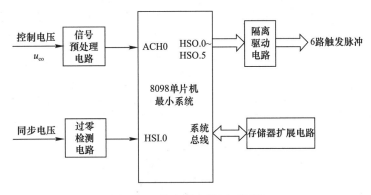

图 2-28　数字触发器原理框图

### 1. 同步环节

同步电压连接过零检测电路,在同步电压每次过零时,过零检测电路输出一个矩形波,输送到 8098 高速输入单元的 HSI.0 引脚中。单片机设置为在 HSI.0 出现上升沿时产生中断。在 HSI.0 的中断服务程序中,启动 8098 内部的 A/D 转换器采集控制电压 $u_{co}$。同步电压可用相电压 $u_u$,也可用线电压 $u_{uv}$。数字触发器的定相不再需要模拟触发电路所需的同步变压器的连接组来保证其相位差,而只需计算每个交流电周期内第一个脉冲的定时值,计算出每个晶闸管的触发时刻即可。

### 2. 脉冲移相环节

脉冲移相功能是采用 A/D 转换器采集控制电压 $u_{co}$,根据采集到的 $u_{co}$ 计算触发角 $\alpha$,再根据同步电压确定触发角对应的触发脉冲时刻。

由于 8098 具有 4 路 10 位 A/D 转换通道,但 8098 内部的 A/D 转换器只允许对 $0 \sim +5V$ 的输入电压进行 A/D 转换,因此需要信号预处理电路。该电路的功能是将极性、幅值不同的 $u_{co}$ 变换为 $0 \sim +5V$ 的电压,经 A/D 转换采集到单片机内,再还原为极性、幅值不同的数字量 $U_{co}$。如果 8098 内部的 A/D 转换器精度不能满足要求,也可以根据需要扩展片外 12 位、16 位的 A/D 转换器。

当 $U_{co} = -U_{cm}$ 时,$\alpha = \alpha_{max} = 150°$,当 $U_{co} = U_{cm}$ 时,$\alpha = \alpha_{min} = 30°$,则对应于控制电压 $u_{co}$ 的数字量 $U_{co}$,触发角为

$$\alpha = 90° - 60° \times \frac{U_{co}}{U_{cm}} \tag{2-53}$$

利用相邻同步电压上升沿之间的时间差计算电网电压周期,根据电网电压周期和触发角计算出定时时间,由单片机的硬件定时器 $T_1$,在触发角对应的时刻发出触发脉冲。晶闸管 $VT_1 \sim VT_6$ 的触发依次相差 60° 电角度,可改变脉冲产生的时间实现脉冲移相。

### 3. 脉冲的形成与输出环节

由 HSO.0～HSO.5 引脚产生 6 个相隔为 60° 的脉冲,分别与 PWM 输出进行与非运算后,形成的触发信号是满足脉冲宽度要求的 6 路脉冲列,去控制三相桥式相控整流器的 6 个晶闸管的导通与关断。经隔离、驱动电路,依次送到三相桥式相控整流器的 6 个晶闸管的门极。

中断服务程序、系统控制程序等程序设计,可参阅微机控制、单片机技术等相关课程教材的相关内容。

## 2.4.5　触发电路的定相

在晶闸管整流器中,选择触发电路的同步信号是一个很重要的问题。在常用的锯齿波移相触发电路中,送出初始脉冲的时刻是由触发电路中的同步电压确定的。初始脉冲是指 $U_d = 0$

时,控制电压 $u_{co}=0$,偏移电压 $u_p$ 为固定值条件下的触发脉冲。因此,必须根据被触发晶闸管阳极电压的相位,正确供给各触发电路特定相位的同步电压,才能使触发电路分别在各晶闸管需要触发脉冲的时刻输出脉冲。这种正确选择同步电压相位及获取不同相位同步电压的方法,称为触发电路的定相。

现以三相桥式相控整流器为例说明定相的方法,图 2-29 给出了图 2-23 所示的触发电路同步电压与主电路电压关系的波形。

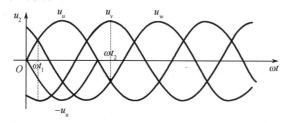

图 2-29　三相桥式相控整流器中同步电压与主电路电压关系的波形

对于晶闸管 $VT_1$,其阳极与交流侧电压 $u_u$ 相接,可简单表示为 $VT_1$ 所接主电路电压为 $+u_u$,$VT_1$ 的触发脉冲从 $0°\sim 180°$ 对应的范围为 $\omega t_1\sim \omega t_2$。

采用 TCA785 触发电路,同步信号的过零点对应于锯齿波的起点。

三相桥式相控整流器大量用于直流电动机调速系统,且通常要求可实现再生制动,使 $U_d=0$ 的触发角 $\alpha$ 为 $90°$。当 $\alpha <90°$ 时为整流工作,$\alpha >90°$ 时为逆变工作。将 $\alpha =90°$ 确定为锯齿波的中点,锯齿波向前向后各有 $90°$ 的移相范围。由图 2-29 及 2.3 节关于三相桥式相控整流器的介绍可知,$\alpha =0°$ 对应于 $u_u$ 的 $30°$ 的位置,说明 $VT_1$ 的同步电压应滞后于 $u_u 30°$。对于其他 5 个晶闸管,也存在同样的关系,即同步电压滞后于主电路电压 $30°$。

以上分析了同步电压与主电路电压的关系,一旦确定了整流变压器和同步变压器的接法,即可选定每一个晶闸管的同步电压信号。

图 2-30 给出了变压器接法的一种情况及相应的相量图,其中主电路整流变压器为 D,y11 连接,同步变压器为 D,y11-5 连接。为防止电网电压波形畸变对触发电路产生干扰,可对同步电压进行 RC 滤波,当 RC 滤波器滞后角为 $30°$ 时,同步电压选取结果见表 2-2。

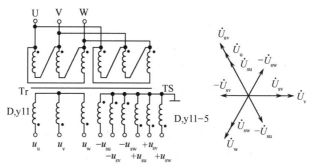

图 2-30　同步变压器和整流变压器的接法及相量图

表 2-2　三相桥式相控整流器晶闸管同步电压(当滤波器滞后角为 60° 时)

| 晶闸管 | $VT_1$ | $VT_2$ | $VT_3$ | $VT_4$ | $VT_5$ | $VT_6$ |
|---|---|---|---|---|---|---|
| 主电路电压 | $+u_u$ | $-u_w$ | $+u_v$ | $-u_u$ | $+u_w$ | $-u_v$ |
| 同步电压 | $+u_{sv}$ | $-u_{su}$ | $+u_{sw}$ | $-u_{sv}$ | $+u_{su}$ | $-u_{sw}$ |

# 2.5　变压器漏抗对整流器的影响

前面介绍的各种整流器都是在理想工作状态下的工作情况,即假设:①变压器为理想变压器,即变压器的漏抗、绕组电阻和励磁电流都可忽略;②晶闸管元件是理想的。但实际的交流供电电源总存在电源阻抗,如电源变压器的漏电抗、导线电阻及为了限制短路电流而加上的交流进线电抗器等。由于电感对电流的变化起阻碍作用,电感电流不能突变,因此换相过程不能瞬时完成,必然要经过一段时间。

### 1. 换相过程

以三相半波相控整流器为例来讨论换相过程,考虑变压器的漏抗后电路如图 2-31 所示,其中三相漏抗相等,忽略交流侧的电阻,并假设负载回路电感足够大,负载电流连续且平直。以晶闸管从 u 相换到 v 相为例,$VT_1$ 已触发导通。当 $\alpha \leqslant 30°$ 时,触发 $VT_2$,由于变压器漏抗的作用,$VT_1$ 不立即关断,$i_u$ 由 $I_d$ 逐渐减小到零;$VT_2$ 不立即导通,$i_v$ 由 0 逐渐增加到 $I_d$。在换相过程中,两个晶闸管同时导通,相当于 u、v 两相电压短路,在 $u_{vu}$ 电压作用下产生短路电流 $i_k$,u 相电流 $i_u = I_d - i_k$,v 相电流 $i_v = i_k$。当 $i_u = 0$,$i_v = I_d$ 时,u 相和 v 相之间完成了换相,换相重叠电角度为 $\gamma$。

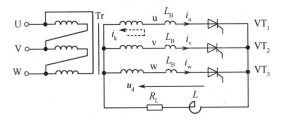

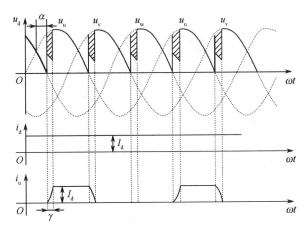

图 2-31　带变压器漏抗的三相单波整流器的电路图和工作波形

### 2. 换相期间的整流电压

在 u、v 两相换相期间,由回路电压平衡方程式可得

$$u_d = u_u + L_B \frac{di_k}{dt} = u_v - L_B \frac{di_k}{dt} \tag{2-54}$$

则有

$$2L_B \frac{di_k}{dt} = u_v - u_u \tag{2-55}$$

将式(2-55)代入式(2-54)可得

$$u_d = \frac{1}{2}(u_u + u_v) \tag{2-56}$$

式(2-56)表明,换相期间的输出电压既不是 $u_u$ 也不是 $u_v$,而是正在换相的两相电压的平均值。输出电压的波形如图 2-31 所示。

### 3. 换相压降

由图 2-31 的波形可以看出:与不考虑变压器漏抗的情况比较,整流电压波形少了一块(图中的阴影部分),以 $m$ 相计算,缺少部分的计算如下

$$\Delta U_d = \frac{1}{2\pi/m} \int_{\alpha}^{\alpha+\gamma} (u_v - u_d) \mathrm{d}(\omega t) = \frac{1}{2\pi/m} \int_{\alpha}^{\alpha+\gamma} L_B \frac{\mathrm{d}i_k}{\mathrm{d}t} \mathrm{d}(\omega t)$$

$$= \frac{m}{2\pi} \int_{0}^{I_d} \omega L_B \mathrm{d}i_k = \frac{m}{2\pi} \omega L_B I_d = \frac{m}{2\pi} X_B I_d \tag{2-57}$$

式中,$X_B$ 表示漏感为 $L_B$ 的变压器每相折算到二次侧的漏电抗,$X_B = \omega L_B = 2\pi f L_B$;$m$ 为每周期换相次数,单相双半波电路 $m=2$,三相半波电路 $m=3$,三相桥式电路 $m=6$。

这里需要特别说明的是,对于单相桥式相控整流器,换相压降的计算上述通式不成立,因为单相桥式相控整流器虽然每周期换相 2 次($m=2$),但换相过程中,$i_k$ 从 0 增加到 $2I_d$,所以式(2-57)中的 $I_d$ 应该为 $2I_d$,故对于单相桥式相控整流器有

$$\Delta U_d = \frac{2X_B}{\pi} I_d \tag{2-58}$$

### 4. 换相重叠角

以自然换相点 $\alpha=0$ 作为坐标的原点,以 $m$ 相普遍形式表示,$u_u$ 和 $u_v$ 的表达式分别为

$$u_u = \sqrt{2} U_2 \cos\left(\omega t + \frac{\pi}{m}\right) \tag{2-59}$$

$$u_v = \sqrt{2} U_2 \cos\left(\omega t - \frac{\pi}{m}\right) \tag{2-60}$$

则有

$$u_v - u_u = 2\sqrt{2} U_2 \sin\frac{\pi}{m} \sin\omega t \tag{2-61}$$

将上式代入式(2-55)整理可得

$$\mathrm{d}i_k = \frac{1}{\omega L_B} \sqrt{2} U_2 \sin\frac{\pi}{m} \sin\omega t\, \mathrm{d}(\omega t) \tag{2-62}$$

对上式两边积分可得

$$\int_{0}^{I_d} \mathrm{d}i_k = \frac{1}{\omega L_B} \sqrt{2} U_2 \sin\frac{\pi}{m} \int_{\alpha}^{\alpha+\gamma} \sin\omega t\, \mathrm{d}(\omega t)$$

积分整理后得

$$\cos\alpha - \cos(\alpha+\gamma) = \frac{X_B I_d}{\sqrt{2} U_2 \sin\dfrac{\pi}{m}} \tag{2-63}$$

式(2-63)表明,当 $\alpha$ 一定时,$X_B$、$I_d$ 增大,则 $\gamma$ 增大,换相时间变长;当 $X_B$、$I_d$ 一定时,则 $\gamma$ 随着 $\alpha$ 增大而减小,换相时间变短。因此,负载大时漏抗对整流器的影响更大。

这里需要特别说明的是:

① 对于单相桥式相控整流器,与前面对换相压降的讨论一样,有 $m=2$,$I_d$ 应该代以 $2I_d$,故有

$$\cos\alpha - \cos(\alpha+\gamma) = \frac{\sqrt{2} I_d X_B}{U_2} \tag{2-64}$$

② 对于三相桥式相控整流器,$m=6$,三相桥式相控整流器等效为相电压为$\sqrt{3}U_2$的六相半波整流器,将这些数值代入式(2-63),有

$$\cos\alpha - \cos(\alpha+\gamma) = \frac{2I_d X_B}{\sqrt{6}U_2} \tag{2-65}$$

变压器漏感$L_B$的存在可以限制短路电流,限制电流变化率$di/dt$。但是变压器漏感会引起电网波形畸变,出现电压缺口,使$du/dt$加大,影响其他负载;而且由于变压器漏感的存在会使功率因数降低,输出电压脉动增大,降低电压调整率。

【例2-2】 三相桥式相控整流器,反电势电感性负载,$E=100\text{V}$,$U_2=220\text{V}$,$R_L=2\Omega$,$L$足够大,$\alpha=30°$,$L_B=1\text{mH}$,试计算:

① 输出电压$U_d$和输出电流$I_d$;

② 晶闸管额定电压和额定电流;

**解** ① 考虑到漏抗的影响,其输出电压平衡方程式应为

$$U_d = 2.34U_2\cos\alpha - \frac{6}{2\pi}X_B I_d = E + I_d R_L$$

式中,$X_B = \omega L_B = 2\pi f L_B$。

$$I_d = \frac{2.34U_2\cos\alpha - E}{\frac{3}{\pi}X_B + R_L}$$

将本题的已知条件代入输出电压平衡方程式,得

$$I_d = \frac{2.34 \times 220 \times \cos 30° - 100}{\frac{3}{\pi} \times 2 \times \pi \times 50 \times 10^{-3} + 2} = 150.4\text{A}$$

$$U_d = E + I_d R_L = 100 + 150.4 \times 2 = 400.8\text{V}$$

② 三相桥式相控整流器中晶闸管承受的正反向电压最大值为$\sqrt{6}U_2$,考虑到2～3倍的安全裕量,晶闸管的额定电压应为

$$U_{TN} = (2\sim3) \times \sqrt{6}U_2 = (2\sim3) \times \sqrt{6} \times 220 = (1077\sim1616)\text{V}$$

晶闸管流过的电流有效值为

$$I_T = \frac{I_d}{\sqrt{3}} = \frac{150.4}{1.732} = 86.84\text{A}$$

考虑到1.5～2倍的安全裕量,晶闸管的额定电流为

$$I_{T(AV)} = (1.5\sim2) \times \frac{I_T}{1.57} = (1.5\sim2) \times \frac{86.84}{1.57} = (83\sim111)\text{A}$$

查产品手册,选择满足要求的晶闸管。

# 2.6 有源逆变器

## 2.6.1 逆变的概念

### 1. 整流与逆变关系

前面讨论的相控整流器是将交流电变换为直流电供给负载的过程,称为整流。但在生产实践中,常常有与整流过程相反的要求,即要求将直流电变换为交流电,例如相控整流器供电的矿井提升机,在上升时处于电动运行状态,将电能转换为机械能进而转变为位能,在下降时,矿井提升机上的直流电动机处于发电运行状态,将位能转变为电能,回馈至交流电网,以实现能量回馈。又如可逆运行的直流电动机,在制动时,让电动机作发电运行,把电动机的动能转变为电能,送回

电网,可以提高制动性能。这种将直流电转变成交流电的整流过程的逆过程,定义为逆变。

逆变按照负载是否为交流电网分为有源逆变和无源逆变。如果将相控整流器的交流侧接到交流电源上,将直流电逆变为同频率的交流电反送到电网去,称为有源逆变。相控整流器的交流侧不与电网连接,而直接接到负载,称为无源逆变,将在第 5 章介绍。

同一套相控整流器,既可工作在整流状态,只要满足一定条件也可工作于有源逆变状态。将直流电变成交流电回馈电网,在逆变状态的整流器也称逆变器。此时电路形式未做任何改变,只是工作条件发生变化,因此本章将有源逆变作为整流器的一种工作状态分析。

有源逆变器常用于直流可逆调速系统、交流绕线型异步电动机的串级调速及高压直流输电等方面,在太阳能发电或风力发电等新能源领域也有应用。

### 2. 有源逆变时能量的传递关系

在有源逆变状态,弄清交直流电源间能量的传递关系是非常重要的。整流和有源逆变的根本区别即在于能量的传递方向不同。以三相桥式相控整流器为例,如图 2-32(a)所示,电路工作在整流状态,$\alpha < 90°$,$U_d$ 与 $E$ 同极性相接,$U_d > E$,$I_d = \dfrac{U_d - E}{R_L} > 0$,此时电能的传递方向如图所示,整流器将交流电转换为直流电给负载供电,一部分消耗在电阻 $R_L$ 上,其余部分被电源 $E$ 吸收。

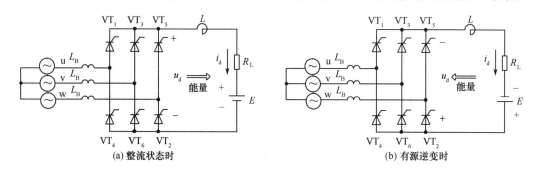

图 2-32　三相桥式相控整流器在整流和有源逆变时的能量传递关系电路图

如果要求相控整流器工作在有源逆变状态(例如,直流可逆调速系统的回馈制动状态,此时 $E$ 为直流电动机的电枢电势),此时电能的传递方向如图 2-32(b)所示,负载中的直流电源 $E$ 输出电能给逆变器,通过有源逆变送回电网,电流从负载中的直流电源 $E$ 流出,从逆变器输出平均电压 $U_d$ 的正极流入,但由于晶闸管具有单向导电性,电流 $I_d$ 方向不能改变,为实现有源逆变,必须要求 $U_d$ 为负,电源 $E$ 极性也为负,并且有 $|E| > |U_d|$,$I_d = \dfrac{U_d - E}{R_L} > 0$。若要实现 $U_d$ 为负,则需要 $\alpha > 90°$,这时电流 $I_d$ 仍保持与整流运行状态相同的流动方向,但 $U_d$ 改变了极性,整流器将直流电转换为交流电回馈给电网。相控整流器的这种逆变运行模式的长期而稳定的工作状态只有如图 2-32 所示在直流侧存在一个稳定的电源时才是有可能的。

### 3. 有源逆变的条件

通过上述分析,可归纳出整流器工作于有源逆变状态的条件如下:

① 整流(逆变)器直流侧有直流电源,其极性必须与晶闸管导通方向一致;

② 整流(逆变)器输出的直流平均电压 $U_d$ 必须为负值,即晶闸管的触发角 $\alpha > 90°$。

以上两个条件必须同时满足,整流器才能工作在逆变状态。

还应指出,并不是所有整流器都可以工作于有源逆变状态。半控桥式整流器和负载端有续流二极管的整流器,由于其整流电压 $U_d$ 不能为负值,也不允许直流侧出现负极性的直流电源,因此不能实现有源逆变。

## 2.6.2　三相桥式有源逆变器

图 2-32(b)是采用三相桥式相控整流器构成的有源逆变器,假设电感足够大,维持直流电流近似为一个恒定值,负载为一直流电源 $E$。如果需要桥式整流器运行在逆变状态,由于晶闸管具有单向导电性,使得电流 $I_d$ 方向不变,为实现有源逆变就必须使触发角 $\alpha > 90°$, $U_d$ 为负,电源 $E$ 极性与图中一致,并且有 $|E| > |U_d|$,直流电源 $E$ 输出功率,通过有源逆变送回电网。图 2-33 给出三相桥式相控整流器工作于有源逆变状态时在不同触发角的输出电压波形。需要说明的是:无论在整流工作状态或逆变工作状态,晶闸管总是承受正向电压时才能被触发导通,晶闸管的导电顺序不变;逆变运行时,输出电压 $U_d$ 的极性改变,$U_d$ 为负值;处于关断状态,停止导电的晶闸管承受反向电压的时间明显比在整流运行时缩短了很多,而大部分时间承受正向电压(读者可自己分析)。

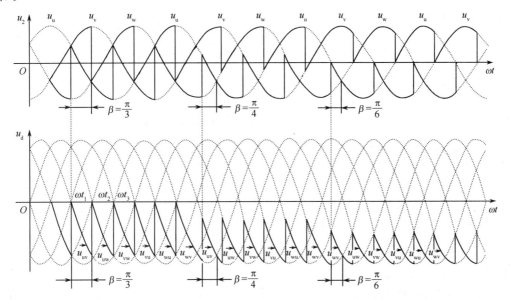

图 2-33　三相桥式相控整流器工作于有源逆变状态时的电压波形

按照整流时规定的参考方向或极性,将逆变状态的各电量的计算归纳如下。

首先定义逆变状态的触发角为逆变角 $\beta$,并且满足如下关系

$$\beta = \pi - \alpha \tag{2-66}$$

则输出直流电压的平均值为

$$U_d = -2.34 U_2 \cos\beta = -1.35 U_{2L} \cos\beta \tag{2-67}$$

如果考虑变压器的漏抗,则有

$$U_d = -2.34 U_2 \cos\beta - \frac{3}{\pi} X_B I_d \tag{2-68}$$

输出直流电流的平均值亦可用整流的公式,即

$$I_d = \frac{U_d - E}{R_L} \tag{2-69}$$

式中,$U_d$ 和 $E$ 都是负值。

每个晶闸管导通 $2\pi/3$,故流过晶闸管的电流有效值为(忽略直流电流 $i_d$ 的脉动)

$$I_T = \frac{I_d}{\sqrt{3}} = 0.577 I_d \tag{2-70}$$

从直流侧送到交流电源的有功功率为

$$P_d = R_L I_d^2 + E I_d \tag{2-71}$$

当逆变工作时，由于 $E$ 为负值，故 $P_d$ 一般为负值，表示功率由直流电源输送到交流电源。

在三相桥式相控整流器中，变压器二次侧线电流的有效值为

$$I_2 = \sqrt{2} I_T = \sqrt{\frac{2}{3}} I_d = 0.816 I_d \tag{2-72}$$

晶闸管承受的正反向电压最大值 $U_M$ 为：在逆变状态，晶闸管大部分时间承受正向电压，且最大值为 $\sqrt{6} U_2$。

### 2.6.3 逆变失败与最小逆变角的限制

#### 1. 逆变失败

相控整流器在逆变运行时，一旦发生换相失败，外接的直流电源就会通过相控整流器形成短路，或者使相控整流器的输出平均电压和直流电源变成顺向串联，由于相控整流器的内阻很小，将出现极大的短路电流流过晶闸管和负载，这种情况称为逆变失败，或称为逆变颠覆。

造成逆变失败的原因很多，主要有以下几种情况。

① 触发电路工作不可靠。不能适时、准确地给各晶闸管分配触发脉冲，如脉冲丢失、脉冲延时等，致使晶闸管不能正常换相，使交流电源电压和直流电源顺向串联，形成短路。

② 晶闸管发生故障。在应该阻断期间，器件失去阻断能力，或在应该导通时器件不能导通，造成逆变失败。

③ 交流电源异常。在逆变工作时，电源发生缺相或突然消失，由于直流电源的存在，晶闸管仍可导通，此时相控整流器的交流侧由于失去了同直流电源极性相反的交流电压，产生很大的短路电流而造成逆变失败。

④ 换相重叠角不足，引起换相失败。应考虑变压器漏抗引起的换相重叠角对逆变器换相的影响。以三相半波相控整流器为例，如图 2-34 所示，如果 $\beta < \gamma$（见图 2-34 $u_d$ 右下角的波形，由 $VT_3$ 向 $VT_1$ 换相），换相尚未结束，相控整流器的工作状态到达自然换相点 $p$ 点后，参加换相的 $w$ 相电压 $u_w$ 已经高于 $u$ 相电压 $u_u$，应该导通的晶闸管 $VT_1$ 反而关断，而应关断的晶闸管 $VT_3$ 继续导通。这样会使得 $u_d$ 的波形中正的部分大于负的部分，从而使得 $u_d$ 和 $E$ 顺向串联，最终导致逆变失败。当 $\beta > \gamma$ 时（见图 2-34 $u_d$ 左下角的波形，$VT_3$ 与 $VT_1$ 换相），经过换相过程后，$u$ 相电压 $u_u$ 仍然高于 $w$ 相电压 $u_w$，在换相结束时，晶闸管 $VT_3$ 仍然承受反压而完成换相，但到达图 2-34 中 $q$ 点的时间小于晶闸管的关断时间，因此 $VT_3$ 没有恢复阻断能力而重新导通，从而造成逆变失败。

因此，为了防止换相失败，要求有可靠的触发电路，选用可靠的晶闸管元件，设立快速的电流保护环节，同时应对逆变角 $\beta$ 进行严格的限制。

#### 2. 最小逆变角 $\beta_{min}$ 确定的方法

最小逆变角 $\beta_{min}$ 的大小要考虑以下因素。

① 换相重叠角 $\gamma$。由式（2-63）可知，换相重叠角与电路形式、工作电流、电源电压、触发角的不同而不同，在逆变工作时，$\alpha = \pi - \beta$，代入式（2-63）得

$$\cos(\beta - \gamma) - \cos\beta = \frac{I_d X_B}{\sqrt{2} U_2 \sin\frac{\pi}{m}}$$

由上式可知，随着逆变角 $\beta$ 的减小，换相重叠角 $\gamma$ 增大，因此，在自然换相点结束换相时的 $\gamma$

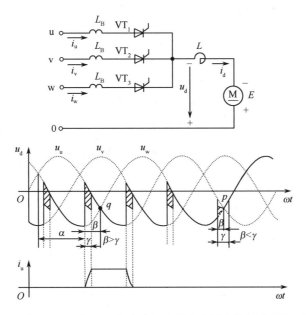

图 2-34　带变压器漏抗的三相半波整流器电路图和换相过程的工作波形

最大,令 $\beta=\gamma$,则最大换相重叠角 $\gamma$ 为

$$\cos\gamma=1-\frac{I_{\mathrm{d}}X_{\mathrm{B}}}{\sqrt{2}U_2\sin\dfrac{\pi}{m}} \tag{2-73}$$

一般取 $\gamma$ 为 $15°\sim25°$。

② 晶闸管关断时间 $t_{\mathrm{q}}$ 所对应的电角度 $\delta$。关断时间长的可达 $200\sim300\mu\mathrm{s}$,折算到电角度 $\delta$ 为 $4°\sim5°$。

③ 安全裕量角 $\theta'$。考虑到脉冲调整时不对称、电网波动、畸变与温度等影响,还必须留一个安全裕量角,一般取 $\theta'$ 为 $10°$ 左右。

综上所述,最小逆变角为

$$\beta_{\min}=\theta'+\gamma+\delta\approx30°\sim35° \tag{2-74}$$

为了可靠防止 $\beta$ 进入 $\beta_{\min}$ 区内,在要求较高的场合,可在触发电路中加一套保护线路,使 $\beta$ 在减小时不能进入 $\beta_{\min}$ 区内,或在 $\beta_{\min}$ 处设置产生附加安全脉冲的装置,当工作脉冲移入 $\beta_{\min}$ 区内时,则安全脉冲保证在 $\beta_{\min}$ 处触发晶闸管,防止逆变失败。

## *2.7　相控整流器的谐波分析

对于周期为 $T=2\pi/\omega$ 的非正弦电压 $u(\omega t)$,一般满足狄里赫利条件,可分解为如下形式的傅里叶级数

$$u(\omega t)=a_0+\sum_{n=1}^{\infty}(a_n\cos n\omega t+b_n\sin n\omega t) \tag{2-75}$$

式中

$$a_0=\frac{1}{2\pi}\int_0^{2\pi}u(\omega t)\mathrm{d}(\omega t)$$

$$a_n=\frac{1}{2\pi}\int_0^{2\pi}u(\omega t)\sin n\omega t\mathrm{d}(\omega t)$$

$$b_n=\frac{1}{2\pi}\int_0^{2\pi}u(\omega t)\cos n\omega t\mathrm{d}(\omega t) \qquad n=1,2,3,\cdots$$

或
$$u(\omega t) = a_0 + \sum_{n=1}^{\infty} c_n \sin(n\omega t + \varphi_n) \tag{2-76}$$

式中，$c_n$、$\varphi_n$ 和 $a_n$、$b_n$ 的关系为

$$\varphi_n = \arctan(a_n/b_n)$$
$$a_n = c_n \sin\varphi_n$$
$$b_n = c_n \cos\varphi_n$$

### 2.7.1　相控整流器输出电压和负载电流的谐波分析

相控整流器的输出电压中主要成分为直流，同时还含有大量的高次谐波分量。采用谐波分析的方法，对于研究整流器的质量指标和为减小电流的脉动分量，保持输出负载电流连续而选择合适的平波电抗器的电感量是非常有用的。

$m$ 脉波相控整流器在负载电流 $i_d$ 连续时整流输出电压 $u_d$ 的波形如图 2-35 所示。在交流电源的一个周期 $2\pi$ 中，有 $m$ 个形状相同但相差 $2\pi/m$ 的电压脉波。若脉波的周期为 $T$，每个脉波宽度为 $\omega T = 2\pi/m$，则如下关系式成立，即 $u_d(\omega t) = u_d(\omega t + 2\pi/m)$。

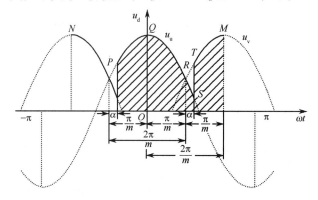

图 2-35　$m$ 脉波整流器输出电压波形

输出电压波形的时间原点如图 2-35 所示，则 $u_d$ 的傅里叶级数表达式为

$$u_d = U_d + \sum_{n=1}^{\infty} \left[ a_n \cos(n\omega t) + b_n \sin(n\omega t) \right] \tag{2-77}$$

或
$$u_d = U_d + \sum_{n=1}^{\infty} \left[ U_n \cos(n\omega t + \varphi_n) \right] \tag{2-78}$$

式中，直流平均值为

$$U_d = \frac{1}{T} \int_0^T u_d(t) \, dt = \frac{1}{2\pi/m} \int_0^{\frac{2\pi}{m}} u_d(t) \, d(\omega t) = \frac{m}{2\pi} \int_0^{\frac{2\pi}{m}} u_d(t) \, d(\omega t) \tag{2-79}$$

$n$ 次谐波的幅值为

$$U_n = \sqrt{a_n^2 + b_n^2} \tag{2-80}$$

$n$ 次谐波的相位角为

$$\varphi_n = \arctan\left(\frac{b_n}{a_n}\right) \tag{2-81}$$

$n$ 次谐波的系数为

$$a_n = \frac{2}{T} \int_0^T u_d(t) \cos(n\omega t) \, dt = \frac{m}{\pi} \int_0^{\frac{2\pi}{m}} u_d(t) \cos(n\omega t) \, d(\omega t) \tag{2-82}$$

$$b_n = \frac{2}{T}\int_0^T u_d(t)\sin(n\omega t)\mathrm{d}t = \frac{m}{\pi}\int_0^{\frac{2\pi}{m}} u_d(t)\sin(n\omega t)\mathrm{d}(\omega t) \tag{2-83}$$

式(2-77)和式(2-78)中,频率与工频相同的分量称为基波分量,频率为基波频率整数倍(大于1)的分量称为谐波分量,谐波次数为谐波频率与基波频率的比值。以上公式定义对于非正弦电流同样适合。

图 2-35 中 $R$ 点为前后两个整流电压 $u_u(t)$ 和 $u_v(t)$ 的自然换相点。若触发角为 $\alpha$,则在 $0\leqslant\omega t\leqslant(\pi/m)+\alpha$ 期间,u 相开关管导通,整流电压 $u_d(t)=u_u(t)$。在 $\omega t=(\pi/m)+\alpha$ 时,S 点触发 v 相开关管,v 相开始导电,若忽略交流回路电感,即换相重叠角 $\gamma=0$,则 $u_d(t)=u_v(t)$。在 $0\leqslant\omega t\leqslant(2\pi/m)$ 期间,整流电压的平均值为图中 $QRSTM$ 曲线下的面积,在图 2-35 中,有

$$u_d(t)=u_u(t)=\sqrt{2}U_2\cos\omega t \qquad 0\leqslant\omega t\leqslant(\pi/m)+\alpha \tag{2-84}$$

$$u_d(t)=u_v(t)=\sqrt{2}U_2\cos\left(\omega t-\frac{2\pi}{m}\right) \qquad (\pi/m)+\alpha\leqslant\omega t\leqslant 2\pi/m \tag{2-85}$$

将式(2-84)和式(2-85)代入式(2-79)得整流器直流输出电压平均值为

$$U_d = \frac{m}{2\pi}\int_0^{\frac{2\pi}{m}} u_d(t)\mathrm{d}(\omega t) = \frac{m}{2\pi}\left[\int_0^{\frac{\pi}{m}+\alpha} u_u(t)\mathrm{d}(\omega t)+\int_{\frac{\pi}{m}+\alpha}^{\frac{2\pi}{m}} u_v(t)\mathrm{d}(\omega t)\right] \tag{2-86}$$

则

$$U_d = \sqrt{2}U_2\,\frac{m}{\pi}\sin\left(\frac{\pi}{m}\right)\cos\alpha \tag{2-87}$$

式(2-87)是 $m$ 脉波相控整流器直流输出电压平均值的通用表达式。令 $m=2$、$3$、$6$,即可得到单相桥式、三相半波和三相桥式相控整流器的直流输出电压平均值。令式中 $\alpha=0$,则可得到功率二极管整流器在单相桥式、三相半波和三相桥式相控整流器中的直流输出电压平均值。

将式(2-84)和式(2-85)的 $u_u(t)$、$u_v(t)$ 代入式(2-82)和式(2-83)可求得谐波系数 $a_n$ 和 $b_n$,再由式(2-80)可得到 $n$ 次谐波幅值 $U_n$ 为

$$U_n=\sqrt{2}U_2\,\frac{m}{\pi}\sin\left(\frac{\pi}{m}\right)\cos\left(\frac{n\pi}{m}\right)\frac{\sqrt{(n+1)^2+(n-1)^2-2(n+1)(n-1)\cos2\alpha}}{(n+1)(n-1)} \tag{2-88}$$

$m$ 脉波整流电压中的谐波阶次为 $n=Km$,$K=1,2,\cdots$。将 $n=Km$ 代入式(2-88)得

$$U_n=\sqrt{2}U_2\,\frac{m}{\pi}\sin\left(\frac{\pi}{m}\right)\cos(K\pi)\frac{\sqrt{(Km+1)^2+(Km-1)^2-2(Km+1)(Km-1)\cos2\alpha}}{(Km+1)(Km-1)} \tag{2-89}$$

利用式(2-88)和式(2-89),令 $m=2$、$3$、$6$,即得到单相桥式、三相半波、三相桥式相控整流器输出电压的各次谐波;令 $\alpha=0°$,即可得到功率二极管整流器在单相桥式、三相半波、三相桥式相控整流器输出电压的各次谐波。

对于 6 脉波整流器,在式(2-87)中,令 $m=6$,得

$$U_d = \frac{3\sqrt{2}}{\pi}U_2\cos\alpha \tag{2-90}$$

而对于三相桥式相控整流器,在式(2-87)中,令 $m=6$,同时用线电压代替公式中的 $U_2$,得

$$U_d = \frac{3\sqrt{2}}{\pi}U_{2L}\cos\alpha = \frac{3\sqrt{6}}{\pi}U_2\cos\alpha \tag{2-91}$$

由式(2-89)得到 $n(n=Km=6K,K=1,2,3,\cdots)$ 次谐波电压幅值为

$$U_n = \sqrt{6} U_2 \frac{3}{\pi} \cos(K\pi) \frac{\sqrt{(6K+1)^2 + (6K-1)^2 - 2(6K+1)(6K-1)\cos 2\alpha}}{(6K+1)(6K-1)} \quad (2\text{-}92)$$

按式(2-92),纵坐标取标称值,图 2-36 画出了 $n=6(K=1)$、$12(K=2)$、$18(K=3)$ 的谐波特性。由图可见,输出电压的谐波幅值随触发角 $\alpha$ 的增大而增大,在 $\alpha = 90°$ 时谐波幅值最大,在 $90° \sim 180°$ 之间,输出电压的谐波幅值随触发角 $\alpha$ 的增大而减小。

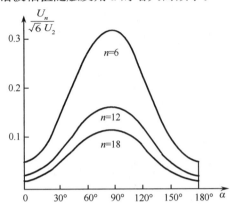

图 2-36　三相桥式相控整流器在电流连续时输出电压的谐波特性

当为电阻性负载时,由于负载电流波形和输出电压波形一致,只是数值上相差电阻值,因此,谐波电流可以按照上面的原理求取。当负载为电感性负载或反电势负载时,电流波形为一直流,所以电流谐波可以参照在电感性负载时交流侧电流谐波分析的结果进行分析。

### 2.7.2　相控整流器在电感性负载时交流侧电流的谐波分析

由于相控整流器的负载大多都是电感性负载或电感加反电势负载,所以对相控整流器在电感性负载时交流侧电流的谐波分析具有普遍意义。忽略交流侧电感引起的换相过程的影响,并且假设直流侧电感足够大,则交流侧电流即为方波或阶梯波。这样的分析结果可以对交流侧电流的谐波有基本的了解,对谐波的抑制有重要的参考价值。如果考虑换相过程和电流脉动的影响,则计算方法和结果会很复杂。本节只讨论忽略换相过程和直流侧电流脉动时的交流侧电流的谐波情况。

在单相桥式相控整流器和三相桥式相控整流器中,电感性负载电流连续时相电流的波形分别是 $180°$ 和 $120°$ 的矩形波,和触发角的大小无关。

#### 1. 单相桥式相控整流器

单相桥式相控整流器在电感性负载时交流侧电压和电流的波形如图 2-37 所示,取 $\omega t = \alpha$ 时刻为横坐标轴的原点,交流侧电流为 $180°$ 矩形波,与原点对称。

交流侧电流为理想方波,其有效值等于直流电流,即
$$I = I_d \quad (2\text{-}93)$$

将电流波形分解为傅里叶级数,可得
$$i_2 = \frac{4}{\pi} I_d \left( \sin\omega t + \frac{1}{3}\sin 3\omega t + \frac{1}{5}\sin 5\omega t + \cdots \right)$$
$$= \frac{4}{\pi} I_d \sum_{n=1,3,5,\ldots}^{\infty} \frac{1}{n}\sin n\omega t$$
$$= \sum_{n=1,3,5,\cdots}^{\infty} \sqrt{2} I_n \sin n\omega t \quad (2\text{-}94)$$

其中,基波和各次谐波有效值为

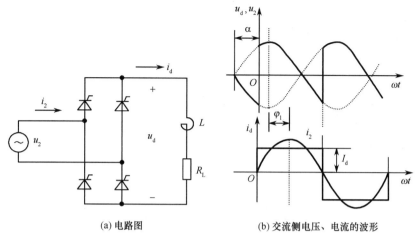

(a) 电路图        (b) 交流侧电压、电流的波形

图 2-37　单相桥式相控整流器电感性负载的电路图和交流侧电压、电流的波形

$$I_n = \frac{2\sqrt{2}}{n\pi} I_d \qquad n = 1, 3, 5, \cdots \qquad (2\text{-}95)$$

可见,电流中仅含奇次谐波,各次谐波有效值与谐波次数成反比,且与基波有效值的比值为谐波次数的倒数。这个结论简洁易记,其频谱特性如图 2-38 所示。

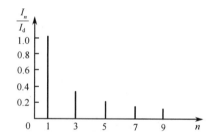

图 2-38　单相桥式相控整流器在电感性负载时交流侧电流的频谱特性

**2. 三相桥式相控整流器**

三相桥式相控整流器在电感性负载(忽略换相过程和电流脉动)时交流侧电压和电流波形如图 2-39 所示。

电流为正、负半周各 120° 的方波,三相电流波形相同,且依次相差 120°,其有效值与直流电流的关系为

$$I = \sqrt{\frac{2}{3}} I_d \qquad (2\text{-}96)$$

同样可将电流波形分解为傅里叶级数。以 u 相电流为例,将电流负、正两半波之间的中点作为横坐标轴的原点,则有

$$
\begin{aligned}
i_2 &= \frac{2\sqrt{3}}{\pi} I_d \Big( \sin\omega t - \frac{1}{5}\sin 5\omega t - \frac{1}{7}\sin 7\omega t + \frac{1}{11}\sin 11\omega t + \frac{1}{13}\sin 13\omega t - \\
&\quad \frac{1}{17}\sin 17\omega t - \frac{1}{19}\sin 19\omega t + \cdots \Big) \\
&= \frac{2\sqrt{3}}{\pi} I_d \sin\omega t + \frac{2\sqrt{3}}{\pi} I_d \sum_{\substack{n=6k\pm 1 \\ k=1,2,3,\cdots}} (-1)^k \frac{1}{n}\sin n\omega t \\
&= \sqrt{2} I_1 \sin\omega t + \sum_{\substack{n=6k\pm 1 \\ k=1,2,3,\cdots}} (-1)^k \sqrt{2} I_n \sin n\omega t
\end{aligned}
\qquad (2\text{-}97)
$$

由式(2-97)可得电流基波和各次谐波有效值分别为

$$
\begin{cases}
I_1 = \dfrac{\sqrt{6}}{\pi} I_d \\[2mm]
I_n = \dfrac{\sqrt{6}}{n\pi} I_d \qquad n = 6k \pm 1, k = 1, 2, 3, \cdots
\end{cases}
\qquad (2\text{-}98)
$$

电流中仅含 $6k \pm 1$($k$ 为正整数)次谐波,各次谐波有效值与谐波次数成反比,且与基波有效值的比值为谐波次数的倒数,其频谱特性如图 2-40 所示。

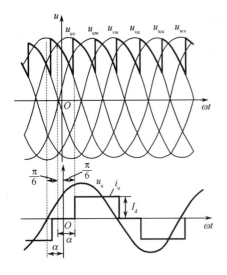

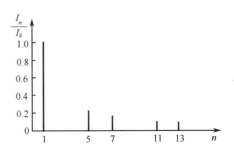

图 2-39　三相桥式相控整流器在电感性
负载时交流侧电压和电流的波形

图 2-40　三相桥式相控整流器在电感
性负载时交流侧电流的频谱特性

# 2.8　相控整流器的 MATLAB 仿真

## 2.8.1　电力电子变换器中典型环节的仿真模型

### 1. 同步 6 脉冲触发器的仿真模型

（1）同步 6 脉冲触发器仿真模块的功能和图标

同步 6 脉冲触发器模块用于触发三相桥式相控整流器的 6 个晶闸管，其图标如图 2-41 所示。如果用单个晶闸管自建三相桥式相控整流器，则同步 6 脉冲触发器的输出端输出的 6 维脉冲向量依次送给相应的 6 个晶闸管。

在 MATLAB 的命令窗口中输入"powerlib_extras"，在该窗口中双击"Control"模块库，打开如图 2-42 所示的 Control Blocks 模块库窗口，即可看到同步 6 脉冲触发器模块。

（2）同步 6 脉冲触发器的输入和输出

该模块有 5 个输入端，如图 2-41 所示。

① alpha_deg 是移相触发角信号输入端，单位为度。该输入端可与"常数"模块相连，也可与控制系统中的控制器输出端相连，从而对触发脉冲进行移相控制。

② AB、BC、CA 是同步线电压 $u_{AB}$、$u_{BC}$ 和 $u_{CA}$ 的输入端，同步线电压就是连接到整流器的三相交流电压的线电压。

③ Block 为触发器模块的使能端，用于对触发器模块的开通与封锁操作。当施加大于 0 的信号时，触发脉冲被封锁。

该模块的输出为一个 6 维脉冲向量，包含 6 个触发脉冲。

移相触发角的起始点为同步线电压的零点。

（3）同步 6 脉冲触发器的参数设置

同步 6 脉冲触发器的参数设置对话框如图 2-43 所示。

① 同步电压频率（Frequency of synchronization voltages），单位为 Hz，通常就是电网频率。

② 脉冲宽度（Pulse width），单位为度。

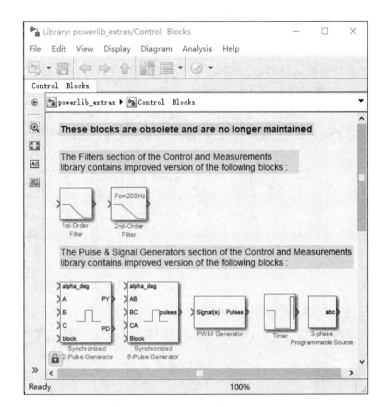

图 2-42　Control Blocks 模块库窗口

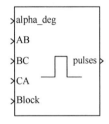

图 2-41　同步 6 脉冲
触发器模块图标

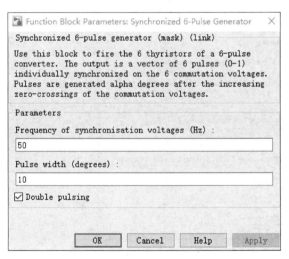

图 2-43　同步 6 脉冲触发器的参数设置对话框

③ 双脉冲(Double pulsing)，如果勾选"Double pulsing"，触发器就能给出间隔 60°的双窄脉冲。

**2. 通用变换器桥的仿真模型**

(1) 通用变换器桥仿真模块的功能和图标

通用变换器桥模块是由 6 个功率开关组成的通用变换器桥模块。功率开关的类型和变换器的结构可通过对话框进行选择。通用变换器桥的类型有：Diode 桥、Thyristor 桥、GTO-Diode桥、MOSFET-Diode 桥、IGBT-Diode 桥、Ideal Switch 桥，其图标分别如图 2-44(a)～(f)所示。桥的结构有单相、两相和三相。

（2）通用变换器桥仿真模块的输入和输出

模块的输入端和输出端取决于所选择的变换器桥的结构：

当 A、B、C 被选择为输入端时，则直流（＋、－）端就是输出端；

当 A、B、C 被选择为输出端时，则直流（＋、－）端就是输入端。

除 Diode 桥外，其他桥的"g"输入端可接收来自外部模块、用于驱动变换器桥内功率开关的信号。

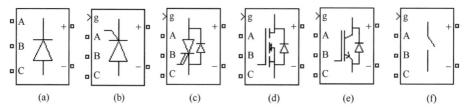

图 2-44　通用变换器桥的图标

（3）通用变换器桥仿真模块的参数设置

以图 2-44（b）为例，通用变换器桥的参数设置对话框如图 2-45 所示。

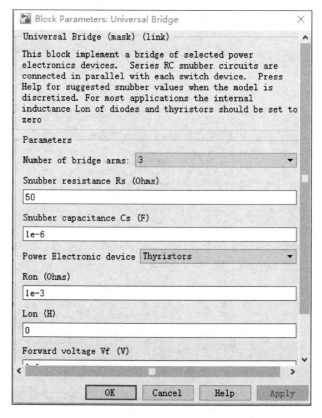

图 2-45　通用变换器桥的参数设置对话框

## 2.8.2　单相桥式相控整流器的仿真

### 1. 单相桥式相控整流器的建模和参数设置

① 建立一个新的模型窗口，命名为 DQKZ（文件名在符合语法的情况下，可任意指定）。

② 打开电力电子模块库,复制 4 个晶闸管到 DQKZ 模型中。

③ 打开晶闸管对话框,本例应用晶闸管的默认参数,也可以自行设置。晶闸管的名称重新命名为 VT1、VT2、VT3、VT4。

④ 打开电源模块库,复制一个电压源到 DQKZ 模型中,打开参数设置对话框,按要求设置参数,如电压峰值为 220 * 1.414V,频率为 50Hz。

⑤ 复制一个串联 RL 元件模块(在连接器模块库中)到 DQKZ 模型中,打开参数设置对话框,按要求设置参数。其中,$R=2\Omega,L=0mH$(电阻性负载)。

⑥ 打开测量模块库,复制两个电流测量装置以测量晶闸管电流和负载电流;复制一个电压测量装置以测量负载电压。

⑦ 将一个两输出的信号分离器(在通用模块库中)连接到晶闸管的 m 端上,再将信号分离器的两个输出信号接入四通道示波器(在输出模块库中),双击示波器图标,弹出参数设置对话框,将轴数设置为 4 可得到四通道示波器,该示波器的 4 路信号分别是:第一路为晶闸管的电流,第二路为晶闸管的电压,第三路为负载的电流,第四路为负载的电压。

⑧ 从信号源模块库中复制两个脉冲发生器模块到仿真模型窗口中,将其输出连接到晶闸管的门极上。第一个脉冲发生器的参数设置为:Amplitude 为 1,Period 为 0.02s,Pulse Width 为 5%,Phase delay 为 0.00334s(t=alfa * T/360°,对应触发角 $\alpha=60°$);第二个脉冲发生器的参数设置为:Amplitude 为 1,Period 为 0.02s,Pulse Width 为 5%,Phase delay 为 0.01334s。

⑨ 复制一个 powergui 模块,适当连接后,可以得到如图 2-46 所示的系统仿真电路。

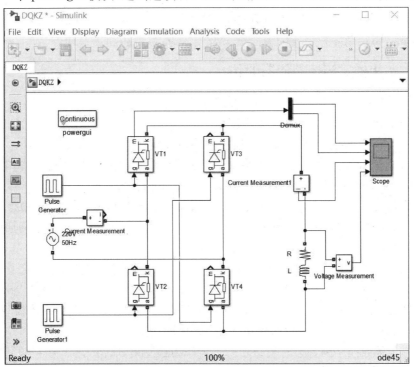

图 2-46　单相桥式相控整流器仿真电路

### 2. 单相桥式相控整流器的仿真结果

打开仿真参数窗口(见图 1-48),选择变步长,可选 ode15、ode23、ode45 等算法,将相对误差设置为 1e-3,开始仿真时间设置为 0,停止仿真时间设置为 0.06。仿真结果如图 2-47 所示。图中,VT1 I 和 VT1 V 分别为晶闸管的电流和电压,Iload 和 Vload 分别为负载电流和电压。

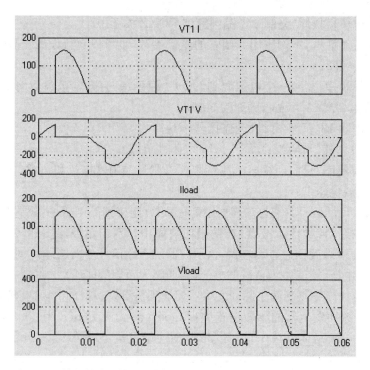

图 2-47　单相桥式相控整流器,电阻性负载,触发角 60°时的仿真结果

　　如果需要观察其他触发角下,或者其他负载情况下的整流器工作情况,只需更改脉冲发生器的延迟时间,或者将负载参数设置为需要的类型和数值,重新启动仿真即可。

### 2.8.3　三相桥式相控整流器的仿真

#### 1. 三相桥式相控整流器的建模和参数设置

　　① 建立一个新的模型窗口,命名为 SQZL。

　　② 打开电源模块库,复制 3 个交流电压源到 SQZL 模型中,重新命名为 A,B,C;打开参数设置对话框,按要求进行参数设置,主要的参数有交流峰值电压、相位和频率。三相电源的相位互差 120°,本例中峰值和频率分别为 220V,50Hz。

　　③ 打开测量模块库,复制 4 个电压表测量模块和 1 个电流表测量模块到 SQZL 模型中,3 个电压表测量模块用来得到同步 6 脉冲模块的输入线电压,其他两个测量模块分别用于测量器负载两端的电流和电压。

　　④ 打开电力电子模块库,复制晶闸管通用桥到 SQZL 模型中,并设置晶闸管通用桥参数。

　　⑤ 在 MATLAB 的命令窗口中输入"powerlib_extras",在该窗口中双击"Control"模块库,打开 Control Blocks 模块库,复制同步 6 脉冲触发器模块到 SQZL 模型中。该模块也可以用脉冲信号发生器模块库中的脉冲发生器模块代替,使用方法请参照相关资料。

　　⑥ 复制两个常数模块到 SQZL 模型中。一个作为触发角,取值为 60,接到触发器输入端;另一个接到触发器使能端,取值为 0。

　　⑦ 打开元件模块库,复制一个串联 RLC 元件模块到 SQZL 模型中作为负载,打开参数设置对话框,设置参数 $R=6\Omega$,$L=0.03$H。复制一个"接地"模块到 SQZL 模型中,用于系统连接。

　　⑧ 打开输出模块库,复制一个 Scope 示波器模块,并按要求设置,用以观察电流、电压等信号。

　　⑨ 复制一个 powergui 模块,适当连接后,可以得到如图 2-48 所示的系统仿真电路。

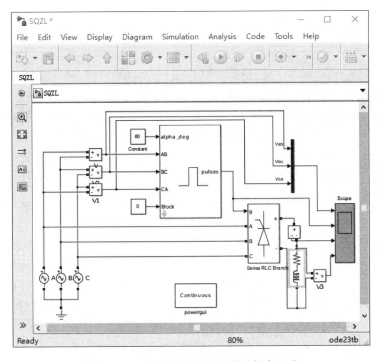

图 2-48 三相桥式相控整流器的仿真电路

### 2. 三相桥式相控整流器的仿真结果

打开仿真参数窗口(见图 1-48),选择 ode23tb 算法,将相对误差设置为 1e-5,仿真开始时间设置为 0,仿真停止时间设置为 1,并进行仿真。图 2-49 给出了触发角 60°时的仿真结果,图中,3-level AC LV 表示三相交流线电压,6 pulse 为 6 脉冲信号,Iload、Vload 分别为负载的电流和电压。

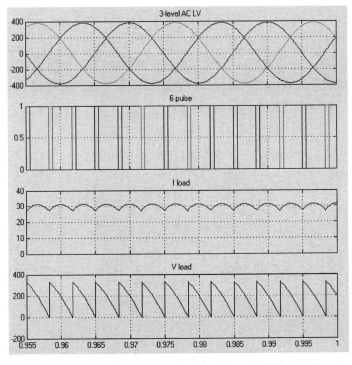

图 2-49 三相桥式相控整流器,触发角 60°时的仿真结果

# 小　结

电力电子技术在电力、汽车工业、通信、家电、机械制造、纺织工业、铁路、航空等领域的应用越来越多,具有带非线性负载性质的电力电子装置已经成为电网最主要的谐波源之一,电力电子装置给我们的生活带来便利的同时,给电力系统带来的谐波污染和电磁干扰问题也不容忽视。这些电流谐波注入电网,造成电网的严重污染,干扰电气设备,增加功耗。比如,相控整流器在直流电源和大功率直流电动机调速系统中有着广泛的应用,但晶闸管相控整流器会产生谐波和无功功率,从而影响电网的质量,造成电网公害。针对电力电子装置产生的谐波和电磁干扰问题,可以采取相应措施进行抑制,如 LC 无源滤波、静止无功补偿器、有源电力滤波器、EMI 电源滤波器等,达到抑制谐波、提高功率因数的目的。

**本章要求**:掌握单相桥式相控整流器、三相半波相控整流器、三相桥式相控整流器的电路结构,在电阻性负载、电感性负载、反电势负载时的工作情况,计算输出电压、输出电流、晶闸管额定电压、额定电流,了解不同整流器在不同负载时初始触发角的位置和触发角移相范围;掌握变压器漏抗对整流器换相的影响,考虑漏抗时对整流器的影响和计算,影响换相重叠角大小的因素;理解逆变的概念,产生逆变的条件,逆变失败的原因与最小逆变角的限制;掌握晶闸管触发电路各环节的作用、工作原理及同步电压的选取方法;掌握相控整流器的 MATLAB 建模和分析方法。

**本章重点**:单相桥式相控整流器、三相桥式相控整流器的工作原理、工作波形和基本数量关系;变压器漏抗对整流器的影响;三相有源逆变器的工作原理,逆变失败的原因及最小逆变角的限制。

**本章难点**:相控整流器在不同负载时的工作波形分析;变压器漏抗对整流器的影响。

# 习　题　2

2-1　具有变压器中心抽头的单相双半波可控整流器如图 2-50 所示,问该变压器是否存在直流磁化问题。试说明晶闸管承受的最大反向电压是多少? 当负载是电阻或电感时,其输出电压和电流的波形与单相桥式相控整流器是否相同?

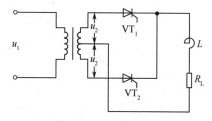

图 2-50　习题 2-1 图

2-2　单相桥式相控整流器,电阻性负载,$U_2=220\text{V}$,$R_L=2\Omega$,$\alpha=30°$,试计算:

① 输出电压 $U_d$ 和输出电流 $I_d$;

② 晶闸管额定电压和额定电流。

2-3　单相桥式相控整流器,$U_2=100\text{V}$,负载中 $R_L=2\Omega$,$L$ 值极大,反电势 $E=60\text{V}$,当 $\alpha=30°$ 时,求:

① 画出 $u_d$、$i_d$ 和 $i_2$ 的波形;

② 整流输出平均电压 $U_d$、电流 $I_d$ 及变压器二次侧电流有效值 $I_2$；

③ 考虑安全裕量,确定晶闸管的额定电压和额定电流。

2-4　单相桥式相控整流器接电阻性负载,要求输出电压 0～100V 连续可调,30V 以上要求负载电流能达到 20A。采用由 220V 变压器降压供电,最小触发角 $\alpha_{min}=30°$。试求：

① 交流二次侧电压有效值；

② 选择晶闸管的电压、电流。

2-5　在单相桥式相控整流器中,若有一晶闸管因为过电流烧毁断路,画出此时输出电压波形。如果有一晶闸管因为过电流烧成短路,结果又会怎样？

2-6　单相桥式相控整流器,给电阻性负载供电和给反电势负载蓄电池充电,在流过负载电流平均值相同的情况下,哪一种负载的晶闸管额定电流应选得大一些？为什么？

2-7　三相半波相控整流器,如果 u 相电压消失,试画出在电阻性负载和电感性负载下的整流电压波形。

2-8　三相半波相控整流器,电阻性负载。已知 $U_2=220\text{V},R_L=20\Omega$,当 $\alpha=90°$时,试计算 $U_d$、$I_d$ 并画出 $u_{T1}$、$i_d$、$u_d$ 波形。

2-9　三相半波相控整流器,已知 $U_2=110\text{V},R_L=0.5\Omega$,大电感负载,当 $\alpha=45°$时,试计算 $U_d$、$I_d$ 并画出 $u_{T1}$、$i_d$、$u_d$ 波形。如果在负载端并接续流二极管,试计算流过晶闸管的电流平均值 $I_{dT}$、有效值 $I_T$ 和续流二极管的电流平均值 $I_{dDR}$、有效值 $I_{DR}$。

2-10　三相半波相控整流器,电感性负载,$R_L=2\Omega,L=\infty$,调节 $\alpha$ 达到维持 $I_d$ 为恒值 250A,供电电压经常在 $0.85U_2\sim1.15U_2$ 范围内变化,求：

① $U_2$ 和 $\alpha$ 的变化范围；

② 当 $X_B=0.08\Omega$ 时,求 $U_2$ 和 $\alpha$ 的变化范围。

2-11　三相半波相控整流器,反电势电感性负载,$U_2=100\text{V},R_L=1\Omega,L=\infty,\alpha=30°,E=50\text{V}$,求：

① 输出电压 $U_d$ 和输出电流 $I_d$,晶闸管的额定电压和额定电流,并画出 $u_d$、$u_{T1}$ 和 $i_{T1}$ 的波形；

② 当 $L_B=1\text{mH}$ 时的输出电压和输出电流,并画出 $u_d$、$i_{T1}$ 和 $i_u$ 的波形。

2-12　三相半波相控整流器共阴极接法与共阳极接法,u、v 两相的自然换相点是同一点吗？如果不是,它们在相位上相差多少？

2-13　三相桥式相控整流器,当一只晶闸管短路时,电路会发生什么情况？

2-14　三相桥式相控整流器,反电势电感性负载,$E=200\text{V},U_2=220\text{V},R_L=1\Omega,L=\infty,\alpha=60°$。求：

① 输出电压 $U_d$ 和输出电流 $I_d$,晶闸管的额定电压和额定电流,并画出 $u_d$、$u_{T1}$ 和 $i_{T1}$ 的波形；

② 当 $L_B=1\text{mH}$ 时,输出电压和输出电流,并画出 $u_d$、$i_{T1}$ 和 $i_u$ 的波形。

2-15　在三相桥式相控整流器中,已知 $U_2=110\text{V},R_L=0.2\Omega$,电感足够大,当 $\alpha=45°$时,试计算 $U_d$、$I_d$ 及流过晶闸管的电流平均值 $I_{dT}$、有效值 $I_T$ 并画出 $u_{T1}$、$i_d$、$u_d$、$i_{T1}$ 波形。

2-16　试画出三相桥式相控逆变器中当 $\beta=\pi/4$ 时,晶闸管 $VT_4$ 两端的电压波形。

2-17　变流器工作于有源逆变状态的条件是什么？

2-18　三相桥式相控逆变器,反电势电感性负载,$U_2=220\text{V},R_L=1\Omega,L=\infty,E=-400\text{V},\beta=60°$。求：

① 输出电压 $U_d$ 和输出电流 $I_d$,晶闸管的额定电压和额定电流,并画出 $u_d$、$u_{T1}$ 和 $i_{T1}$ 的波形；

② 当 $L_B=1\text{mH}$ 时的输出电压和输出电流,并画出 $u_d$、$i_{T1}$ 和 $i_u$ 的波形。

2-19　单相桥式相控整流器,$U_2=100\text{V}$,电阻性负载,$R_L=2\Omega,\alpha=30°$,用 MATLAB 仿真,

画出 $u_d$、$u_{T1}$、$i_{T1}$、$i_2$ 的波形。

2-20 单相桥式相控整流器，$U_2=100V$，电感性负载，$R_L=2\Omega$，$L=200mH$，$L_B=2mH$，$\alpha=30°$，用 MATLAB 仿真，画出 $u_d$、$u_{T1}$、$i_{T1}$、$i_2$ 的波形。

2-21 三相桥式相控整流器，$U_2=220V$，电感性负载，$R_L=2\Omega$，$L=200mH$，$L_B=2mH$，当 $\alpha=30°$、$\alpha=60°$ 时，用 MATLAB 仿真，画出 $u_d$、$u_{T1}$、$i_{T1}$、$i_{2u}$ 的波形，分析改变 $L$ 和 $L_B$ 的大小对输出波形的影响。

2-22 三相桥式相控整流器，$U_2=220V$，反电势负载，$E=-600V$，$R_L=2\Omega$，$L=200mH$，$L_B=2mH$，当 $\beta=30°$、$\beta=60°$ 时，用 MATLAB 仿真，画出 $u_d$、$u_{T1}$、$i_{T1}$、$i_{2u}$ 的波形。

# 第3章　交流-交流变换器

本章主要内容包括：晶闸管相控交流调压器的结构、工作原理、工作波形、基本数量关系；交流调功器和交流开关的工作原理；交-交变频器的工作原理和基本特性；相控交流调压器的MATLAB仿真

建议本章教学学时数为4学时，本章为必修内容。

## 3.1　引　言

交流-交流变换是指将交流电的电压或频率加以转换。通常对仅改变交流电压有效值的变换器称为交流调压器。其中，在每半个周期内改变晶闸管的触发角调节输出电压的有效值，这种装置称为相控交流调压器；以交流电的周期为单位控制晶闸管的通断，改变通态周期数和断态周期数之比以调节输出功率，这种装置称为交流调功器；根据需要通过晶闸管接通或断开电路，这种装置称为交流开关。将50 Hz工频交流电直接转换成其他频率的交流电的变换，称为交-交变频，所用装置称为交-交变频器或周波变换器，主要用于大功率交流电动机的低速变频调速场合。

交流调压器的开关管控制有3种方式。

（1）相位控制方式

该方式通过改变晶闸管的触发角改变晶闸管的导通角，从而改变输出电压的有效值。其工作波形如图3-1所示。相控交流调压器广泛用于灯光控制（如调光台灯和舞台灯光控制）、异步电动机的软启动、异步电动机调速、电力系统中无功功率的调节等场合。

（2）通断控制方式

该方式将负载与交流电源接通几个周期，然后再断开几个周期，通过改变通断周期比达到调节交流输出功率的目的。这种控制方式电路简单，功率因数高，适用于有较大时间常数的负载，缺点是输出电压或功率调节不平滑。

（3）斩波控制方式

该方式一般选用全控型电力电子器件作为开关管，以远远高于交流电频率的开关频率对波形进行调制，通过改变通断时间比，改变输出交流电压的有效值。

## 3.2　相控交流调压器

由晶闸管组成的相控交流调压器可以调节输出电压的有效值。与常规的调压变压器相比，相控交流调压器的优点是：体积小、重量轻，控制灵活；缺点是：输出不是正弦波，谐波分量较大，功率因数较低。

### 3.2.1　单相相控交流调压器

#### 1. 电阻性负载

（1）工作原理

电阻性负载的电路如图3-1(a)所示，其电路结构为：两只反并联的晶闸管或一只双向晶闸管与

负载 $R_L$ 串联组成主电路。当 $\omega t = \alpha$ 时，触发 VT$_1$，VT$_1$ 承受正向电压而导通，输出电压 $u_o = u_2$；$\omega t = \pi$ 时，VT$_1$ 承受反压关断，$u_o = 0$；负半周 $\omega t = \pi + \alpha$ 时，触发 VT$_2$，VT$_2$ 导通，输出电压 $u_o = u_2$，VT$_1$ 端电压为 VT$_2$ 导通电压，输出电压波形和晶闸管 VT$_1$ 端电压的波形如图 3-1(b) 所示。

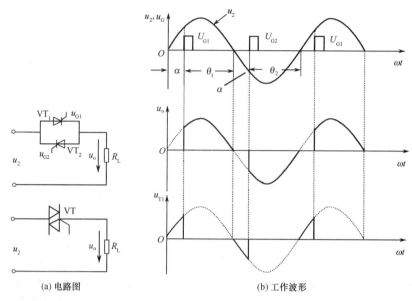

(a) 电路图　　　(b) 工作波形

图 3-1　单相相控交流调压器电阻性负载的电路图和 $\alpha = 30°$ 时的工作波形

（2）基本数量关系

① 输出电压有效值 $U_o$ 与触发角 $\alpha$ 的关系

$$U_o = \sqrt{\frac{1}{\pi} \int_\alpha^\pi (\sqrt{2} U_2 \sin\omega t)^2 \, d(\omega t)} = U_2 \sqrt{\frac{1}{2\pi} \sin2\alpha + \frac{\pi - \alpha}{\pi}} \tag{3-1}$$

当触发角 $\alpha = 0$ 时，输出电压 $U_o$ 最大，$U_o = U_2$；当触发角 $\alpha = \pi$ 时，输出电压 $U_o$ 为 0。

单相相控交流调压器的移相范围为 $0 \sim \pi$。

当已知输入电压 $U_2$ 和触发角 $\alpha$ 时，由式(3-1)可求得输出电压 $U_o$；当已知输入电压 $U_2$ 和输出电压 $U_o$ 求触发角 $\alpha$ 时，可由计算机采用迭代法求得。

② 负载电流有效值 $I_o$

$$I_o = \frac{U_o}{R_L}$$

③ 交流侧电流有效值 $I_2$ 等于负载电流有效值 $I_o$，即

$$I_2 = I_o$$

④ 晶闸管流过的电流有效值

$$I_T = \sqrt{\frac{1}{2\pi} \int_\alpha^\pi \left(\frac{\sqrt{2} U_2 \sin\omega t}{R_L}\right)^2 \, d(\omega t)} = \frac{I_o}{\sqrt{2}}$$

⑤ 晶闸管承受的正反向电压最大值是 $\sqrt{2} U_2$。

⑥ 功率因数

$$PF = \frac{P}{S} = \frac{U_o I_o}{U_2 I_2} = \sqrt{\frac{1}{2\pi} \sin2\alpha + \frac{\pi - \alpha}{\pi}} \tag{3-2}$$

【例 3-1】 单相相控交流调压器，交流电源电压为 220V，电阻性负载，$R_L = 15\Omega$，当 $\alpha = 30°$ 时，求：

① 输出电压和负载电流；

② 晶闸管的额定电压和额定电流。

**解** ① 负载上交流电压有效值为

$$U_o = U_2\sqrt{\frac{1}{2\pi}\sin 2\alpha + \frac{\pi - \alpha}{\pi}} = 220 \times \sqrt{\frac{1}{2\pi}\sin\frac{\pi}{3} + \frac{\pi - \pi/6}{\pi}} = 216.7\text{V}$$

负载电流为

$$I_o = \frac{U_o}{R_L} = \frac{216.7}{15} = 14.45\text{A}$$

② 晶闸管承受的正反向电压最大值是$\sqrt{2}U_2$，考虑到2～3倍的安全裕量，晶闸管的额定电压应为

$$U_{TN} = (2\sim3) \times \sqrt{2}U_2 = (622\sim933)\text{V}$$

晶闸管流过的电流有效值为

$$I_T = \frac{I_o}{\sqrt{2}} = \frac{14.45}{1.414} = 10.22\text{A}$$

考虑到1.5～2倍的安全裕量，晶闸管的额定电流为

$$I_{T(AV)} = (1.5\sim2) \times \frac{I_T}{1.57} = (1.5\sim2) \times \frac{10.22}{1.57} = (9.76\sim13)\text{A}$$

选择满足要求的晶闸管。

**2. 电感性负载**

当负载为电感线圈、交流电动机或变压器绕组时，这种负载称为电感性负载，负载阻抗角为 $\varphi$，电感性负载电路如图3-2所示。当电源电压反向过零时，由于电感储能，电感产生感应电势阻止电流变化，其自感电势使晶闸管继续导通，此时晶闸管导通角 $\theta$ 的大小不仅与触发角 $\alpha$ 有关，而且与负载阻抗角 $\varphi$ 有关。两只晶闸管门极的起始控制点分别定在电源电压每个半周的起始点，$\alpha$ 的最大范围是 $\varphi \leqslant \alpha \leqslant \pi$，正负半周有相同的 $\alpha$ 角。

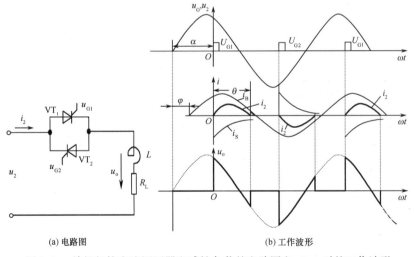

(a) 电路图　　　　　　(b) 工作波形

图3-2　单相相控交流调压器电感性负载的电路图和 $\alpha > \varphi$ 时的工作波形

当触发角为 $\alpha$ 时，触发 $VT_1$ 导通，这时流过 $VT_1$ 的电流 $i_o$ 有强制分量 $i_B$ 与自由分量 $i_S$，其强制分量为

$$i_B = \frac{\sqrt{2}U_2}{Z}\sin(\omega t + \alpha - \varphi) \tag{3-3}$$

式中，$Z = \sqrt{R_L^2 + (\omega L)^2}$，$\varphi = \arctan\frac{\omega L}{R_L}$。

其自由分量为

$$i_S = \frac{\sqrt{2}U_2}{Z}\sin(\alpha - \varphi)e^{-\frac{t}{\tau}} = -\frac{\sqrt{2}U_2}{Z}\sin(\alpha - \varphi)e^{-\frac{\omega t}{\tan\varphi}} \tag{3-4}$$

式中，$\tau$ 为自由分量衰减时间常数，$\tau=\dfrac{L}{R_{\mathrm{L}}}$。

流过晶闸管的电流即负载电流为

$$i_{\mathrm{o}}=i_{\mathrm{S}}+i_{\mathrm{B}}=\frac{\sqrt{2}U_2}{Z}\left[\sin(\omega t+\alpha-\varphi)-\sin(\alpha-\varphi)\mathrm{e}^{-\frac{\omega t}{\tan\varphi}}\right] \tag{3-5}$$

当 $\alpha>\varphi$ 时，电压、电流波形如图 3-2(b)所示。当 $\omega t=0$ 时，触发晶闸管 $VT_1$，$VT_1$ 导通，电源电压下降过零进入负半周，当电感存储的能量释放完时，$\omega t=\theta$，$i_{\mathrm{o}}=0$，$VT_1$ 关断，将此边界条件代入式(3-5)可得

$$\sin(\alpha+\theta-\varphi)=\sin(\alpha-\varphi)\mathrm{e}^{\frac{-\theta}{\tan\varphi}} \tag{3-6}$$

当取不同的 $\varphi$ 时，触发角 $\alpha$ 与导通角 $\theta$ 的曲线如图 3-3 所示。

当 $\alpha>\varphi$ 时，强制分量 $i_{\mathrm{B}}$ 与自由分量 $i_{\mathrm{S}}$ 如图 3-2(b)所示，叠加后电流波形 $i_{\mathrm{o}}$ 的导通角 $\theta<180°$，其负载电路处于电流断续状态，$\alpha$ 愈大，$\theta$ 愈小；当 $\alpha=\varphi$ 时，由式(3-4)可知，电流自由分量 $i_{\mathrm{S}}=0$，$i_{\mathrm{o}}=i_{\mathrm{B}}$，由式(3-6)可知 $\theta=180°$，正负半周电流处于临界连续状态，相当于两个整流二极管反并联，负载上获得最大功率，此时电流滞后电压 $\varphi$。

当 $\alpha<\varphi$ 时，强制分量 $i_{\mathrm{B}}$ 与自由分量 $i_{\mathrm{S}}$ 波形如图 3-4 中虚线所示，$VT_1$ 的导通角 $\theta>180°$，如果触发脉冲为窄脉冲，则当 $U_{\mathrm{G2}}$ 出现时，$VT_1$ 的电流还未到零，$VT_2$ 承受反压不能触发导通，待 $VT_1$ 中电流变到零关断，$VT_2$ 开始承受正压时，$U_{\mathrm{G2}}$ 脉冲已消失，所以 $VT_2$ 无法导通。第三个半周 $U_{\mathrm{G1}}$ 又触发 $VT_1$，这样使负载只有正半波，电流出现很大的直流分量，电路不能正常工作。

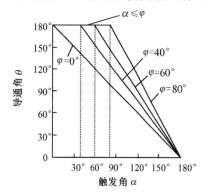

图 3-3　触发角 $\alpha$、导通角 $\theta$ 与负载阻抗角 $\varphi$ 的关系曲线

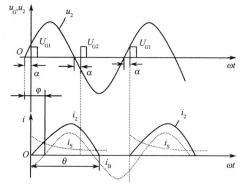

图 3-4　单相相控交流调压器电感性负载，窄脉冲，$\alpha<\varphi$ 时的工作波形

所以电感性负载时，晶闸管不能用窄脉冲触发，应采用宽脉冲，这样当 $\alpha<\varphi$ 时，虽然在刚开始触发晶闸管的几个周期内，两管的电流波形是不对称的，但在负载电流中的自由分量衰减后，负载电流即能得到完全对称连续的波形，电流滞后电压 $\varphi$。

综上所述，单相相控交流调压器的工作情况可归纳为以下 3 点。

① 电阻性负载时，负载电流波形与单相桥式相控整流器交流侧的电流波形一样，改变触发角 $\alpha$，可以改变负载电压有效值，达到交流调压的目的。

② 电感性负载时，不能用窄脉冲触发；否则，当 $\alpha<\varphi$ 时会出现一个晶闸管无法导通的现象，电流出现很大的直流分量。

③ 电阻性负载时，移相范围是 $0°\sim180°$；电感性负载时，移相范围为 $\varphi\sim180°$。

### 3.2.2　三相相控交流调压器

三相相控交流调压器主电路有几种不同的接线形式，对于不同接线方式的电路，其工作过程也不同。下面介绍两种最常见的接线方式。

**1. 负载星形连接带中线的三相相控交流调压器**

如图 3-5 所示为星形连接带中线的三相相控交流调压器。

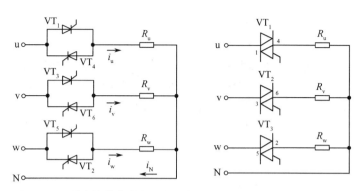

图 3-5 星形连接带中线的三相相控交流调压器电阻性负载电路图

连接方式：由 3 个单相相控交流调压器组合而成，三相负载接成星形，其公共点为三相调压器中线，其工作原理和波形与单相相控交流调压器相同。图中晶闸管触发导通的顺序为 $VT_1$、$VT_2$、$VT_3$、$VT_4$、$VT_5$、$VT_6$，由于存在中线，每一相可以作为一个单相相控交流调压器单独分析，各相负载电压和电流仅与本相的电源电压、负载参数及触发角有关。

在三相相控交流调压器中，各相三次谐波电流的相位是相同的，中线的电流 $i_N$ 为三相三次谐波电流之和，中线电流会很大。晶闸管的移相范围为 $0° \sim 180°$。

**2. 负载星形连接不带中线的三相相控交流调压器**

电路如图 3-6 所示，用 3 对反并联晶闸管分别接至负载就构成了三相星形连接的调压器。通过改变触发角 $\alpha$，便可以改变负载上的电压。负载可连接成星形也可连接成三角形。

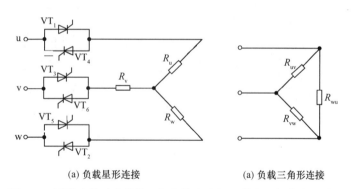

(a) 负载星形连接　　　　　　(a) 负载三角形连接

图 3-6 星形连接无中线的三相相控交流调压器电阻性负载电路图

对于这种不带中线的调压器，为使三相电流构成通路，任意时刻至少要有两个晶闸管同时导通。对触发脉冲的要求是：

① 序号相邻的晶闸管的触发脉冲依次间隔 60°，晶闸管导通顺序为：$VT_1$、$VT_2$、$VT_3$、$VT_4$、$VT_5$、$VT_6$，而每一相正、负触发脉冲间隔 180°；

② 为了保证电路起始时能工作，以及在电感性负载和触发角较大时仍能工作，与三相桥式相控整流器一样，要求采用双窄脉冲或大于 60°的宽脉冲触发。为了保证输出电压对称可调，应保持触发脉冲与电源电压同步。

这种连接方式可以解决带中线的三相相控交流调压器的中心电流问题，下面以星形负载为例，结合图 3-6 所示电路，具体分析触发脉冲相位与调压器输出电压的关系。

（1）电阻性负载

① 触发角 $\alpha=0°$

如图 3-7 所示，在相应每相电压的过零处给对应的晶闸管加触发脉冲，此时的晶闸管相当于二极管，这时三相正、反方向电流都全波导通，相当于一般的三相交流电路，触发脉冲间隔为 60°。

下面分析各晶闸管的导通区间。$VT_1$ 在 u 相电压过零变正时导通，变负时受反向电压而关断；而 $VT_4$ 在 u 相电压过零变负时导通，变正时受反向电压而关断。v、w 两相导通情况与此相同。每个晶闸管的导通角 $\theta=180°$，任何时刻都有 3 个晶闸管导通。各晶闸管的导通区间如图 3-7(c) 所示。

当 $\alpha=0°$ 时，由于各相在整个正半周正向晶闸管导通，而负半周反向晶闸管导通，所以负载上获得的电压仍为完整的正弦波。如果忽略晶闸管的管压降，加到其负载上的电压就是额定电源电压。如图 3-7(d) 所示为 u 相负载电压波形。

② 触发角 $\alpha=30°$

各相电压过零后 30° 触发相应晶闸管。以 u 相为例，$u_u$ 过零变正后 30° 时触发 $VT_1$，$u_u$ 过零变负后 30° 时触发 $VT_4$。v、w 两相类似。如图 3-8(b) 所示为触发脉冲分配图。

相应于触发脉冲分配也可以确定各管的导通区间。$VT_1$ 从 30° 时导通，$u_u$ 过零变负时承受反压而关断；$VT_4$ 从 210° 时导通，$u_u$ 过零变正时关断。v、w 两相导通情况与此相同。图 3-8(c) 给出了各相晶闸管的导通区间。

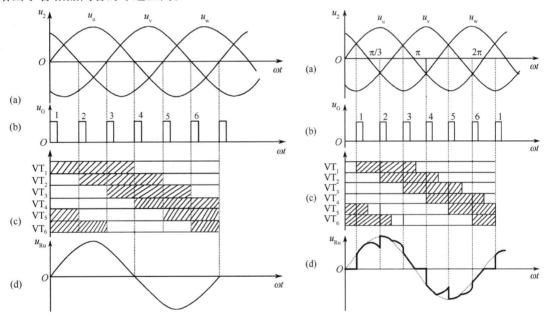

图 3-7　三相相控交流调压器电阻性负载，$\alpha=0°$ 时的工作波形　　图 3-8　三相相控交流调压器电阻性负载，$\alpha=30°$ 时的工作波形

当 $\alpha=30°$ 时，以 u 相为例，三相相控交流调压器各区间晶闸管的导通情况、负载电压如表 3-1 所示。

**表 3-1　$\alpha=30°$ 时各区间晶闸管的导通、负载电压情况**

| $\omega t$ | 0°～30° | 30°～60° | 60°～90° | 90°～120° | 120°～150° | 150°～180° |
|---|---|---|---|---|---|---|
| 晶闸管导通情况 | $VT_5$,$VT_6$ 导通 | $VT_1$,$VT_5$,$VT_6$ 导通 | $VT_1$,$VT_6$ 导通 | $VT_1$,$VT_2$,$VT_6$ 导通 | $VT_1$,$VT_2$ 导通 | $VT_1$,$VT_2$,$VT_3$ 导通 |
| $u_{Ru}$ | 0 | $u_u$ | $\frac{1}{2}u_{uv}$ | $u_u$ | $\frac{1}{2}u_{uw}$ | $u_u$ |

由导通区间可计算各相负载所获得的输出电压。u 相输出电压波形如图 3-8(d) 所示。

在 $0°<\alpha<60°$ 期间，晶闸管导通情况、输出电压波形与 $\alpha=30°$ 相似。u 相输出电压有效值为

$$U_{u} = \sqrt{\frac{1}{\pi}\left[\int_{\alpha}^{\frac{\pi}{3}}u_{d}^{2}\mathrm{d}\omega t + \int_{\frac{\pi}{3}}^{\frac{\pi}{3}+\alpha}\left(\frac{1}{2}u_{uv}\right)^{2}\mathrm{d}\omega t + \int_{\frac{\pi}{3}+\alpha}^{\frac{2\pi}{3}+\alpha}u_{u}^{2}\mathrm{d}\omega t + \int_{\frac{2\pi}{3}}^{\frac{2\pi}{3}+\alpha}\left(\frac{1}{2}u_{uw}\right)^{2}\mathrm{d}\omega t + \int_{\frac{2\pi}{3}+\alpha}^{\pi}u_{u}^{2}\mathrm{d}\omega t\right]} \tag{3-7}$$

③ 触发角 $\alpha = 60°$

三相相控交流调压器电阻性负载 $\alpha = 60°$ 时 u 相各区间晶闸管的导通情况、负载电压如表 3-2 所示。$\alpha \geqslant 60°$ 时,每个区间由 2 个晶闸管构成回路。

表 3-2　$\alpha = 60°$ 时各区间晶闸管的导通、负载电压情况

| $\omega t$ | $0° \sim 60°$ | $60° \sim 120°$ | $120° \sim 180°$ | $180° \sim 240°$ | $240° \sim 300°$ | $300° \sim 360°$ |
|---|---|---|---|---|---|---|
| 晶闸管导通情况 | $VT_5, VT_6$ 导通 | $VT_1, VT_6$ 导通 | $VT_1, VT_2$ 导通 | $VT_2, VT_3$ 导通 | $VT_3, VT_4$ 导通 | $VT_4, VT_5$ 导通 |
| $u_{Ru}$ | 0 | $\frac{1}{2}u_{uv}$ | $\frac{1}{2}u_{uw}$ | 0 | $\frac{1}{2}u_{uv}$ | $\frac{1}{2}u_{uw}$ |

由导通区间可计算各相负载所获得的输出电压。u 相输出电压波形如图 3-9(d)所示。

在 $60° \leqslant \alpha \leqslant 90°$ 期间,晶闸管导通情况、输出电压波形介于 $60°$ 和 $90°$ 之间。u 相输出电压有效值为

$$U_{u} = \sqrt{\frac{1}{\pi}\left[\int_{\alpha}^{\frac{\pi}{3}+\alpha}\left(\frac{1}{2}u_{uv}\right)^{2}\mathrm{d}\omega t + \int_{\frac{\pi}{3}+\alpha}^{\frac{2\pi}{3}+\alpha}\left(\frac{1}{2}u_{uw}\right)^{2}\mathrm{d}\omega t\right]} \tag{3-8}$$

④ 触发角 $\alpha = 90°$

如图 3-10(b)所示为 $\alpha = 90°$ 时各晶闸管的脉冲分配图。以 $VT_1$ 的通断为例,当触发 $VT_1$ 时,给 $VT_6$ 触发脉冲,由于此时 $u_u > u_v$,$VT_1$ 和 $VT_6$ 承受正压 $u_{uv}$ 而导通,电流流过 $VT_1$、u 相负载、v 相负载、$VT_6$,一直到 $u_u < u_v$ 时刻,$VT_1$、$VT_6$ 同时关断。同样,当触发 $VT_2$ 时,同时给 $VT_1$ 触发脉冲,由于 $u_u > u_w$,使得 $VT_1$ 和 $VT_2$ 承受正压 $u_{uw}$ 一起导通,电流流过 $VT_1$、u 相负载、w 相负载、$VT_2$,构成 uw 相回路,……,如此下去,可以知道每个晶闸管导通后,与前一个触发的晶闸管一起构成回路导通 $60°$ 后关断,然后又与新触发的下一个晶闸管一起构成回路,再导通 $60°$ 后关断。图 3-10(c)为其导通区间图。

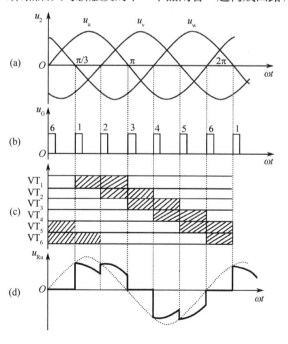

图 3-9　三相相控交流调压器电阻性负载,
$\alpha = 60°$ 时的工作波形

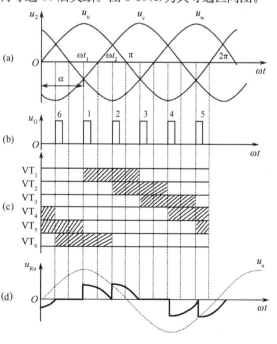

图 3-10　三相相控交流调压器电阻性负载,
$\alpha = 90°$ 时的工作波形

以 u 相为例,各区间晶闸管的导通情况、负载电压如表 3-3 所示。

表 3-3　α＝90°时各区间晶闸管的导通、负载电压情况

| $\omega t$ | 0°～30° | 30°～90° | 90°～150° | 150°～180° |
|---|---|---|---|---|
| 晶闸管导通情况 | VT$_4$,VT$_5$<br>导通 | VT$_5$,VT$_6$<br>导通 | VT$_1$,VT$_6$<br>导通 | VT$_1$,VT$_2$<br>导通 |
| $u_{Ru}$ | $\frac{1}{2}u_{uw}$ | 0 | $\frac{1}{2}u_{uv}$ | $\frac{1}{2}u_{uw}$ |

由导通区间可计算各相负载所获得的输出电压。u 相输出电压波形如图 3-10(d)所示。

⑤ 触发角 α＝120°

触发 VT$_1$ 时,给 VT$_6$ 触发脉冲,而这时 $u_u > u_v$,于是 VT$_1$ 与 VT$_6$ 承受正压而导通,构成 uv 相回路,至 $u_u < u_v$ 时 VT$_1$ 与 VT$_6$ 关断。当触发 VT$_2$ 时,给 VT$_1$ 触发脉冲,于是 VT$_2$ 与 VT$_1$ 一起导通,构成 uw 回路,到 $u_u < u_w$ 时,VT$_1$、VT$_2$ 关断,……,如此下去,每个晶闸管与前面触发的晶闸管一起导通 30°,关断 30°后,又与新触发的下一个晶闸管一起构成回路,再导通 30°。如图 3-11(c)所示为其导通区间图。

以 u 相为例,各区间晶闸管的导通情况、负载电压如表 3-4 所示。

表 3-4　α＝120°时各区间晶闸管的导通、负载电压情况

| $\omega t$ | 0°～30° | 30°～60° | 60°～90° | 90°～120° | 120°～150° | 150°～180° |
|---|---|---|---|---|---|---|
| 晶闸管导通情况 | VT$_4$,VT$_5$<br>导通 | VT$_1$～VT$_6$<br>均不导通 | VT$_5$,VT$_6$<br>导通 | VT$_1$～VT$_6$<br>均不导通 | VT$_1$,VT$_6$<br>导通 | VT$_1$～VT$_6$<br>均不导通 |
| $u_{Ru}$ | $\frac{1}{2}u_{uw}$ | 0 | 0 | 0 | $\frac{1}{2}u_{uv}$ | 0 |

由导通区间可计算各相负载所获得的输出电压。u 相输出电压波形如图 3-11(d)所示。

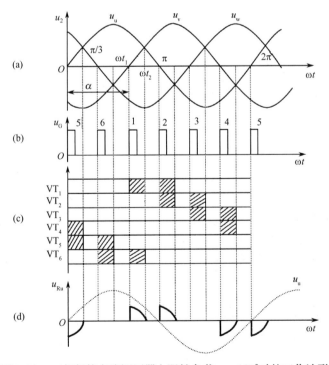

图 3-11　三相相控交流调压器电阻性负载,α＝120°时的工作波形

在 $90°＜\alpha＜150°$ 期间，晶闸管导通情况、输出电压波形于 $120°$ 相似。u 相输出电压有效值为

$$U_{u} = \sqrt{\frac{1}{\pi}\left[\int_{\alpha}^{\frac{5\pi}{6}}\left(\frac{1}{2}u_{uv}\right)^2 \mathrm{d}\omega t + \int_{\frac{\pi}{3}+\alpha}^{\frac{7\pi}{6}}\left(\frac{1}{2}u_{uw}\right)^2 \mathrm{d}\omega t\right]} \tag{3-9}$$

$\alpha \geqslant 150°$ 以后，负载上没有交流电压输出。以 $VT_1$ 为例，当触发 $VT_1$、$VT_6$ 时，$u_u ＜ u_v$，$VT_1$、$VT_6$ 承受反压无法导通，从电源到负载构不成通路，输出电压为零。

由以上分析可以得出如下结论：

① $\alpha = 0°$ 时调压器输出全电压，$\alpha$ 增大，则输出电压减小，$\alpha = 150°$ 时输出电压为零。触发角 $\alpha$ 的移相范围是 $0°\sim150°$。

② 随着 $\alpha$ 的增大，电流的不连续程度增加，每相负载上的电压已不是正弦波，但正、负半周对称。因此，调压器输出电压中只有奇次谐波，以三次谐波所占比重最大。但由于这种线路没有中线，故无三次谐波通路，减少了三次谐波对电源的影响。

（2）电感性负载

三相相控交流调压器在电感性负载下的情况要比电阻性负载复杂得多，很难用数学表达式进行描述。从实验可知，当三相相控交流调压器带电感性负载时，同样要求触发脉冲为宽脉冲，而脉冲移相范围为：$\varphi \leqslant \alpha \leqslant 150°$。

# 3.3 晶闸管交流调功器和交流开关

## 3.3.1 晶闸管交流调功器

晶闸管交流调功器和前面介绍的交流调压器的形式完全相同，只是采用通断控制方式。

如图 3-12 所示为设定周期 $T_c$ 内过零触发输出电压波形。例如，在设定周期 $T_c$ 内导通的周期数为 $n$，交流电的周期为 $T$，则调功器的输出功率为

$$P_o = \frac{nT}{T_c}P_n \tag{3-10}$$

输出电压有效值为

$$U_o = \sqrt{\frac{nT}{T_c}}U_2 \tag{3-11}$$

式中，$P_n$ 为设定周期 $T_c$ 内全部周期导通时调功器输出的功率；$U_2$ 为交流输入电压有效值；$n$ 为在设定周期 $T_c$ 内导通的周期数。因此改变导通周期数 $n$ 即可改变输出电压和功率。

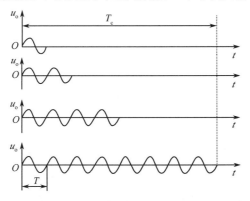

图 3-12　过零触发时交流调功器的输出电压波形

在通断控制方式时,触发角为零,所以交流调功器的输入功率因数相当于相控交流调压器在触发角为零时的功率因数。而晶闸管额定电压和额定电流的参数选取,也与触发角为零时的相控交流调压器一样。

在通断控制方式时,为防止晶闸管导通过程的电流冲击,应该在交流电源过零点触发晶闸管。触发角为零,因此相当于全波导通,功率因数与相控交流调压器在触发角为零时的功率因数一样。因此,晶闸管额定电压和额定电流也与触发角为零时的相控交流调压器一样。

### 3.3.2 晶闸管交流开关

晶闸管交流开关是一种快速、无触点的交流开关,其电路与相控交流调压器一样。通过控制触发晶闸管使交流电路导通,移去触发信号使晶闸管在电压过零后不再导通,从而关断电路。由于是无触点开关,因此晶闸管交流开关特别适用于操作频繁、可逆运行的场合,也可在有易燃气体、多粉尘等易爆场合使用。

为防止晶闸管导通过程的电流冲击,应该在交流电源过零点触发晶闸管。晶闸管交流开关也称为固态开关。

# 3.4 交-交变频器

交-交变频器是把固定频率的交流电直接变换成可调频率的交流电的变换器。由于没有直流环节,因此属于直接变频。

交-交变频器主要应用于大功率交流电动机调速系统,实际使用的主要是三相交-交变频器。单相交-交变频器是三相交-交变频器的基础。因此本节先介绍单相交-交变频器的组成、工作原理、控制方式,然后再介绍三相交-交变频器。

### 3.4.1 单相交-交变频器

#### 1. 变频器的结构和工作状态

如图 3-13 所示为单相交-交变频器的原理图和输出电压波形示意图。电路由正组和反组反并联的晶闸管整流器组成。正组工作时,负载电流 $i_o$ 为正,反组工作时,$i_o$ 为负。让两组整流器按一定的频率交替工作,负载就得到该频率的交流电。改变两组整流器的切换频率,就可以改变输出频率 $\omega_o$。按照一定的规律改变整流器工作时的触发角 $\alpha$,就可以改变交流输出电压。

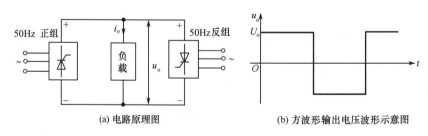

(a) 电路原理图　　　　　　　　(b) 方波形输出电压波形示意图

图 3-13　单相交-交变频器原理图及输出电压波形示意图

从负载端看,可以将图 3-13 的电路原理图等效成图 3-14(a)所示的原理图。图 3-14(b)给出了一个周期内负载电压 $u_o$、负载电流 $i_o$,正、反两组整流器的电压 $u_P$、$u_N$ 和电流 $i_P$、$i_N$ 波形,图 3-14(c)给出了正、反两组整流器的工作状态。

如图 3-14(b)所示，在负载电流的正半周 $t_1 \sim t_3$ 区间，正组整流器导通，反组整流器被封锁。在 $t_1 \sim t_2$ 区间，正组整流器导通后输出电压、电流均为正，故正组整流器向外输出功率，工作于整流状态；在 $t_2 \sim t_3$ 区间，仍是正组整流器导通，负载电流方向不变，输出电压为负，因此负载向正组整流器反馈功率，正组整流器工作于逆变状态；在 $t_3 \sim t_4$ 区间，负载电流反向，反组整流器导通，正组整流器被封锁，负载电压、电流均为负，故反组整流器处于整流状态；在 $t_4 \sim t_5$ 区间，电流为负，仍为反组整流器导通，但输出电压为正，反组整流器工作在逆变状态。

从以上分析可知，在交-交变频器中，哪组整流器工作由电流方向决定，与电压极性无关，电流为正时，正组整流器工作，电流为负时，反组整流器工作；工作的整流器处于整流还是逆变状态，是由输出电压与电流的极性共同决定的，电压的极性与电流的方向一致时，处于整流状态，电压的极性与电流的方向相反时，处于逆变状态。

**2. 变频器类型和工作原理**

根据触发角 $\alpha$ 变化方式的不同，有方波形交-交变频器和正弦波形交-交变频器之分。

（1）方波形交-交变频器

如果在正组或反组整流器工作期间，对应触发角为 $\alpha$，则整流器输出电压 $u_o = U_{do}\cos\alpha$。由于整流器具有电流单向流通的特点，因此，当负载电流为正时，正组整流器工作，反组整流器封锁；当负载电流为负时，反组整流器工作，正组整流器封锁，以实现无环流控制。

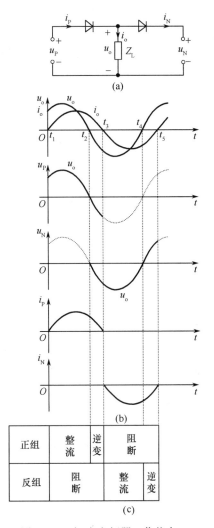

图 3-14　交-交变频器工作状态

改变正、反组整流器的切换频率，可以改变输出交流电的频率，而改变触发角 $\alpha$ 的大小即可调节方波的幅值，从而调节输出交流电压 $u_o$ 的大小。其输出波形为幅值是整流电压平均值的方波。

方波形交-交变频器的正、反两组整流器工作时保持晶闸管触发角恒定不变，其控制简单，但其输出波形为方波，低次谐波大，用于电动机调速系统时会增大电动机损耗，降低运行效率。

（2）正弦波形交-交变频器

正弦波形交-交变频器的主电路与方波形的主电路相同，但正弦波形交-交变频器的输出电压平均值按正弦规律变化，克服了方波形交-交变频器输出波形谐波大的缺点。

图 3-15 中 A 点处晶闸管的触发角 $\alpha_P = 0°$，电压平均值 $U_d$ 最大。随着 $\alpha_P$ 的增大，$U_d$ 减小，在 3 区和 4 区的交界处，$\alpha_P = \pi/2$ 时，$U_d = 0$。在三相桥式相控整流器中，$U_d = 2.34U_2\cos\alpha$，当 $\alpha$ 从 $\pi/2 \to \alpha_0 \to \pi/2 \to \pi - \alpha_0 \to \pi/2$ 线性变化时，输出电压平均值为按 $0 \to 2.34U_2\cos\alpha_0 \to 0 \to -2.34U_2\cos\alpha_0 \to 0$ 正弦规律变化的交流电。输出电压平均值如图 3-15 所示，为一正弦波。图中 3 区负载电流为正，电压也为正，正组整流器工作在整流状态，4 区负载电流为正，电压为负，正组整流器工作在逆变状态，6 区负载电流为负，电压也为负，反组整流器工作在整流状态，1 区负载电流为负，电压为正，反组整流器工作在逆变状态。

正弦波形交-交变频器实际输出电压波形如图 3-15 所示。

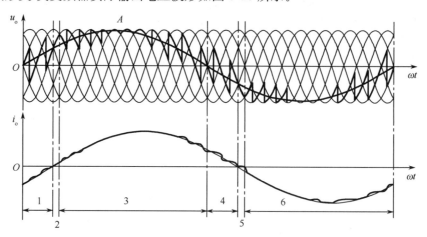

图 3-15 正弦波形交-交变频器的输出电压和电流波形

由此得出结论:正弦波形交-交变频器是由两组反并联的相控整流器组成的,运行中正、反两组整流器的触发角 $\alpha$ 随时间线性变化,使输出电压平均值为正弦波。如果改变触发角 $\alpha$ 的变化率,则输出电压平均值变化的速率也变化,也就改变了输出电压的频率;如果改变触发角 $\alpha$ 的变化范围,即 $\alpha_0$ 的大小,就改变了输出电压的最大值,也就改变了交流电压的有效值。同时,正、反组整流器也需按相应的频率不停地切换,以输出频率可变的交流电。

**3. 余弦交点法**

通过不断改变触发角 $\alpha$,使交-交变频器的输出电压波形基本为正弦波的调制方法中,最常用的是余弦交点法。余弦交点法的原则是:其触发角 $\alpha$ 的控制规律应使得整流输出电压的瞬时值与期望正弦电压的瞬时值的差最小。

**4. 输入/输出特性**

(1)输出上限频率

交-交变频器的输出电压是由许多段电网电压拼接而成的。输出电压一个周期内拼接的电网电压段数越多,输出电压波形越接近正弦波。每段电网电压的平均持续时间是由整流器的脉波数决定的,交-交变频器一般由三相桥式相控整流器组成。当输出频率增高时,输出电压一个周期所含电网电压的段数就越少,引起波形畸变。电压波形畸变以及由此产生的电动机转矩脉动是输出频率限制的主要因素。构成交-交变频器的两组整流器的脉波数越多,输出上限频率就越高。当采用三相桥式相控整流器组成交-交变频器时,输出频率不高于电网频率的 1/2。

(2)输入功率因数

交-交变频器采用的是相位控制方式,因此其输入电流的相位总滞后于输入电压的相位,需要电网提供无功功率。由于触发角总在 $\alpha_0$ 和 $\pi/2$ 之间不断变化,所以输入功率因数也较低。而且,不论负载阻抗角是滞后的还是超前的,输入电流总是滞后的。

(3)输出电压谐波

交-交变频器输出电压的谐波频谱是非常复杂的,它既和电网频率有关,也和整流器的脉波数有关,还和输出频率有关。

(4)输入电流谐波

单相交-交变频器的输入电流谐波和相控整流器的输入电流谐波类似,但是其幅值和相位均按正弦规律被调制。和相控整流器输入电流的谐波相比,交-交变频器输入电流的频谱要复杂得多,但各次谐波的幅值要比相控整流器的谐波幅值小。

前面的分析都是基于无环流方式进行的。在无环流方式下,由于负载电流反向时为保证无环流而必须留出一定的死区时间,就使得输出电压的波形畸变增大。另外,在负载电流断续时,输出电压被电动机反电势抬高,这也造成输出波形畸变。采用有环流方式可以避免电流断续并消除电流死区,改善输出波形,还可提高交-交变频器的输出上限频率。但有环流方式需要设置环流电抗器,从而增加成本,运行效率也有所下降,因此目前应用较多的还是无环流方式。

总之,交-交变频器是直接变换,效率较高,可方便地进行可逆运行。其主要缺点为:

① 输出波形谐波分量大;

② 功率因数低;

③ 电路使用晶闸管数目较多,控制电路复杂;

④ 变频器输出频率受到其电网频率的限制,最大变频范围在电网频率的1/2以下。

因此,交-交变频器一般只适用于球磨机、矿井提升机、电动车辆、大型轧钢设备等低速大容量场合。

**5. 单相交-交变频器电路原理图**

将两组三相可逆整流器反并联即可构成单相变频器。如图 3-16(a)所示为采用两组三相半波整流的线路,图 3-16(b)为采用两组三相桥式整流的线路。

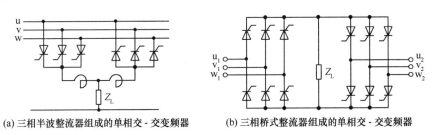

(a) 三相半波整流器组成的单相交-交变频器          (b) 三相桥式整流器组成的单相交-交变频器

图 3-16　单相交-交变频器的电路原理图

## 3. 4. 2　三相交-交变频器

三相交-交变频器主要应用于大功率交流电动机调速系统。三相交-交变频器是由 3 组输出电压相位各差 120°的单相交-交变频器组成的。因此,单相交-交变频器的许多分析和结论对三相交-交变频器也是适用的。

**1. 电路连接方式**

三相交-交变频器有两种接线方式,即公共交流母线进线方式和输出星形连接方式。

(1) 公共交流母线进线方式

公共交流母线进线方式的三相交-交变频器电路原理图如图 3-17 所示,由 3 组彼此独立的、输出电压相位互差 120°的单相交-交变频器组成,它们的电源进线通过进线电抗器接在公共的交流母线上。由于电源进线端公用,则 3 组单相交-交变频器的输出端必须隔离。为此,交流电动机的 3 个绕组是不连接的。这种电路主要用于中等容量的交流调速系统。

(2) 输出星形连接方式

如图 3-18 所示为输出星形连接方式的三相交-交变频器电路原理图。3 组单相交-交变频器是星形连接的,电动机的 3 个绕组也是星形连接的。电动机中点不和变频器中点连接在一起,电

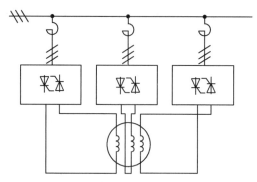

图 3-17　公共交流母线进线方式的三相交-交变频器电路原理图

动机只引出 3 根线即可。由于变频器输出端中点不和负载中点相连接,所以在构成三相交-交变频器的 6 组桥式电路中,至少要有不同相的两组桥中的 4 个晶闸管同时导通才能构成回路。

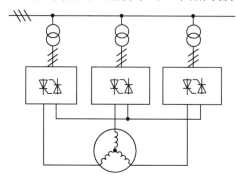

图 3-18　输出星形连接方式的三相交-交变频器电路原理图

## 2. 具体电路结构

如图 3-19 所示为三相桥式相控整流器组成的三相交-交变频器,采用公共交流母线进线方式;如图 3-20 所示为三相桥式相控整流器组成的三相交-交变频器,给电动机负载供电,采用输出星形连接方式,由于没有环流电抗器,所以采用无环流控制方式。

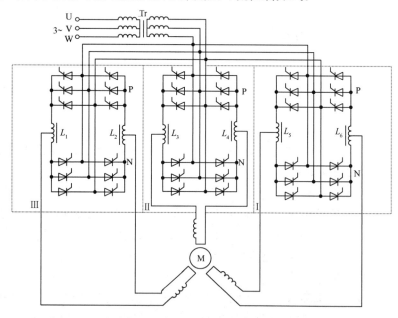

图 3-19　公共交流母线进线方式的三相交-交变频器电路图

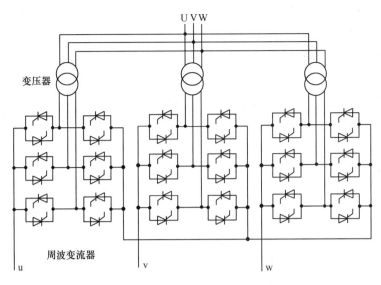

图 3-20　输出星形连接方式的三相交-交变频器电路图

# 3.5　交流调压器的 MATLAB 仿真

## 3.5.1　单相相控交流调压器的仿真

### 1. 单相相控交流调压器的建模和参数设置

① 按图 3-21 绘制单相相控交流调压器仿真电路,命名为 DJTQ。

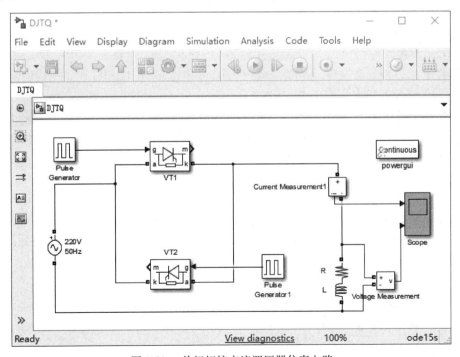

图 3-21　单相相控交流调压器仿真电路

② 设置模块参数,电压峰值为 220 * 1.414V,频率为 50Hz;$R=2\Omega$;$L=0$mH;第一个脉冲发生器的参数设置为 Amplitude 为 1,Period 为 0.02s,Pulse Width 为 5%,Phase delay 为

0.00334s（t＝alfa＊T/360°）；第二个脉冲发生器的参数设置为 Amplitude 为 1，Period 为 0.02s，Pulse Width 为 5％，Phase delay 为 0.01334s。

**2. 单相相控交流调压器的仿真结果**

打开仿真参数窗口（见图 1-48），选择变步长、ode15s 算法，将相对误差设置为 1e-3，开始仿真时间设置为 0，停止仿真时间设置为 0.06。触发角为 60°，电感性负载 $R＝8\Omega$，$L＝10mH$ 时单相相控交流调压器的仿真结果如图 3-22 所示。图中，Iload 和 Vload 分别为负载电流和电压。

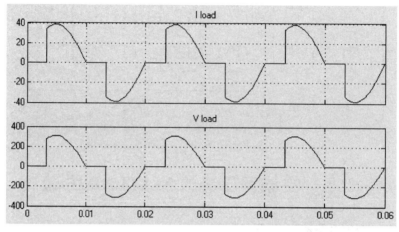

图 3-22　单相相控交流调压器电阻性负载，$\alpha＝60°$时的仿真波形

### 3.5.2　三相相控交流调压器的仿真

**1. 三相相控交流调压器的建模和参数设置**

① 建立一个新的模型窗口，命名为 SJTQ。

② 打开电源模块库，复制 3 个交流电压源到 SJTQ 模型中，重新命名为 A、B、C；打开参数设置对话框，按要求进行参数设置，主要的参数有交流峰值电压、相位和频率。三相电源的相位互差 120°，本例中峰值和频率分别为 220V，50Hz。

③ 打开测量模块库，复制 5 个电压表和 2 个电流表到 SJTQ 模型中，3 个电压表用来得到同步 6 脉冲模块的输入线电压，2 个电压表分别用于测量三相负载的相电压和线电压，2 个电流表分别用于测量调压后的线电流和负载的电流。测量模块的个数可依据测量数的多少增加或减少。

④ 打开 Control Blocks 模块库，复制同步 6 脉冲触发器到 SJTQ 模型中。

⑤ 打开通用模块库，复制两个常数模块和一个示波器模块到 SJTQ 模型中。一个常数作为触发角，另一个常数作为开放触发控制信号，取值为 0。示波器模块用以观察电流、电压信号。

⑥ 打开端口与子系统模块库，复制一个子系统模块用来设计三相相控交流调压器。双击该子系统模块对系统进行设计。复制 6 个晶闸管模块、6 个 Connection Port 模块、两个 Demux 模块、一个示波器模块到子系统模型中，适当连接后，即可得到三相相控交流调压器子系统模型，如图 3-23 所示。

⑦ 打开元件模块库，复制一个三相串联 RLC 元件模块到 SJTQ 模型中作为负载，打开参数设置对话框，设置参数 $R＝3\Omega$，$L＝0H$。复制一个"接地"模块到 SJTQ 模型中，用于系统连接。

⑧ 复制一个 powergui 模块，适当连接后，可以得到如图 3-24 所示的系统仿真电路。

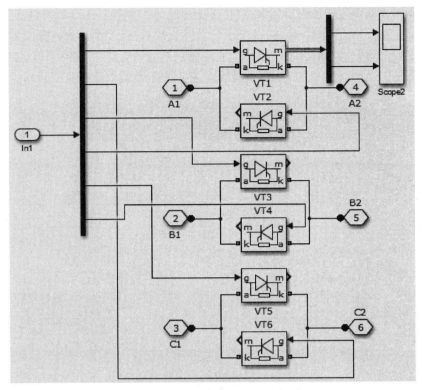

图 3-23　三相相控交流调压器子系统模型

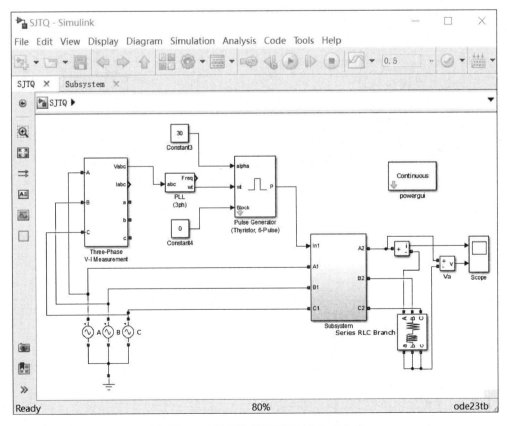

图 3-24　三相相控交流调压器的仿真电路

### 2. 三相相控交流调压器的仿真结果

打开仿真参数窗口(见图 1-48),选择变步长、ode23tb 算法,开始仿真时间设置为 0,停止仿真时间设置为 0.5。图 3-25 给出了三相相控交流调压器的仿真结果,图中 VT1 I 和 VT1 V 分别表示晶闸管 VT1 的电流和电压,Iload 和 Vload 分别表示负载电流和负载两端的电压。

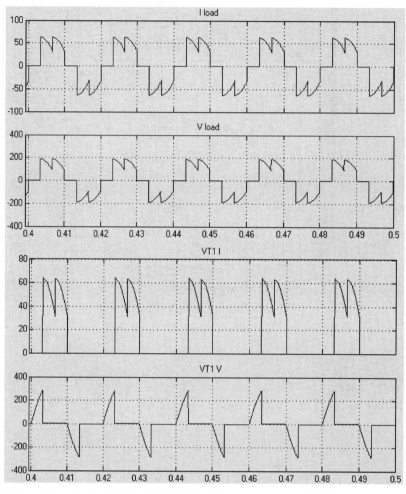

图 3-25 三相相控交流调压器电阻性负载,$\alpha=60°$时的仿真波形

# 小　　结

我国人均占有的能源远远低于世界平均水平,随着我国经济的快速增长,对能源的需求越来越大。在能源相对紧缺的情况下,无论是电力、机械、交通、石油化工、轻纺等传统产业,还是通信、激光、机器人、环保、原子能、航天等高科技产业,都需要节约能源,交流调压器对风机泵类负载有节能降耗的作用,低速大容量的交-交变频器也有很好的节能效果。

电力电子技术不仅在节能降耗方面应用广泛,而且在安全生产中的应用也日益广泛,交流固态开关在粉尘、易爆场合可以避免有触点开关产生的火花,防止火灾事故,保护生产场所的安全运行和人民生命财产的安全。

**本章要求:**掌握单相相控交流调压器在电阻性负载时的工作原理、工作波形分析,基本数量关系的计算,了解在电感性负载时,触发角与阻抗角不同关系时的工作情况;掌握三相相控交流调压器在电阻性负载时的工作情况分析;掌握交流调功器和交流开关的工作原理;掌握方波形交-交变频器和正弦波形交-交变频器的工作原理及变压变频原理;掌握相控交流调压器的MATLAB建模和分析方法。

**本章重点**:单相相控交流调压器在不同负载时的工作原理和工作波形;交流调功器的原理。

**本章难点**:三相相控交流调压器的工作原理;正弦波形交-交变频器的工作原理。

# 习 题 3

3-1 在交流调压器中,采用相位控制和通断控制各有什么优、缺点? 为什么通断控制适用于大惯性负载?

3-2 单相相控交流调压器,负载阻抗角为 30°,问触发角 $\alpha$ 的有效移相范围有多大? 若为三相相控交流调压器,则 $\alpha$ 的有效移相范围又为多大?

3-3 单相相控交流调压器,电源电压 220V,电阻性负载,$R_L=9\Omega$,当 $\alpha=30°$ 时,求:

① 输出电压和负载电流;

② 晶闸管额定电压和额定电流;

③ 输出电压波形和晶闸管端电压波形。

3-4 如图 3-26 所示为单相晶闸管交流调压器,$U_2=220V$,$L=5.516mH$,$R_L=1\Omega$。求:

① 触发角的移相范围;

② 负载电流的最大有效值;

③ 最大输出功率和功率因数。

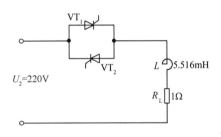

图 3-26 习题 3-4 图

3-5 晶闸管反并联的单相相控交流调压器,输入电压 $U_2=220V$,负载电阻 $R_L=5\Omega$。如果晶闸管导通 100 个电源周期,关断 80 个电源周期,求:

① 输出功率;

② 输入功率因数;

③ 晶闸管的额定电压和额定电流。

3-6 试分析带电阻性负载的三相星形调压器,在触发角 $\alpha$ 为 30°、45°、120°、135° 四种情况下的晶闸管导通区间分布及主电路输出波形。

3-7 采用晶闸管反并联的三相交流调功器,线电压 $U_L=380V$,对称负载电阻 $R_L=2\Omega$,三角形连接,若采用通断控制,导电时间为 15 个电源周期,负载平均功率为 43.3kW,求控制周期和通断比。

3-8 交流调压器用于变压器类负载时,对触发脉冲有何要求? 如果两个半周期波形不对称,会导致什么后果?

3-9 方波形交-交变频器是如何实现变频变压的? 三相方波形交-交变频器是如何实现改变相序的?

3-10 正弦波形交-交变频器是如何实现变频变压的? 三相正弦波形交-交变频器是如何实现改变相序的?

3-11 交-交变频器的有环流控制和无环流控制各有何优、缺点?

3-12 三相交-交变频器有哪两种接线方式? 它们有什么区别?

3-13 单相相控交流调压器,$U_2=100V$,电感性负载,$R_L=2\Omega$,$L=5mH$,$\alpha=30°$,用 MATLAB 仿真,画出 $u_o$、$u_{T1}$、$i_{T1}$、$i_2$ 的波形。

3-14　三相相控交流调压器,电阻性负载,$U_2=220\text{V}$,$R_L=5\Omega$,$\alpha=45°$,用 MATLAB 仿真,画出 $u_o$、$u_{T1}$、$i_{T1}$、$i_{2u}$ 的波形。

3-15　三相相控交流调压器,电感性负载,$U_2=220\text{V}$,$R_L=5\Omega$,$L=2\text{mH}$,$\alpha=30°$,用 MATLAB 仿真,画出 $u_o$、$u_{T1}$、$i_{T1}$、$i_{2u}$ 的波形。

# 第4章　直流-直流变换器

本章主要内容包括：降压变换器、升压变换器、降压-升压变换器的结构、工作原理，在电流连续和断续模式下工作情况；库克变换器的结构、工作原理；全桥式直流斩波器在双极性 PWM 控制方式和单极性 PWM 控制方式时的工作过程；影响直流斩波器输出电压纹波的因素和开关利用率；几种常见的直流斩波器的应用实例；直流斩波器的 MATLAB 仿真。

建议本章教学学时数为 6 学时，其中，4.6 节、4.9 节为选修内容，其余各节为必修内容。

## 4.1　引　　言

直流-直流变换器利用电力电子器件的通断控制，将一固定电压的直流电变换为另一固定的或可调电压的直流电，通过改变通断时间比（通常称为占空比，Switch Duty Ratio，用 $D$ 表示）来改变输出电压平均值，也称为直流斩波器。直流斩波器广泛应用在直流开关电源和直流电动机调速系统中。

众所周知，相控整流器能够得到直流电，但是存在着如下问题：随着触发角的增大，功率因数降低，谐波增大，影响电网质量；由于输出电压中具有低次谐波，为保证输出电压具有较小的纹波，必须有较大的滤波电感和电容；在直流电动机调速系统中，为避免电流断续，最小负载电流越小，保证电流连续的电感越大，体积、重量越大，成本越高；相控整流器存在着较大的失控时间，导致动态响应慢，快速性差。直流斩波器可以有效地解决以上问题。

本章介绍如下 5 种基本形式的直流斩波器（Chopper）：

① 降压变换器（Step Down Converter，或 Buck Converter）；

② 升压变换器（Step Up Converter，或 Boost Converter）；

③ 降压-升压变换器（Buck-Boost Converter）；

④ 库克变换器（Cuk Converter）；

⑤ 全桥式直流斩波器（Full Bridge Converter）。

在分析时，将电力电子器件视为理想开关，具有理想的开关特性，即导通后导通电压为 0；关断后，电流为 0；忽略电路中电感和电容的损耗。变换器的直流输入电源被认为是理想电压源，在实际应用中，它是由不可控整流器和滤波电容组成的，具有内阻小和输出电压纹波小的特点。在分析时，通常认为直流开关电源的负载是电阻性的，直流电动机调速系统的负载（直流电动机）等效为直流电压源和电阻、电感的串联。

在直流斩波器中，开关管在关断时，承受正向电压，因此开关管应采用全控型电力电子器件。若采用晶闸管，则需设置使晶闸管关断的辅助电路，即强迫换流电路。

## 4.2　直流斩波器的控制

### 1. 直流斩波器的调制方式

直流斩波器的拓扑结构图如图 4-1(a)所示。开关管导通时，输出电压等于输入电压 $U_d$；开关管关断时，输出电压等于 0。输出电压波形如图 4-1(b)所示，输出电压的平均值 $U_o$ 为

$$U_o = \frac{1}{T_s}\left(\int_0^{t_{on}} U_d dt + \int_{t_{on}}^{T_s} 0 dt\right) = \frac{t_{on}}{T_s} U_d = DU_d \tag{4-1}$$

式中，$T_s$ 为开关周期；$D$ 为开关的占空比，$D = \frac{t_{on}}{T_s}$。

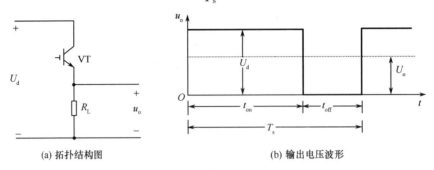

(a) 拓扑结构图          (b) 输出电压波形

图 4-1　直流斩波器的拓扑结构图和输出电压波形

由式(4-1)可知，改变负载端输出电压有以下两种调制方式：

① 开关周期 $T_s$ 保持不变，改变开关管通态时间 $t_{on}$，称为脉冲宽度调制，简称脉宽调制(PWM)；

② 开关管通态时间 $t_{on}$ 保持不变，改变开关周期 $T_s$，称为脉冲频率调制(PFM)。

### 2. 直流斩波器的控制

在直流开关电源中，当输入电压或负载变化和波动时，要求输出电压保持不变；在直流电动机调速系统中，不仅要求当输入电压或负载变化和波动时输出电压保持不变，也要求输出电压随着给定电压的变化而变化。

图 4-2(a)是脉宽调制控制原理图。给定电压 $u_r$ 与实际输出电压 $u_o$ 经误差放大器得到误差控制信号 $u_{co}$，该信号与锯齿波信号比较得到开关控制信号，控制开关管的导通和关断，得到期望的输出电压。图 4-2(b)给出了脉宽调制的波形。锯齿波的频率决定了直流斩波器的开关频率，一般选择开关频率在几千赫兹到几百千赫之间。

当 $u_{co} > u_{st}$ 时，开关控制信号变高，开关管导通；当 $u_{co} < u_{st}$ 时，开关控制信号变低，开关管关断。按照图 4-2 工作波形所示的控制电压和锯齿波幅值的关系，开关的占空比 $D$ 可以表示为

$$D = \frac{t_{on}}{T_s} = \frac{u_{co}}{U_{stm}} \tag{4-2}$$

将式(4-2)代入式(4-1)可以得到输出电压平均值为

$$U_o = \frac{u_{co}}{U_{stm}} U_d = \frac{U_d}{U_{stm}} u_{co} = k u_{co} \tag{4-3}$$

当输入电压 $U_d$ 不变时，$k = \frac{U_d}{U_{stm}} = $ 常数。从式(4-3)可见，输出电压平均值 $U_o$ 随控制电压线性变化。

### 3. 直流斩波器在实际应用中的问题

直流斩波器在实际应用中有如下问题。

① 实际的负载通常是电感性负载，即使是电阻性负载，也总有线路电感，电感电流不能突变。因此，采用图 4-1(a)的电路在开关管关断时可能由于电感上的感应电压毁坏开关管。

② 图 4-1(a)电路的输出电压波形如图 4-1(b)所示，在 0 和 $U_d$ 之间变化。在大多数应用中(如直流开关电源中)，需要的是平稳的直流电压。

因此，在实际的直流斩波器中，通常采用二极管续流将电感中存储的电能释放给负载；采用电感、电容组成的低通滤波器滤波得到平稳的直流输出电压。

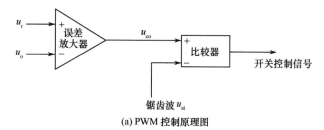

(a) PWM 控制原理图

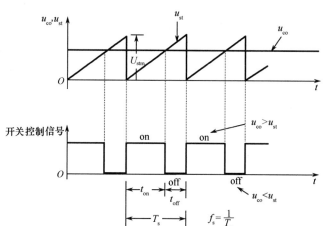

(b) PWM 工作波形

图 4-2  脉宽调制控制原理图和工作波形

图 4-1(b)所示的输出电压 $u_o$ 用傅里叶级数展开,得

$$u_o = U_d\left(D + \frac{2}{\pi}\sin D\pi\cos\omega t + \frac{1}{\pi}\sin 2D\pi\cos 2\omega t + \cdots + \frac{2}{n\pi}\sin nD\pi\cos n\omega t\right)$$

其中,$\omega = 2\pi/T_s$,由上式可得

$$U_o = DU_d$$

$$U_{o1M} = \frac{2U_d}{\pi}\sin D\pi$$

$$U_{o2M} = \frac{U_d}{\pi}\sin 2D\pi$$

$$\vdots$$

$$U_{onM} = \frac{2U_d}{n\pi}\sin nD\pi$$

令

$$A_o = \frac{U_o}{U_d} = D$$

$$A_1 = \frac{U_{o1M}}{U_d} = \frac{2}{\pi}\sin D\pi$$

$$A_2 = \frac{U_{o2M}}{U_d} = \frac{1}{\pi}\sin 2D\pi$$

$$\vdots$$

$$A_n = \frac{U_{onM}}{U_d} = \frac{2}{n\pi}\sin nD\pi$$

以上分析表明,输出电压可以分解成直流分量、具有开关频率 $f_s$ 及其倍数的谐波分量,如图 4-3(a)所示,图中 $u_D$ 是未加滤波器前的直流电压,由傅里叶级数可以看出,谐波的幅值和占空比有关,谐波的频率与开关频率有关。

由电感和电容组成的低通滤波器的特性如图 4-3(b)所示,当低通滤波器的截止频率 $f_c$ 显著低于开关频率 $f_s$ 时,经过滤波器后的输出电压基本上消除了高频谐波。电感和电容越大,输出电压越平稳,纹波越小。而谐波频率越高,滤波效果越好。因此,在直流斩波器中,开关频率较高,可以缩小体积,提高性能。

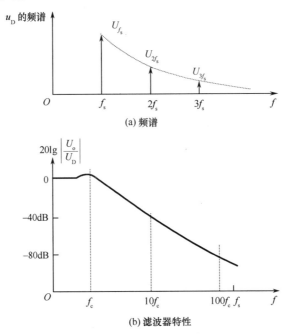

图 4-3  输出电压的频谱和滤波器特性

输出电压中的谐波频率与开关频率即开关周期有关,滤波器是根据开关频率设计的,设计好后是固定不变的。在 PFM 调制方式中,开关频率是变化的,而 PWM 调制方式的开关频率不变,因此 PWM 调制方式有较好的滤波效果,是最常用的调制方式。

有些直流斩波器有两种工作模式:电感电流连续模式和电感电流断续模式。在不同负载的情况下,直流斩波器可能工作在不同的模式。因此,设计直流斩波器及其控制器参数时,应该考虑这两种不同工作模式的特性。

## 4.3  降压变换器

### 4.3.1  降压变换器的结构和工作原理

降压变换器也称 Buck 变换器,正如名字所定义的,降压变换器的输出电压 $U_o$ 低于输入电压 $U_d$。降压变换器电路图如图 4-4 所示,电感和电容构成低通滤波器,二极管 VD 提供续流通道,电路的工作过程是:

在开关管 VT 导通期间,$u_D$ 等于直流输入电压 $U_d$,二极管 VD 反偏,输入电源经电感与电容和负载形成回路,提供能量给电感和负载,同时给电容充电,电感电流增大,电流回路如图 4-5(e)所示。当开关管关断时,电感的自感电势使二极管导通,电感中存储的能量经二极管

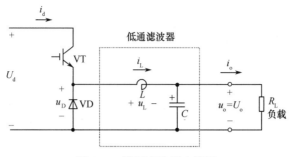

图 4-4　降压变换器电路图

续流给负载,电感电流减小,电流回路如图 4-5(f)所示。

如果输出端的滤波电容足够大,则输出电压近似保持不变,即 $u_o=U_o$。在稳态情况下,因为电容电流平均值为 0,所以电感电流平均值 $I_L$ 等于输出电流平均值 $I_o$。

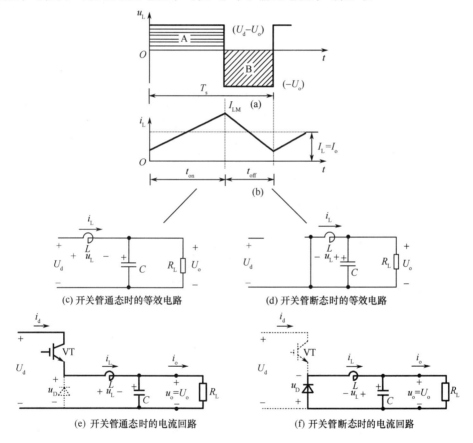

(c) 开关管通态时的等效电路　　　(d) 开关管断态时的等效电路

(e) 开关管通态时的电流回路　　　(f) 开关管断态时的电流回路

图 4-5　降压变换器在电感电流连续时的工作波形、等效电路和电流回路

在不同负载情况下,降压变换器可能工作在电流连续模式或电流断续模式下。

## 4.3.2　电流连续模式时的工作情况

图 4-5(b)、(c)、(d)给出了电流连续模式的工作波形、开关管通态和断态时的等效电路。在开关管通态期间 $t_{on}$,输入电源经电感流过电流,二极管反偏,这导致在电感端有一个正向电压 $u_L=U_d-U_o$,电流回路如图 4-5(e)所示。这个电压引起电感电流 $i_L$ 的线性增加;当开关管关断时,由于电感中存储电能,产生感应电势,使二极管导通,$i_L$ 经二极管续流,$u_L=-U_o$,电感电流下

降,电流回路如图 4-5(f)所示。

在稳态情况下,波形是周期性变化的,电感电压在一个周期内的积分为 0,即

$$\int_0^{T_s} u_L \mathrm{d}t = \int_0^{t_{on}} (U_d - U_o) \mathrm{d}t + \int_{t_{on}}^{T_s} (-U_o) \mathrm{d}t = 0 \tag{4-4}$$

在图 4-5(a)中,由式(4-4)知,A 部分的面积与 B 部分的面积一定相等,因此,得

$$(U_d - U_o) t_{on} = U_o (T_s - t_{on})$$

即

$$\frac{U_o}{U_d} = \frac{t_{on}}{T_s} = D \tag{4-5}$$

因此,在电流连续模式中,当输入电压不变时,输出电压平均值 $U_o$ 随占空比而线性改变,而与电路其他参数无关。降压变换器相当于一个直流变压器,通过控制开关的占空比,可以得到要求的直流电压。

忽略电路所有元件的能量损耗,则输入功率 $P_d$ 等于输出功率 $P_o$,即

$$P_d = P_o$$

因此

$$U_d I_d = U_o I_o$$

故有

$$\frac{I_o}{I_d} = \frac{U_d}{U_o} = \frac{1}{D} \tag{4-6}$$

由式(4-6)可知,输入电流平均值 $I_d$ 与输出电流 $I_o$ 是线性关系。由降压变换器电路可知,当开关管关断时,瞬时输入电流从峰值跳变到 0,这样输入电源会有较大的谐波存在。因此,应该在交流输入端加入一个适当的滤波器来消除电流谐波。

### 4.3.3 电流连续和断续模式的边界

图 4-6 给出了在电感电流临界连续的情况下 $u_L$ 和 $i_L$ 的波形。在临界连续的情况下,在断开间隔结束时电感电流 $i_L$ 降为 0。用脚标 B 表示临界连续情况下的电感电流平均值 $I_{LB}$,由图 4-5(c)和图 4-6(a)中的电感电流波形可得

$$U_d - U_o = u_L = L \frac{\mathrm{d}i_L}{\mathrm{d}t} = L \frac{I_{LM}}{t_{on}}$$

$$I_{LM} = \frac{t_{on}}{L} (U_d - U_o)$$

$$I_{LB} = \frac{1}{2} I_{LM} = \frac{t_{on}}{2L} (U_d - U_o) = \frac{DT_s}{2L} (U_d - U_o) = I_{oB} \tag{4-7}$$

式中,$I_{LM}$ 为电感电流的峰值。

在直流电动机调速系统中,输入电压 $U_d$ 保持不变,靠改变占空比 $D$ 改变输出电压 $U_o$。

在电流临界连续的情况下,将 $U_o = DU_d$ 代入式(4-7)可得,电感电流平均值为

$$I_{LB} = \frac{T_s U_d}{2L} D(1-D) \tag{4-8}$$

式中,$I_{LB}$ 为电感电流临界连续情况下电感电流平均值。

图 4-6(b)给出了在 $U_d$ 保持不变时临界连续的情况下,电感电流平均值与占空比 $D$ 的关系曲线。由式(4-8)和图 4-6(b)可知,保持 $U_d$ 和其他参数不变,$I_{LB}$ 是占空比 $D$ 的函数。在 $D = 0.5$ 时,为保证工作在电流连续模式所需的电感电流最大,即

$$I_{LBM} = \frac{T_s U_d}{8L} \tag{4-9}$$

由式(4-8)和式(4-9)可得

$$I_{LB}=4I_{LBM}D(1-D) \tag{4-10}$$

假设初始时降压变换器运行在电流临界连续情况下,如图4-6(a)所示,如果保持$T_s$、$L$、$U_d$和$D$等参数不变,当输出负载功率减小(即负载阻抗上升时),则电感电流平均值下降,小于$I_{LB}$,电感电流断续。

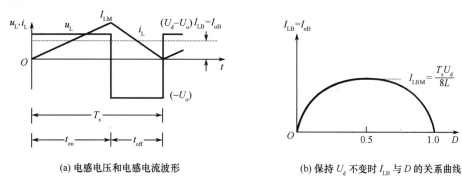

(a) 电感电压和电感电流波形          (b) 保持$U_d$不变时$I_{LB}$与$D$的关系曲线

图4-6    降压变压器在电感电流临界连续时的工作波形和关系曲线

因此,在所给的条件下,如果输出电流平均值$I_o$比式(4-8)所给的$I_{LB}$小,则工作在电流断续模式下。

### 4.3.4    电流断续模式时的工作情况

在直流电动机调速系统中,通常假设输入电压$U_d$基本上是不变的,需要改变输出电压$U_o$,从而改变电动机速度。在直流电源的应用中,通常假设输入电压$U_d$是变化的,但输出电压$U_o$保持不变。在电流断续模式下,以上两种不同情况下的输出电压表达式是不一样的。

**1. $U_d$不变时的工作情况**

图4-7给出了电感电流断续的波形。在图中的$\Delta_2 T_s$时间段,电感电流为0,负载阻抗的能量仅由滤波电容单独提供。在此期间,电感电压$u_L$为0。电感电压在一个周期内的积分等于0,从而有

$$(U_d-U_o)DT_s+(-U_o)\Delta_1 T_s=0 \tag{4-11}$$

所以

$$\frac{U_o}{U_d}=\frac{D}{D+\Delta_1} \tag{4-12}$$

式中,$D+\Delta_1<1$。由图4-5(d)开关管断态时等效电路的电压平衡方程式可得

$$U_o=U_L=L\frac{I_{LM}}{\Delta_1 T_s}$$

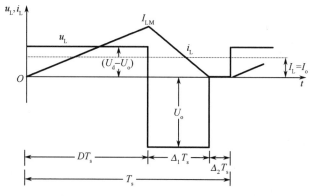

图4-7    降压变换器在电感电流断续时的工作波形

$$I_{LM} = \frac{U_o}{L} \Delta_1 T_s \tag{4-13}$$

输出电流平均值即为输出电流波形包围的面积除以周期 $T_s$，由图 4-7 有

$$I_o = I_L = \frac{(DT_s + \Delta_1 T_s) I_{LM}}{2T_s} = I_{LM} \frac{D + \Delta_1}{2} \tag{4-14}$$

由式(4-9)、式(4-12)、式(4-13)和式(4-14)，有

$$I_o = \frac{U_o T_s}{2L} (D + \Delta_1) \Delta_1 = \frac{U_d T_s}{2L} D \Delta_1 = 4 I_{LBM} D \Delta_1 \tag{4-15}$$

所以

$$\Delta_1 = \frac{I_o}{4 I_{LBM} D} \tag{4-16}$$

由式(4-12)和式(4-16)可得 $U_o / U_d$ 与 $I_o / I_{LBM}$ 在电流断续区的函数关系，即

$$\frac{U_o}{U_d} = \frac{D^2}{D^2 + \frac{1}{4}(I_o / I_{LBM})} \tag{4-17}$$

图 4-8 给出了在输入电压 $U_d$ 不变时，电流连续和电流断续两种模式下降压变换器的特性，即在不同占空比时，电压变换率($U_o / U_d$)与电流比($I_o / I_{LBM}$)之间的函数关系。图中的虚线是由式(4-10)给出的电流连续和断续模式的界限。

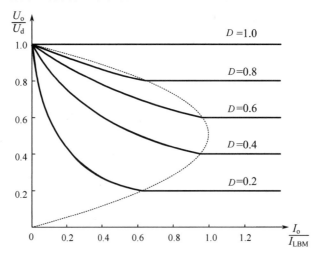

图 4-8　保持 $U_d$ 不变时降压变换器的特性曲线

### 2. $U_o$ 不变时的工作情况

在直流电源的应用中，输入电压 $U_d$ 是变化的，通过改变占空比 $D$ 保持输出电压 $U_o$ 不变。

在电流临界连续的情况下，将 $U_d = U_o / D$ 代入式(4-7)，则电感电流平均值为

$$I_{LB} = \frac{T_s U_o}{2L} (1 - D) \tag{4-18}$$

式(4-18)表明：如果 $U_o$ 不变，当 $D = 0$ 时，$I_{LB}$ 为最大值，即

$$I_{LBM} = \frac{T_s U_o}{2L} \tag{4-19}$$

应该注意到：相应 $D = 0$ 时，要得到恒定的输出电压 $U_o$，则需要无穷大的输入电压 $U_d$，而这是不可能的。

由式(4-18)和式(4-19)可得

$$I_{LB} = (1 - D) I_{LBM} \tag{4-20}$$

由式(4-15)可知

$$I_o = \frac{U_d T_s}{2L} D \Delta_1$$

将上式除以式(4-19),得

$$\frac{I_o}{I_{LBM}} = \frac{U_d}{U_o} D \Delta_1$$

$$\Delta_1 = \frac{I_o}{I_{LBM}} \frac{U_o}{D U_d}$$

将上式代入式(4-12),整理可得在不同 $U_o/U_d$ 时占空比与 $I_o/I_{LBM}$ 的函数关系式为

$$D = \frac{U_o}{U_d} \left( \frac{I_o/I_{LBM}}{1 - U_o/U_d} \right)^{\frac{1}{2}} \tag{4-21}$$

图 4-9 给出了保持输出电压不变的情况下,不同 $U_o/U_d$ 时占空比 $D$ 与 $I_o/I_{LBM}$ 的函数关系曲线,图中的虚线是由式(4-20)绘出的电流连续和断续模式的界限。

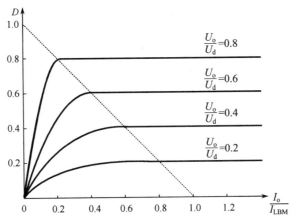

图 4-9　保持 $U_o$ 不变时降压变换器的特性曲线

### 4.3.5　寄生元件的影响

在实际电路中,功率器件是有损耗的,变换器中的电感、电容、开关管等(也可以用等效电阻替代)都对变换器造成寄生元件效应。当考虑这些电阻时,电路的特性将和理想情况的工作特性不同。在考虑寄生元件效应时,当 $D$ 不变时,随着负载电流的增加,$U_o/U_d$ 将下降。因此,图 4-8 的特性曲线是输出电压随负载电流的增加而下降的斜线。

### 4.3.6　输出电压纹波

在前面的分析中,假设输出电容足够大,从而使 $u_o = U_o$。然而,实际上输出电容是有限的,因此输出电压是有纹波的。输出电压纹波是由于直流稳压电源输出电压波动而造成的一种现象,因为直流稳压电源一般是由交流电源经整流稳压等环节形成的,或由直流斩波得到,这就不可避免地在直流稳定量上带有一些交流分量,这种叠加在直流稳定量上的交流分量就称为纹波。纹波的成分比较复杂,一般为频率高于工频的类似正弦波的谐波,另一种则是宽度很窄的脉冲波。输出电压纹波可以用纹波有效值的绝对值或相对值表示,也可以用纹波峰-峰值的绝对值或相对值表示。

在电流连续模式下,当电感电流 $i_L$ 大于负载电流 $i_o$ 时,$i_C = i_L - i_o$,电容充电,输出电压上

升;当电感电流 $i_L$ 小于负载电流 $i_o$ 时,$i_C = i_L - i_o$,电容放电,输出电压下降。输出电压纹波的波形如图 4-10 所示。

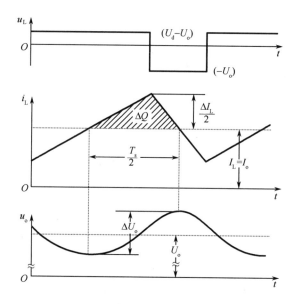

图 4-10　降压变换器输出电压纹波的波形

假设电感电流 $i_L$ 的所有纹波分量都流过电容,其直流分量流过负载电阻。图 4-10 中的阴影部分的面积表示的是电荷增量 $\Delta Q$,因此,电压纹波的峰-峰值 $\Delta U_o$ 为

$$\Delta U_o = \frac{\Delta Q}{C} = \frac{1}{C}\frac{1}{2}\frac{\Delta I_L}{2}\frac{T_s}{2} \tag{4-22}$$

由图 4-5(d) 可知,在 $t_{off}$ 期间有电压平衡方程式

$$U_o = U_L = L\frac{\Delta I_L}{t_{off}} = L\frac{\Delta I_L}{(1-D)T_s}$$

因此有

$$\Delta I_L = \frac{U_o}{L}(1-D)T_s$$

因此,将 $\Delta I_L$ 代入式(4-22)中可得

$$\Delta U_o = \frac{T_s^2}{8C}\frac{U_o}{L}(1-D) \tag{4-23}$$

所以电压纹波的相对值为

$$\frac{\Delta U_o}{U_o} = \frac{1}{8}\frac{T_s^2(1-D)}{LC} = \frac{\pi^2}{2}(1-D)\left(\frac{f_c}{f_s}\right)^2 \tag{4-24}$$

式(4-24)表明:通过选择输出端低通滤波器的截止频率 $f_c$,使 $f_c \ll f_s$,就可以抑制输出电压的纹波。当变换器工作在电流连续模式时,电压脉动与输出负载功率无关。对电流断续模式的情况也可做类似的分析。

在开关模式的直流电源系统中,输出电压纹波的百分比通常小于 1%,因此,在前面的分析中,假定 $u_o = U_o$ 是不会影响分析结果的。式(4-24)中的输出电压纹波表达式与图 4-3(b)中低通滤波器特性的讨论是一致的。

【例 4-1】　降压变换器如图 4-4 所示,输入电压 $U_d = 100\text{V}$,开关频率为 20kHz,$R_L = 10\Omega$,

$L=10\text{mH}$,$C=330\mu\text{F}$,占空比 $D=0.6$,求:

① 输出电压和输出电流;

② 开关管和二极管的最大电流;

③ 开关管和二极管承受的最大电压;

④ 输出电压纹波的峰-峰值的相对值。

**解** ① 输出电压为

$$U_{\text{o}}=DU_{\text{d}}=60\text{V}$$

输出电流为

$$I_{\text{o}}=\frac{U_{\text{o}}}{R_{\text{L}}}=6\text{A}$$

临界输出电流为

$$I_{\text{oB}}=\frac{DT_{\text{s}}(U_{\text{d}}-U_{\text{o}})}{2L}=\frac{0.6\times(100-60)}{2\times10\times20}=0.06\text{A}$$

经验证,斩波器工作在电流连续状态。

② 在开关管 VT 处于通态期间,有

$$u_{\text{L}}=L\frac{\text{d}i_{\text{L}}}{\text{d}t}=L\frac{\Delta I_{\text{L}}}{t_{\text{on}}},\ u_{\text{L}}=U_{\text{d}}-U_{\text{o}}$$

$$\Delta I_{\text{L}}=\frac{(U_{\text{d}}-U_{\text{o}})DT_{\text{s}}}{L}=\frac{(100-60)\times0.6}{0.01\times20000}=0.12\text{A}$$

$$I_{\text{LM}}=I_{\text{o}}+\frac{1}{2}\Delta I_{\text{L}}=6.06\text{A}$$

分析电感电流 $i_{\text{L}}$ 与开关管 VT 电流 $i_{\text{T}}$、二极管 VD 电流 $i_{\text{VD}}$ 的波形关系可得,开关管 VT 和二极管 VD 的最大电流是 6.06A。

③ 开关管承受的最大电压为 $U_{\text{d}}$,即 100V。

二极管承受的最大电压为 $U_{\text{d}}$,即 100V。

④ 由于电感电流连续,输出电压纹波的峰-峰值为

$$\Delta U_{\text{o}}=\frac{T_{\text{s}}U_{\text{o}}}{8CL}(1-D)T_{\text{s}}=\frac{100\times(1-0.6)}{8\times330\times10^{-6}\times10\times10^{-3}\times(20\times10^{3})^{2}}=37.9\text{mV}$$

输出电压纹波峰-峰值的相对值为

$$\frac{\Delta U_{\text{o}}}{U_{\text{o}}}=\frac{37.9\times10^{-3}}{60}\times100\%=0.063\%$$

**【例 4-2】** 降压变换器如图 4-4 所示,输入电压为 27V±10%,输出电压为 15V,最大输出功率为 120W,最小功率为 10W。开关管导通电阻 $R_{\text{on}}=0.2\Omega$,轻载时关断时间为 $5\mu\text{s}$,忽略导通时间,若工作频率为 30kHz,求:

① 占空比变化范围;

② 保证整个工作范围电感电流连续时的电感值;

③ 当输出电压纹波的峰-峰值 $\Delta U_{\text{o}}=100\text{mV}$ 时,求滤波电容值;

④ 取电感临界连续电流为 4A,求电感量,并求在最小输出功率时的占空比。

**解** ① 输入电压的变化值为

$$U_{\text{dmax}}=27+27\times10\%=29.7\text{V}$$

$$U_{\text{dmin}}=27-27\times10\%=24.3\text{V}$$

则占空比的变化范围为

$$D = \frac{U_o}{U_d} = \frac{15}{29.7 \sim 24.3} = 0.505 \sim 0.617$$

② 由于电容电流平均值为零,电感电流平均值就等于负载电流平均值,负载最小、占空比最小时,所需要的电感最大。本题输出电压不变,由式(4-18)可得

$$L = \frac{T_s U_o}{2 I_{LB}}(1-D) = \frac{U_o}{2 I_o f_s}(1-D) = \frac{U_o^2}{2 P_{omin} f_s}(1 - D_{min})$$

$$= \frac{15^2}{2 \times 10 \times 30} \times (1 - 0.505) = 0.21 \text{mH}$$

③ 由式(4-24)可得

$$C = \frac{U_o}{8 L \Delta U_o f_s^2}(1-D) = \frac{15 \times (1-0.505)}{8 \times 0.21 \times 10^{-3} \times 0.1 \times (30 \times 10^3)^2} = 49.1 \mu\text{F}$$

④ 由式(4-18)可得

$$L = \frac{U_o}{2 I_o f_s}(1-D) = \frac{15 \times (1-0.505)}{2 \times 4 \times 30 \times 10^3} = 0.031 \text{mH}$$

当电感为 $0.031\text{mH} < L < 0.21\text{mH}$ 时,在最小输出功率时电流断续,因此,由式(4-21)有

$$D = \frac{U_o}{U_d}\left(\frac{I_o/I_{LBM}}{1 - U_o/U_d}\right)^{1/2} = \frac{U_o}{U_d}\left(\frac{2 L I_o f_s/U_o}{1 - U_o/U_d}\right)^{1/2} = 0.20$$

# 4.4 升压变换器

## 4.4.1 升压变换器的结构和工作原理

升压变换器也称 Boost 变换器。正如名字所指的,升压变换器的输出电压总高于输入电压。升压变换器的一个典型应用是用作单相功率因数校正(Power Factor Corrector,PFC)电路。升压变换器的电路原理图如图 4-11 所示,电路中的电容 $C$ 起滤波作用,二极管 VD 提供续流通道。

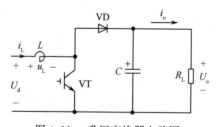

图 4-11　升压变换器电路图

电路的工作过程是:当开关管导通时,输入电源的电流流过电感和开关管,二极管反向偏置,输出与输入隔离,电感电流增大,负载电流由电容器上存储的能量提供,升压变换器开关管通态时的电流回路如图 4-12(e)所示。当开关管关断时,电感的感应电势使二极管导通,电感电流 $i_L$ 通过二极管和负载构成回路,由输入电源向负载提供能量,电感电流减小,升压变换器开关管断态时的电流回路如图 4-12(f)所示。

在下面的稳态分析中,输出端的滤波电容被假定为足够大,以确保输出电压保持恒定,即 $u_o = U_o$。

## 4.4.2　电流连续模式时的工作情况

如图 4-12(b)所示为电感电流连续模式下的稳态波形。

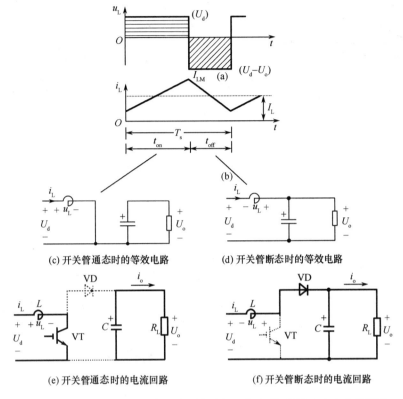

图 4-12　升压变换器在电感电流连续时的工作波形、等效电路和电流回路

在稳态时,电感电压在一个周期内的积分是 0,有

$$U_d t_{on} + (U_d - U_o) t_{off} = 0$$

整理后得

$$U_d T_s = U_o t_{off}$$

$$\frac{U_o}{U_d} = \frac{T_s}{t_{off}} = \frac{1}{1-D} \tag{4-25}$$

如果要保持 $U_o$ 不变,当输入电压变化时,则意味着要改变占空比 $D$。

假设电路没有损耗,则 $P_d = P_o$,故

$$U_d I_d = U_o I_o$$

$$\frac{I_o}{I_d} = 1 - D \tag{4-26}$$

## 4.4.3　电流连续与断续模式的边界

图 4-13(a)给出了在电感电流临界连续的情况下 $u_L$ 和 $i_L$ 的波形。由定义可知,在临界连续的情况下,在断开间隔结束时电感电流 $i_L$ 降为 0。

由图 4-12(c)和图 4-13(a)中的电感电流波形可得

$$U_d = u_L = L \frac{di_L}{dt} = L \frac{I_{LM}}{t_{on}}$$

由式(4-25)和上式可得,在临界情况下的电感电流平均值为

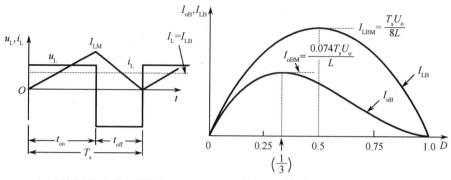

| (a) 电感电压和电感电流波形 | (b) 保持 $U_o$ 不变时 $I_{LB}$、$I_{oB}$ 与 $D$ 的关系曲线 |

图 4-13　升压变换器在电感电流临界连续时的工作波形和关系曲线

$$I_{LB}=\frac{1}{2}I_{LM}=\frac{1}{2}\frac{U_d}{L}t_{on}=\frac{T_sU_o}{2L}D(1-D) \tag{4-27}$$

在升压变换器中,电感电流和输入电流相等($I_d=I_L$),且由式(4-26)和式(4-27)可得,在电流临界连续状态下的输出电流平均值为

$$I_{oB}=\frac{T_sU_o}{2L}D(1-D)^2 \tag{4-28}$$

大多数升压变换器的应用都要求 $U_o$ 不变。在 $U_o$ 不变时,在临界连续情况下输出电流 $I_{oB}$、$I_{LB}$ 与占空比 $D$ 的函数关系曲线如图 4-13(b)所示。

图 4-13(b)表明:在占空比 $D=0.5$ 时,电流临界连续所要求的电感电流 $I_{LB}$ 最大,为

$$I_{LBM}=\frac{T_sU_o}{8L} \tag{4-29}$$

在占空比 $D=1/3$ 时,电流临界连续所要求的输出电流 $I_{oB}$ 最大,为

$$I_{oBM}=\frac{2}{27}\frac{T_sU_o}{L}=0.074\frac{T_sU_o}{L} \tag{4-30}$$

将式(4-29)和式(4-30)分别代入式(4-27)和式(4-28),则电感电流 $I_{LB}$ 和输出电流 $I_{oB}$ 分别可以表示为

$$I_{LB}=4D(1-D)I_{LBM} \tag{4-31}$$

$$I_{oB}=\frac{27}{4}D(1-D)^2I_{oBM} \tag{4-32}$$

图 4-13(b)表明:对于给定的占空比 $D$,当输出电压 $U_o$ 不变时,若负载电流平均值低于 $I_{oB}$(同时,电感电流平均值也会低于 $I_{LB}$),则变换器工作在电流断续模式。

### 4.4.4　电流断续模式时的工作情况

假设当输出负载功率减小时,$U_d$ 和 $D$ 保持不变(尽管在实际中,为保持 $U_o$ 不变,必须改变 $D$)。如图 4-14 所示为假定 $U_d$ 和 $D$ 不变的情况下临界连续和断续模式的工作波形。

在图 4-14(b)中,当 $P_o(=P_d)$ 降低时,由于 $U_d$ 保持不变,所以导致 $I_L(=I_d)$ 降低,小于临界值,进入电流断续模式。由于图 4-14 中的 $U_d$ 和 $D$ 保持不变,所以 $I_{LM}$ 在连续和断续两种模式下是相同的,只有图 4-14(b)中 $U_o$ 升高,则 $U_d-U_o$ 更负,$i_L$ 才能在 $T_s$ 前降为零,电感电流平均值 $I_L$ 才可能降低。

电感电压在一个周期内的积分等于 0,有

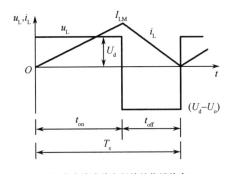 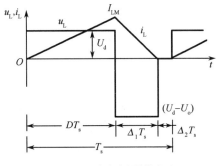

(a) 在电流连续和断续的临界状态      (b) 在电流断续模式下

图 4-14    升压变换器在电感电流断续时的工作波形

$$U_d DT_s + (U_d - U_o)\Delta_1 T_s = 0$$

所以

$$\frac{U_o}{U_d} = \frac{\Delta_1 + D}{\Delta_1} \tag{4-33}$$

$$\frac{I_o}{I_d} = \frac{\Delta_1}{\Delta_1 + D} \tag{4-34}$$

在图 4-14(b) 中，输入电流平均值（也等于电感电流平均值）为

$$I_d = I_L = \frac{1}{2} \frac{DT_s + \Delta_1 T_s}{T_s} I_{LM} = \frac{1}{2}(D + \Delta_1) I_{LM}$$

将式 (4-27) 的中间等式变换后，求得 $I_{LM}$ 代入上式得

$$I_d = \frac{U_d}{2L} DT_s (D + \Delta_1) \tag{4-35}$$

将式 (4-35) 代入式 (4-34) 得

$$I_o = \left(\frac{T_s U_d}{2L}\right) D\Delta_1 \tag{4-36}$$

在大多数应用中，$U_o$ 保持不变，$U_d$ 改变时会导致 $D$ 的改变，所以，占空比 $D$ 与负载电流在不同的 $U_o/U_d$ 时的函数关系非常有用。由式 (4-36) 和式 (4-30) 得

$$\frac{I_o}{I_{oBM}} = \frac{27}{4} \frac{U_d}{U_o} D\Delta_1$$

$$\Delta_1 = \frac{4}{27} \frac{I_o}{I_{oBM}} \frac{U_o}{DU_d}$$

将上式代入式 (4-33)，整理得

$$D = \left[\frac{4}{27} \frac{U_o}{U_d}\left(\frac{U_o}{U_d} - 1\right) \frac{I_o}{I_{oBM}}\right]^{1/2} \tag{4-37}$$

图 4-15 给出了 $U_o/U_d$ 不同时，占空比 $D$ 与负载电流 $I_o/I_{oBM}$ 的函数关系曲线。虚线是由式 (4-32) 绘出的电流连续和断续模式的界限。

由式 (4-27) 可得，在电流断续模式下，从输入传送到电容和负载的能量为

$$\frac{1}{2} LI_{LM}^2 = \frac{(U_d DT_s)^2}{2L}$$

如果负载不能够吸收这些能量，电容的电压 $U_o$ 将持续上升，直至建立能量平衡。如果不控制 $U_o$，当负载电流很小时，$U_o$ 的上升可能产生很高的危险电压，会导致电容被击穿。

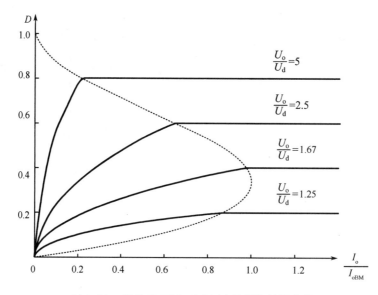

图 4-15　保持 $U_o$ 不变时升压变换器的特性曲线

**【例 4-3】**　升压变换器如图 4-11 所示,输入电压 $U_d$＝60V,开关频率为 100kHz,$R_L$＝10Ω,$L$＝10mH,$C$＝330μF,占空比 $D$＝0.4,求:

① 输出电压和输出电流;

② 开关管和二极管的最大电流;

③ 开关管和二极管承受的最大电压;

④ 输出电压纹波的峰－峰值的相对值。

**解**　① 输出电压为

$$U_o=\frac{1}{1-D}U_d=\frac{1}{1-0.4}\times60=100\text{V}$$

输出电流为

$$I_o=\frac{U_o}{R_L}=\frac{100}{10}=10\text{A}$$

临界输出电流为

$$I_{oB}=\frac{T_sU_oD(1-D)^2}{2L}=\frac{100\times0.4\times(1-0.4)^2}{2\times10\times100}=0.0072\text{A}$$

经验证,斩波器工作在电流连续状态。

② 在开关管 VT 处于通态期间,有

$$u_L=L\frac{di_L}{dt}=L\frac{\Delta I_L}{t_{on}}=U_d$$

$$\Delta I_L=\frac{U_dDT_s}{L}=\frac{60\times0.4}{0.01\times100000}=0.024\text{A}$$

$$I_L=I_d=\frac{1}{1-D}I_o=\frac{1}{1-0.4}\times10=16.67\text{A}$$

$$I_{LM}=I_L+\frac{1}{2}\Delta I_L=16.67+0.012=16.68\text{A}$$

分析电感电流 $i_L$ 与开关管 VT 电流 $i_T$、二极管 VD 电流 $i_{VD}$ 的波形关系可得,开关管 VT 和二极管 VD 的最大电流是 16.68A。

③ 开关管承受的最大电压为 $U_o$,即 100V。

二极管承受的最大电压为 $U_o$,即 100V。

④ 由于电感电流连续,输出电压纹波的峰-峰值为

$$\Delta U_o = \frac{I_o t_{on}}{C} = \frac{10 \times 0.4}{330 \times 10^{-6} \times 100 \times 10^3} = 121 \text{mV}$$

输出电压纹波峰-峰值的相对值为

$$\frac{\Delta U_o}{U_o} = \frac{121 \times 10^{-3}}{100} \times 100\% = 0.121\%$$

**【例 4-4】**  在升压变换器中,调整占空比使输出电压 $U_o = 48V$,输入电压的变化范围为 $12 \sim 36V$,最大输出功率为 120W。为了满足稳定性的要求,变换器总是工作在电流断续模式下。开关频率为 50kHz。假设元件具有理想特性,电容 $C$ 非常大,计算可以使用的电感 $L$ 的最大值。

**解**  在该变换器中,$U_o = 48V$,$T_s = 20\mu s$,$I_{oM} = 120W/48V = 2.5A$。为求得使电流断续的最大电感 $L$,假设在最大负载下,电感电流是在电流临界连续的情况下。

当输入电压为 $12 \sim 36V$ 时,$D$ 的范围为 $0.75 \sim 0.25$,从图 4-13(b) 可知,当 $D = 0.75$ 时,$I_{oB}$ 有最小值。因此在式(4-28)中,令 $D = 0.75$,$I_{oB} = I_{oM} = 2.5A$,由此可以计算得

$$L = \frac{20 \times 10^{-6} \times 48}{2 \times 2.5} \times 0.75 \times (1 - 0.75)^2 = 9\mu H$$

因此,为保证变换器工作在电流断续模式,应采用小于 $9\mu H$ 的电感。

### 4.4.5  寄生元件的影响

升压变换器中的电感、电容、开关管的损耗对变换器造成寄生元件效应。如图 4-16 所示为在理想情况和考虑寄生元件效应时电压变换率与占空比的关系曲线。由图可见,在考虑寄生元件效应情况下,当占空比大于 0.8 时,$U_o/U_d$ 将会降低。在前面的分析中,忽略了这些寄生元件的影响。当对变换器进行仿真和设计时,必须考虑寄生元件的影响。

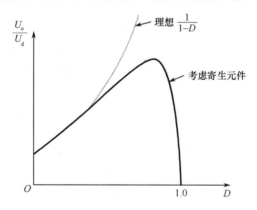

图 4-16  寄生元件对升压变换器输出电压影响的关系曲线

### 4.4.6  输出电压纹波

在前面的分析中,假设输出电容足够大,从而使 $u_o = U_o$。然而,实际上输出电容是有限的,因此输出电压是有纹波的。在电流连续模式下的输出电压的纹波如图 4-17 所示。

假设二极管电流 $i_D$ 的所有脉动分量都流过电容,而 $i_D$ 的直流分量流过电阻性负载,图 4-17 中的阴影面积代表电荷增量 $\Delta Q$,因此纹波的峰-峰值为

$$\Delta U_o = \frac{\Delta Q}{C} = \frac{I_o t_{on}}{C} = \frac{U_o t_{on}}{R_L C} \tag{4-38}$$

输出电压纹波的相对值为

$$\frac{\Delta U_o}{U_o} = \frac{t_{on}}{R_L C} \tag{4-39}$$

式(4-39)表明:在电感电流连续模式下,输出电压脉动与开关管通态时间成正比,与负载电阻和滤波电容的乘积成反比。

对于电流断续模式也可进行类似分析。

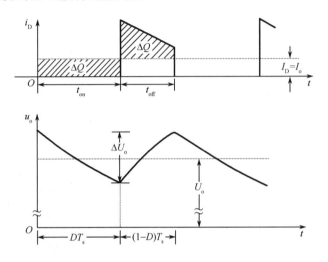

图 4-17　升压变换器输出电压纹波的波形

# 4.5　降压-升压变换器

## 4.5.1　降压-升压变换器的结构和工作原理

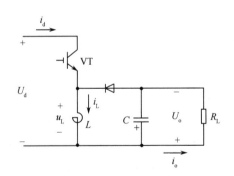

图 4-18　降压-升压变换器电路图

降压-升压变换器的电路如图 4-18 所示,用该变换器可以得到高于或低于输入电压的输出电压。当开关管导通时,输入端经开关管和电感构成电流通道,提供能量给电感,二极管反向偏置,电感电流增大,负载电流由电容器上存储的能量提供,变换器开关管通态时的电流回路如图 4-19(e)所示。当开关管关断时,电感中的自感电势使二极管导通,存储在电感中的能量经二极管传递给电容和负载,电感电流减小,变换器开关管断态时的电流回路如图 4-19(f)所示,该变换器的输出电压是负的。在稳态分析中,假定输出电容很大,因此输出电压不变,$u_o = U_o$。当该变换器工作于占空比控制的工作方式时,也有电流连续和电流断续两种工作模式。

## 4.5.2　电流连续模式时的工作情况

图 4-19(b)给出了在电流连续模式下电感电流的波形。

电感电压在一个周期内的积分为 0,因此有

$$U_d D T_s + (-U_o)(1-D) T_s = 0$$

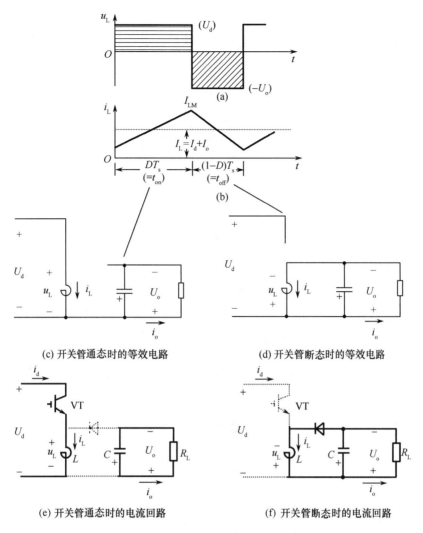

图 4-19　降压-升压变换器在电感电流连续时的工作波形、等效电路和电流回路

所以

$$\frac{U_o}{U_d}=\frac{D}{1-D} \tag{4-40}$$

$$\frac{I_o}{I_d}=\frac{1-D}{D} \tag{4-41}$$

由式(4-40)可知,当占空比 $D$ 大于 0.5 时,输出电压高于输入电压;当占空比 $D$ 小于 0.5 时,输出电压低于输入电压。因此,改变占空比就可以得到期望的输出电压值。

### 4.5.3　电流连续和断续模式的边界

图 4-20(a)给出了在电感电流临界连续情况下 $u_L$ 和 $i_L$ 的波形。在临界连续情况下,当断开间隔结束时电感电流 $i_L$ 降为 0,由图 4-19(c)、图 4-20(a)可得

$$U_d=u_L=L\frac{I_{LM}}{t_{on}}=\frac{LI_{LM}}{DT_s}$$

$$I_{LB}=\frac{1}{2}I_{LM}=\frac{T_sU_d}{2L}D \tag{4-42}$$

由图 4-18 可知,稳态时,电容的平均电流是 0,有

$$I_o = I_L - I_d \tag{4-43}$$

由式(4-40)~式(4-43)可以得出在电流临界连续情况下的电感电流平均值和输出电流平均值,即

$$I_{LB} = \frac{T_s U_o}{2L}(1-D) \tag{4-44}$$

$$I_{oB} = \frac{T_s U_o}{2L}(1-D)^2 \tag{4-45}$$

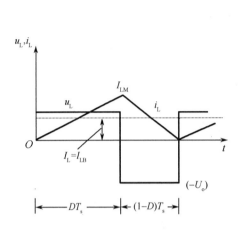

(a) 电感电压和电感电流波形      (b) 保持 $U_o$ 不变时 $I_{LB}$、$I_{oB}$ 与 $D$ 的关系曲线

图 4-20 降压-升压变换器在电感电流临界连续时的工作波形和关系曲线

降压-升压变换器应用的大多数场合都要求输出电压 $U_o$ 不变。也就是说,当输入电压 $U_d$ 变化时,通过改变占空比 $D$ 使输出电压 $U_o$ 保持不变。由式(4-44)和式(4-45)可以得出,在占空比 $D=0$ 时,$I_{LB}$ 和 $I_{oB}$ 达到最大值,即

$$I_{LBM} = \frac{T_s U_o}{2L} \tag{4-46}$$

$$I_{oBM} = \frac{T_s U_o}{2L} \tag{4-47}$$

由式(4-44)~式(4-47)可得

$$I_{LB} = I_{LBM}(1-D) \tag{4-48}$$

$$I_{oB} = I_{oBM}(1-D)^2 \tag{4-49}$$

图 4-20(b)给出了当输出电压 $U_o$ 不变时,$I_{LB}$ 和 $I_{oB}$ 与占空比 $D$ 之间的函数关系曲线。该图表明,对于给定的占空比,当输出电压不变时,若负载电流平均值低于 $I_{oB}$,则变换器工作在电感电流断续模式。

### 4.5.4 电流断续模式时的工作情况

图 4-21 给出了电感电流断续模式时电感电压和电流的波形。

电感电压在一个周期内的积分等于 0,则有

$$U_d D T_s + (-U_o)\Delta_1 T_s = 0$$

所以

$$\frac{U_o}{U_d} = \frac{D}{\Delta_1} \tag{4-50}$$

假设电路没有损耗,则 $P_d = P_o$,故

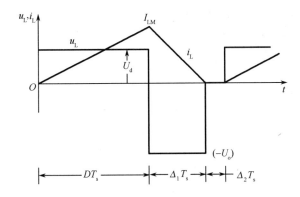

图 4-21 降压-升压变换器在电感电流断续时的工作波形

$$\frac{I_o}{I_d} = \frac{\Delta_1}{D} \tag{4-51}$$

在电流断续模式下,开关管通态时的等效电路和平衡方程式与电流临界连续时是一样的,因此,由图 4-21 和式(4-42)可得

$$I_L = \frac{1}{2}(D + \Delta_1)I_{LM} = \frac{U_d}{2L}DT_s(D + \Delta_1) \tag{4-52}$$

由式(4-43)、式(4-47)、式(4-50)、式(4-51)和式(4-52)整理可得,在 $U_o$ 不变时占空比 $D$ 与输出负载电流在不同电压变换率 $U_o/U_d$ 时的函数关系为

$$D = \frac{U_o}{U_d}\sqrt{\frac{I_o}{I_{oBM}}} \tag{4-53}$$

图 4-22 给出了不同电压变换率 $U_o/U_d$ 时,占空比 $D$ 与 $I_o/I_{oBM}$ 之间的函数关系曲线。虚线是由式(4-49)绘出的电流连续和断续模式的界限。

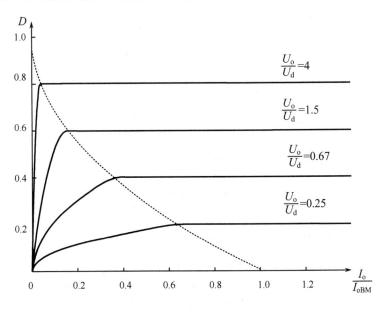

图 4-22 保持 $U_o$ 不变时降压-升压变换器的特性曲线

**【例 4-5】** 降压-升压变换器的工作频率为 20kHz，$L=0.05\text{mH}$，输出电容 $C$ 足够大，$U_\text{d}=15\text{V}$，输出电压为 10V，变换器的输出功率为 10W，计算占空比 $D$。

**解** 初始并不知道变换器工作在什么模式，所以不能确定采用哪个方程式。根据所给条件，输出电流 $I_\text{o}$ 为

$$I_\text{o}=\frac{P_\text{o}}{U_\text{o}}=\frac{10\text{W}}{10\text{V}}=1\text{A}$$

根据在连续模式时的式(4-40)，得占空比 $D$ 为

$$\frac{D}{1-D}=\frac{U_\text{o}}{U_\text{d}}=\frac{10}{15}$$

即

$$D=0.4$$

由式(4-45)，可得在 $D=0.4$ 时工作在电流临界连续状态时的负载电流 $I_\text{oB}$ 为

$$I_\text{oB}=\frac{T_\text{s}U_\text{o}}{2L}(1-D)^2=\frac{0.05\times10^{-3}\times10}{2\times0.05\times10^{-3}}\times(1-0.4)^2=1.8\text{A}$$

由于输出电流 $I_\text{o}=1\text{A}<I_\text{oB}$，所以工作在电流断续模式，由式(4-47)得

$$I_\text{oBM}=\frac{T_\text{s}U_\text{o}}{2L}=\frac{0.05\times10^{-3}\times10}{2\times0.05\times10^{-3}}=5\text{A}$$

由式(4-53)得

$$D=\frac{U_\text{o}}{U_\text{d}}\sqrt{\frac{I_\text{o}}{I_\text{oBM}}}=\frac{10}{15}\times\sqrt{\frac{1}{5}}=0.3$$

### 4.5.5 寄生元件的影响

与升压变换器类似，寄生元件对电压变换率和变换器反馈调节的稳定性有重大影响。图 4-23 定性地反映了寄生元件的影响。在占空比比较高时，电压变换率下降，如图 4-23 虚线所示。当对降压-升压变换器进行计算机仿真设计时，应该考虑寄生元件对变换器性能的影响。

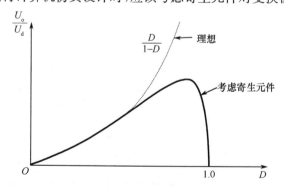

图 4-23 寄生元件对降压-升压变换器输出电压影响的关系曲线

### 4.5.6 输出电压纹波

在电流连续模式时，输出电压的波形如图 4-24 所示。假设二极管电流 $i_\text{D}$ 的所有脉动分量都流过电容，且 $i_\text{D}$ 的直流分量流过电阻性负载。图 4-24 中阴影部分的面积代表电荷增量 $\Delta Q$。

在电流连续模式下的输出电压纹波的峰-峰值可以由下式求出

$$\Delta U_\text{o}=\frac{\Delta Q}{C}=\frac{I_\text{o}t_\text{on}}{C}=\frac{U_\text{o}t_\text{on}}{R_\text{L}C} \tag{4-54}$$

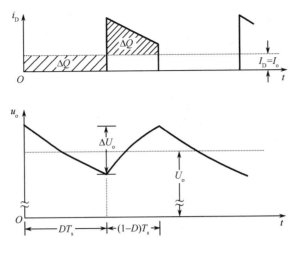

图 4-24　降压-升压变换器的输出电压纹波的波形

输出电压纹波的相对值为

$$\frac{\Delta U_{\mathrm{o}}}{U_{\mathrm{o}}} = \frac{t_{\mathrm{on}}}{R_{\mathrm{L}}C} \tag{4-55}$$

式(4-55)表明：在电感电流连续模式下，输出电压脉动与开关管通态时间成正比，与负载电阻和滤波电容的乘积成反比。

可以类似推出在电流断续模式下的输出电压纹波。

# *4.6　库克变换器

## 4.6.1　库克变换器的结构和工作原理

库克变换器是以发明者的名字命名的。与降压-升压变换器一样，库克变换器可以得到高于或低于输入电压的负极性可调输出电压。其电路如图 4-25 所示，电容 $C_1$ 的作用是存储从输入端来的能量并传递到输出端。

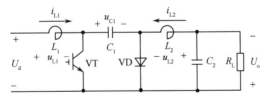

图 4-25　库克变换器电路图

在稳定状态下，在一个周期内，由回路电压方程式有

$$U_{\mathrm{d}} = U_{\mathrm{L1}} + U_{\mathrm{C1}} - U_{\mathrm{L2}} - U_{\mathrm{o}} \tag{4-56}$$

在一个周期内，电感 $L_1$ 的平均电压 $U_{\mathrm{L1}}$ 和电感 $L_2$ 的平均电压 $U_{\mathrm{L2}}$ 都为零。因此，由式(4-56)可得

$$U_{\mathrm{C1}} = U_{\mathrm{d}} + U_{\mathrm{o}} \tag{4-57}$$

$U_{\mathrm{C1}}$ 是电源电压 $U_{\mathrm{d}}$ 和输出电压 $U_{\mathrm{o}}$ 之和，比 $U_{\mathrm{d}}$ 和 $U_{\mathrm{o}}$ 都要大。

当开关管 VT 关断时，输入电源 $U_{\mathrm{d}}$ 经电感 $L_1$、电容 $C_1$、二极管 VD 形成回路，对电容 $C_1$ 充

电,电流为 $i_{L1}$。电流回路如图 4-26(g)左边粗实线回路所示。其电压方程式

$$U_d = u_{L1} + U_{C1} = L_1 \frac{di_{L1}}{dt} + U_{C1} \tag{4-58}$$

由于 $U_{C1}$ 比 $U_d$ 大,电感 $L_1$ 产生的自感电势为负,电流 $i_{L1}$ 减小。假设电容 $C_1$ 足够大,$u_{C1}$ 与其平均值 $U_{C1}$ 之间的变化几乎可以忽略不计。事实上,电容是负责存储和传输能量的,电容 $C_1$ 的电压肯定有变化,当电容 $C_1$ 足够大,$u_{C1}$ 变化很小,可以近似认为 $u_{C1} \approx U_{C1}$,$U_{C1} - U_d$ 为常数,因此电流 $i_{L1}$ 线性下降。电感电流 $i_{L1}$ 波形如图 4-26(c)所示。

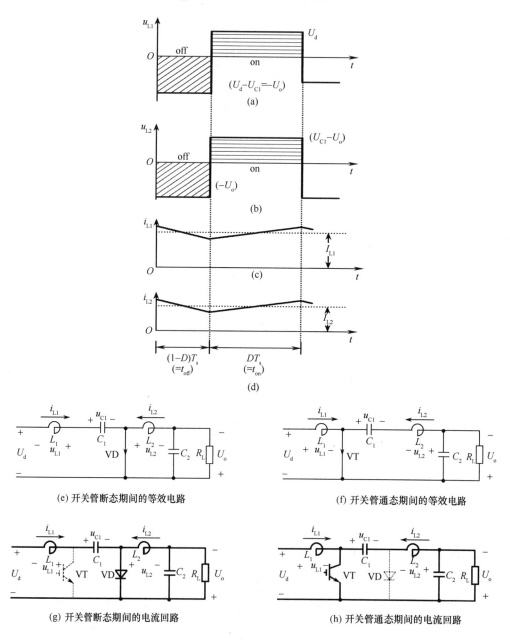

图 4-26　库克变换器在电感电流连续时的工作波形、等效电路和电流回路

输出电容 $C_2$ 和负载 $R_L$ 与电感 $L_2$、二极管 VD 形成回路,电流为 $i_{L2}$。电流回路如图 4-26(g)右边粗实线回路所示。其电压方程式

$$U_o = -u_{L2} = -L_2 \frac{\mathrm{d}i_{L2}}{\mathrm{d}t} \tag{4-59}$$

输出电压为常数,因此电感电流 $i_{L2}$ 线性下降。电感电流 $i_{L2}$ 波形如图 4-26(d)所示。开关管断态期间的等效电路如图 4-26(e)所示。

当开关管 VT 导通时,在电容 $C_1$ 的电压 $U_{C1}$ 经开关管 VT 使二极管 VD 反向偏置而断开。输入电源 $U_d$ 经电感 $L_1$、开关管 VT 形成回路,电流为 $i_{L1}$,电流回路如图 4-26(h)左边粗实线回路所示。其电压方程式

$$U_d = u_{L1} = L_1 \frac{\mathrm{d}i_{L1}}{\mathrm{d}t} \tag{4-60}$$

输入电压为常数,$i_{L1}$ 线性上升。电感电流 $i_{L1}$ 波形如图 4-26(c)所示。输出电容 $C_2$ 和负载 $R_L$ 与电感 $L_2$、电容 $C_1$、开关管 VT 形成回路,电流为 $i_{L2}$。电流回路如图 4-26(h)右边粗实线回路所示。其电压方程式

$$U_o = U_{C1} - u_{L2} = U_{C1} - L_2 \frac{\mathrm{d}i_{L2}}{\mathrm{d}t} \tag{4-61}$$

由于 $U_{C1} > U_o$,因此,电感电流 $i_{L2}$ 线性上升。电感电流 $i_{L2}$ 波形如图 4-26(d)所示。开关管通态期间的等效电路如图 4-26(f)所示。

### 4.6.2　电压和电流表达式

假设电感电流 $i_{L1}$ 和 $i_{L2}$ 是连续的,由图 4-26(a)中电感 $L_1$ 上的电压波形,在稳定状态下,一个周期内的电感电压平均值为零,正负面积相等,则有

$$U_d t_{on} + (U_d - U_{C1}) t_{off} = 0$$

$$U_d D T_s + (U_d - U_{C1})(1-D) T_s = 0$$

$$U_{C1} = \frac{1}{1-D} U_d \tag{4-62}$$

同理,由图 4-26(b)中电感 $L_2$ 上的电压波形,在一个周期内正负面积相等,则有

$$(U_{C1} - U_o) D T_s + (-U_o)(1-D) T_s = 0 \tag{4-63}$$

则由式(4-62)、式(4-63)可得

$$\frac{U_o}{U_d} = \frac{D}{1-D} \tag{4-64}$$

假设电路无损耗,$P_d = P_o$,由式(4-64)可得

$$\frac{I_o}{I_d} = \frac{1-D}{D} \tag{4-65}$$

输入/输出电压和电流关系与降压-升压变换器相同。改变占空比 $D$,就可以得到高于或低于输入电压的可调的直流电压。

电感 $L_1$ 的电流和输入电流相同,因此有 $I_{L1} = I_d$,电容 $C_2$ 上的电流在一个周期中的平均值为零,因此有 $I_{L2} = I_o$。

### 4.6.3　输出电压纹波

由于输入电流和输出电流都流过电感,因此输入电流和输出电流波动很小,这一点不同于降

压-升压变换器,后者的这两种电流波动都很大。由于减小了电感电流 $i_{L1}$ 和 $i_{L2}$ 的波动,从而有利于滤波器的滤波效果。库克变换器开关管通态期间和断态期间的负载侧的等效电路图 4-26(f)、(e)与降压变换器开关管通态期间和断态期间等效电路图 4-5(c)、(d)一样,因此,库克变换器的输出电压纹波的相对值为

$$\frac{\Delta U_o}{U_o} = \frac{1}{8} \frac{T_s^2(1-D)}{L_2 C_2} = \frac{\pi^2}{2}(1-D)\left(\frac{f_c}{f_s}\right)^2 \tag{4-66}$$

输出电压的脉动和降压变换器一样较小。库克变换器的一个显著缺点就是需要电容 $C_1$ 有大的纹波电流承受能力。

**【例 4-6】** 库克变换器的工作频率为 $50\text{kHz}$,$L_1 = L_2 = 1\text{mH}$,$C_1 = 5\mu\text{F}$,$U_d = 10\text{V}$。输出电容足够大,从而保证恒定的输出电压,输出电压 $U_o$ 控制在 $5\text{V}$,负载功率为 $5\text{W}$。假设电路中的元件为理想元件。假设 $C_1$ 两端电压恒定,或假设电感电流恒定,计算:

① 电感电流的误差百分比;

② 电容 $C_1$ 上电压的误差百分比。

**解** ① 由于电容 $C_1$ 足够大,假设 $C_1$ 两端电压恒定,由式(4-57)有

$$U_{C1} = U_d + U_o = 10 + 5 = 15\text{V}$$

首先,假设电流是连续的。因此,由式(4-64)有

$$\frac{D}{1-D} = \frac{U_o}{U_d} = \frac{5}{10}$$

$$D = 0.333$$

开关管断态期间有

$$u_{L1} = L_1 \frac{\text{d}i_{L1}}{\text{d}t} = L_1 \frac{\Delta I_{L1}}{t_{\text{off}}} = L_1 \frac{\Delta I_{L1}}{(1-D)T_s}$$

将上式与式(4-58)整理得

$$\Delta I_{L1} = \frac{U_d - U_{C1}}{L_1}(1-D)T_s$$

$$= \frac{(10-15)}{10^{-3}} \times (1-0.333) \times 20 \times 10^{-6} = -0.067\text{A}$$

由式(4-59),有

$$U_o = -u_{L2} = -L_2 \frac{\Delta I_{L2}}{t_{\text{off}}} = -L_2 \frac{\Delta I_{L2}}{(1-D)T_s}$$

将上式整理得

$$\Delta I_{L2} = -\frac{U_o}{L_2}(1-D)T_s$$

$$= -\frac{5}{10^{-3}} \times (1-0.333) \times 20 \times 10^{-6} = -0.067\text{A}$$

由于 $U_{C1} - U_d = U_o$,$L_1 = L_2$,所以,$\Delta I_{L1}$ 和 $\Delta I_{L2}$ 相等。

输出负载为 $5\text{W}$,$U_o = 5\text{V}$,则 $I_o = 1\text{A}$,由式(4-65)有

$$I_d = \frac{D}{1-D}I_o = 0.5\text{A}$$

$I_{L1}=I_d=0.5A,\Delta I_{L1}<I_{L1},I_{L2}=I_o=1A,\Delta I_{L2}<I_{L2}$,所以其工作模式是连续的,和前面假设一致。

因此,电感电流的误差百分比为

$$\frac{|\Delta I_{L1}|}{I_{L1}}=\frac{0.067}{0.5}\times100\%=13.4\%$$

$$\frac{|\Delta I_{L2}|}{I_{L2}}=\frac{0.067}{1.0}\times100\%=6.7\%$$

② 由于 $i_{L1}$ 和 $i_{L2}$ 变化很小,所以假设 $i_{L1}$ 和 $i_{L2}$ 恒定,由开关管断态期间的等效电路图 4-26(e),电容 $C_1$ 的电压变化为

$$\Delta U_{C1}=\frac{1}{C}\int_0^{t_{off}}i_{L1}\mathrm{d}t=\frac{1}{C_1}\int_0^{(1-D)T_s}I_{L1}\mathrm{d}t=\frac{I_{L1}(1-D)T_s}{C_1}$$

$$=\frac{1}{5\times10^{-6}}\times0.5\times(1-0.333)\times20\times10^{-6}=1.33V$$

因此,电容 $C_1$ 上的电压误差百分比为

$$\frac{\Delta U_{C1}}{U_{C1}}=\frac{1.33}{15}\times100\%=8.87\%$$

从这个例题可以说明,假设 $u_{C1}$ 恒定或 $i_{L1}$ 和 $i_{L2}$ 恒定是合理的。

# 4.7 全桥式直流斩波器

## 4.7.1 全桥式直流斩波器的结构

全桥式直流斩波器的电路如图 4-27 所示。

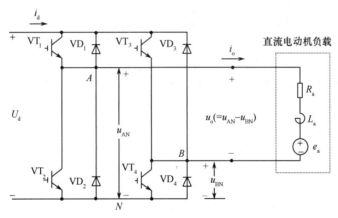

图 4-27 全桥式直流斩波器电路图

在全桥式直流斩波器中,输入是直流电压 $U_d$,输出电压 $U_o$ 是极性可变、幅值可控的直流电,输出电流 $i_o$ 的幅值和方向也是可变的。因此,全桥式直流斩波器可以在 $i_o$-$u_o$ 平面的 4 个象限内运行。

全桥式直流斩波器有 4 个桥臂,每个桥臂由一个开关管及与它反并联的二极管组成。上、下桥臂的两个开关管不能同时处于导通状态,否则就会造成直流短路。在实际情况中,由于开关管有一定的关断时间,因此它们在一个短时间内都关断,该时间称为桥臂互锁时间。在下面的分析

中,假设开关管是理想器件,有瞬时关断能力,忽略互锁时间的影响。

在任一时刻,如果直流斩波器的上、下桥臂的两个开关管不同时处于关断状态,则输出电压 $u_o$ 完全由开关管的状态决定。如图 4-27 所示,以负直流母线上的 $N$ 点为参考点,$A$ 点的电压为 $u_{AN}$,由如下的开关状态决定:当 $VT_1$ 导通时,正的负载电流 $i_o$ 将流过 $VT_1$;或 $VD_1$ 导通时,负的负载电流 $i_o$ 流过 $VD_1$,则 $A$ 点的电压为

$$u_{AN} = U_d \tag{4-67a}$$

类似地,当 $VT_2$ 导通时,负的负载电流 $i_o$ 将流过 $VT_2$;或 $VD_2$ 导通时,正的负载电流 $i_o$ 流过 $VD_2$,则 $A$ 点的电压为

$$u_{AN} = 0 \tag{4-67b}$$

综上所述,$u_{AN}$ 仅取决于与 $A$ 点相连的上桥臂导通还是下桥臂导通,而与负载电流 $i_o$ 的方向无关,因此,变换器 $A$ 点的输出电压平均值 $U_{AN}$ 为

$$U_{AN} = \frac{U_d t_{on} + 0 \times t_{off}}{T_s} = U_d D_1 \tag{4-68}$$

式中,$t_{on}$ 和 $t_{off}$ 分别是 $VT_1$ 的通态时间和断态时间,$D_1$ 是开关管 $VT_1$ 的占空比。

式(4-68)表示输出电压平均值 $U_{AN}$ 仅取决于输入电压 $U_d$ 和 $VT_1$ 的占空比。

类似地,变换器 $B$ 点的输出电压 $u_{BN}$,也仅取决于输入电压 $U_d$ 和 $VT_3$ 的占空比 $D_2$,即

$$U_{BN} = U_d D_2 \tag{4-69}$$

$$U_o = U_{AN} - U_{BN} = U_d(D_1 - D_2) \tag{4-70}$$

因此,输出电压 $U_o$ 与变换器的开关占空比有关,而与负载电流 $i_o$ 的大小和方向无关。

如果直流斩波器上、下桥臂的两个开关管同时处于关断状态,则输出电压 $u_o$ 由输出电流 $i_o$ 的方向决定。这将引起输出电压平均值和控制电压之间的非线性关系,所以应该避免两个开关管同时处于关断的情况发生。

全桥式直流斩波器的脉宽调制是用三角波和控制电压 $u_{co}$ 比较产生 PWM 的,有两种 PWM 控制方式。

① 双极性 PWM 控制方式。在该控制方式下,图 4-27 中的($VT_1$,$VT_4$)和($VT_2$,$VT_3$)被当作两对开关管,每对开关管都是同时导通或关断的。

② 单极性 PWM 控制方式。在该控制方式下,每个桥臂的开关管是单独控制的。

与前面几节讨论过的变换器不同,全桥式直流斩波器的输出电流在负载低时,也没有电流断续模式。输入电流 $i_d$ 的方向是瞬时变化的,因此,直流斩波器的输入电源应该是有低内阻的直流电压源。在实际情况中,输入端的大电容滤波器可以为 $i_d$ 提供低内阻的通道。

## 4.7.2 双极性 PWM 控制方式

### 1. 控制规律

在双极性控制方式中,开关管($VT_1$,$VT_4$)和($VT_3$,$VT_2$)被当作两对开关管对待,即两个开关管($VT_1$,$VT_4$)是同时导通和关断的。上、下桥臂的两个开关管中,总有一个是导通的,一个是关断的。

开关控制信号由控制电压 $u_{co}$ 与双极性三角波 $u_{st}$ 比较得到,如图 4-29 所示。控制规律为:

① 当 $u_{co} > u_{st}$ 时,关断 $VT_3$ 和 $VT_2$,驱动 $VT_1$ 和 $VT_4$;

② 当 $u_{co} < u_{st}$ 时,关断 $VT_1$ 和 $VT_4$,驱动 $VT_3$ 和 $VT_2$。

## 2. 工作过程

（1）负载电流较大的情况

① 当 $u_{co} > u_{st}$ 时，驱动 VT$_1$ 和 VT$_4$ 导通，直流输入电源 $U_d$ 经过 VT$_1$、负载和 VT$_4$ 构成电流回路，电流回路如图 4-28(a) 所示，输出电压 $u_o = U_d$，电流上升。

② 当 $u_{co} < u_{st}$ 时，关断 VT$_1$ 和 VT$_4$，驱动 VT$_3$ 和 VT$_2$，但由于是电感性负载，电流不能突变，电感电势使 VD$_3$ 和 VD$_2$ 正向偏置而导通，因此负载电流经 VD$_3$ 和 VD$_2$ 续流，使 VT$_3$ 和 VT$_2$ 不能导通，电流回路如图 4-28(b) 所示，输出电压 $u_o = -U_d$，同时电流下降。

至下一个周期驱动 VT$_1$ 和 VT$_4$ 导通，由此循环往复周期性地工作。由工作过程可以看出，在负载电流较大时，VT$_3$ 和 VT$_2$ 不工作。工作波形如图 4-29 所示。

（2）负载电流较小的情况

① 当 $u_{co} > u_{st}$ 时，驱动 VT$_1$ 和 VT$_4$ 导通，直流输入电源 $U_d$ 经过 VT$_1$、负载和 VT$_4$ 构成电流回路，电流回路如图 4-28(a) 所示，输出电压 $u_o = U_d$，电流上升。

② 当 $u_{co} < u_{st}$ 时，负载电流经 VD$_3$ 和 VD$_2$ 续流，电流回路如图 4-28(b) 所示，$u_o = -U_d$，续流过程中，电流下降。

③ 电流下降为 0，VD$_3$ 和 VD$_2$ 断开，由于 VT$_3$ 和 VT$_2$ 的驱动信号还存在，则 VT$_3$ 和 VT$_2$ 导通，故直流输入电源 $U_d$ 经过 VT$_3$、负载和 VT$_2$ 构成电流回路，电流变负，电流回路如图 4-28(c) 所示。

④ 当 $u_{co} > u_{st}$ 时，关断 VT$_3$ 和 VT$_2$，驱动 VT$_1$ 和 VT$_4$，由于电感电流不能突变，电感电势使 VD$_1$ 和 VD$_4$ 正向偏置而导通，因此负载电流经 VD$_1$ 和 VD$_4$ 续流，使 VT$_1$ 和 VT$_4$ 不能导通，电流回路如图 4-28(d) 所示，$u_o = U_d$，同时电流上升。

至电流上升到 0，VD$_1$ 和 VD$_4$ 断开，由于 VT$_1$ 和 VT$_4$ 的触发信号还存在，VT$_1$ 和 VT$_4$ 导通，电流回路如图 4-28(a) 所示，由此循环往复周期性地工作。

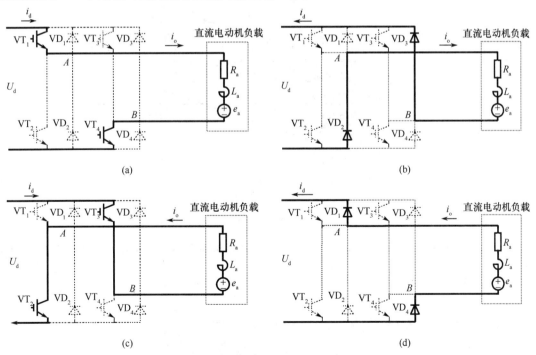

图 4-28　双极性 PWM 控制方式时的电流回路

电流波形如图 4-29(e)所示。

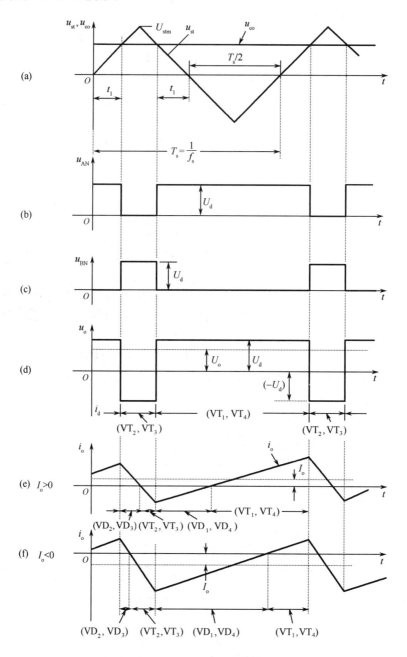

图 4-29　双极性 PWM 控制方式时的工作波形

下面推导输出电压 $U_o$、占空比 $D$、控制电压 $u_{co}$ 之间的函数关系,占空比可从图 4-29 的波形获得。

$$u_{st}=U_{stm}\frac{t}{T_s/4} \qquad 0<t<\frac{T_s}{4} \tag{4-71}$$

在图 4-29(a)中,当 $t=t_1$ 时,$u_{st}=u_{co}$,代入式(4-71)得

$$t_1=\frac{u_{co}}{U_{stm}}\frac{T_s}{4} \tag{4-72}$$

由图 4-29 可得,$(VT_1,VT_4)$ 这对开关管通态的持续时间是

$$t_{on} = 2t_1 + \frac{1}{2}T_s \tag{4-73}$$

因此,由式(4-73)和式(4-72)得到的占空比为

$$D_1 = \frac{t_{on}}{T_s} = \frac{1}{2}\left(1 + \frac{u_{co}}{U_{stm}}\right) = \frac{1}{2}(1+D) \qquad (VT_1, VT_4) \tag{4-74}$$

而$(VT_3, VT_2)$这对开关管的占空比$D_2$为

$$D_2 = 1 - D_1 \qquad (VT_3, VT_2) \tag{4-75}$$

根据式(4-69)、式(4-70)和式(4-75),得输出电压为

$$U_o = U_{AN} - U_{BN} = D_1 U_d - D_2 U_d = (2D_1 - 1)U_d \tag{4-76}$$

将式(4-74)代入式(4-76)得

$$U_o = \frac{U_d}{U_{stm}} u_{co} = k u_{co} \tag{4-77}$$

式中,$k = \dfrac{U_d}{U_{stm}} = $常数。

式(4-77)表明,与前面介绍的变换器相似,全桥式直流斩波器的输出电压平均值与输入控制信号是线性关系。事实上,当考虑上、下桥臂的两个开关管有导通延迟时间时,输出电压$U_o$与控制电压$u_{co}$的关系有轻微的非线性。

在图 4-29(d)中,输出电压的波形显示输出电压从$+U_d$变到$-U_d$,这就是为什么称这种控制方式为双极性 PWM 控制方式的原因。

当控制电压$u_{co}$的大小和极性变化时,式(4-74)中的占空比$D_1$在 0 到 1 之间变化,输出电压平均值$U_o$在$-U_d$到$+U_d$之间变化。

输出电流平均值$I_o$可以为正或者为负。当$I_o$不大时,在一个周期内,$i_o$在正负间变化。当$I_o > 0$时,平均功率从输入端向输出端传递,如图 4-29(e)所示;当$I_o < 0$时,平均功率从输出端向输入端传递,如图 4-29(f)所示。

### 4.7.3 单极性 PWM 控制方式

#### 1. 控制规律

从图 4-27 上看,如果不考虑负载电流$i_o$的方向,当两个上桥臂的$VT_1$和$VD_3$同时导通或$VD_1$和$VT_3$同时导通时,$u_o = 0$。同样,如果$VT_2$和$VD_4$同时导通或$VD_2$和$VT_4$同时导通,也有$u_o = 0$,因此可以利用这种情况改善输出的电压波形。

在图 4-32 中,三角波$u_{st}$与控制电压$u_{co}$和$-u_{co}$进行比较,以便分别确定各桥臂的开关信号。其控制规律如下:

① 当$u_{co} > u_{st}$时,关断$VT_2$,驱动$VT_1$;

② 当$u_{co} < u_{st}$时,关断$VT_1$,驱动$VT_2$;

③ 当$-u_{co} > u_{st}$时,关断$VT_4$,驱动$VT_3$;

④ 当$-u_{co} < u_{st}$时,关断$VT_3$,驱动$VT_4$。

#### 2. 工作过程

(1) 负载电流较大的情况

① 当$u_{co} > u_{st}$,且$-u_{co} < u_{st}$时,驱动$VT_1$和$VT_4$导通,直流输入电源$U_d$经过$VT_1$、负载和$VT_4$构成电流回路,电流回路如图 4-30(a)所示,$u_o = U_d$,电流上升。

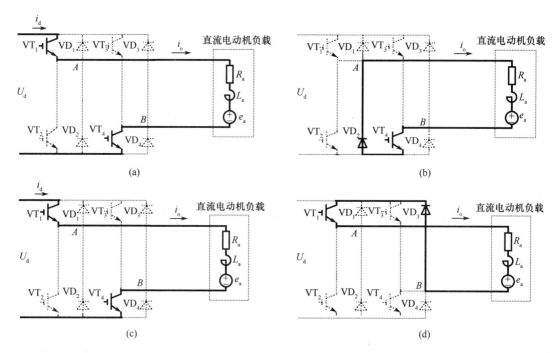

图 4-30　负载电流较大时单极性 PWM 控制方式时的电流回路

② 当 $u_{co}<u_{st}$ 时，关断 $VT_1$，驱动 $VT_2$，但由于是电感性负载，电流不能突变，因此负载电流经 $VD_2$ 和 $VT_4$ 续流，使 $VT_2$ 不能导通，电流回路如图 4-30(b) 所示，$u_o=0$，同时电流下降。

③ 当 $u_{co}>u_{st}$，且 $-u_{co}<u_{st}$ 时，驱动 $VT_1$ 和 $VT_4$ 导通，直流输入电源 $U_d$ 经过 $VT_1$、负载和 $VT_4$ 构成电流回路，电流回路如图 4-30(c) 所示，$u_o=U_d$，电流上升。

④ 当 $-u_{co}>u_{st}$ 时，关断 $VT_4$，驱动 $VT_3$，由于是电感性负载，电流不能突变，因此负载电流经 $VT_1$ 和 $VD_3$ 续流，使 $VT_3$ 不能导通，电流回路如图 4-30(d) 所示，$u_o=0$，同时电流下降。

至下一个周期驱动 $VT_1$ 和 $VT_4$ 导通，由此循环往复周期性地工作。

工作波形如图 4-32 所示。

(2) 负载电流较小的情况

① 当 $u_{co}>u_{st}$，且 $-u_{co}<u_{st}$ 时，驱动 $VT_1$ 和 $VT_4$ 导通，直流输入电源 $U_d$ 经过 $VT_1$、负载和 $VT_4$ 构成电流回路，电流回路如图 4-31(a) 所示，$u_o=U_d$，电流上升。

② 当 $u_{co}<u_{st}$，且 $-u_{co}<u_{st}$ 时，关断 $VT_1$，驱动 $VT_2$，但由于是电感性负载，电流不能突变，负载电流经 $VD_2$ 和 $VT_4$ 续流，使 $VT_2$ 不能导通，电流回路如图 4-31(b) 所示，$u_o=0$，同时电流下降。

③ 由于电流较小，在续流过程中，电流会下降为 0，由于外电势的作用，且 $VT_2$ 的驱动信号还存在，所以 $VT_2$ 导通，$VD_2$ 断开，负载电流经 $VT_2$ 和 $VD_4$ 构成电流回路，电流回路如图 4-31(c) 所示，$u_o=0$，电流变负。

④ 当 $u_{co}>u_{st}$ 时，关断 $VT_2$，驱动 $VT_1$，由于电感电流不能突变，因此负载电流经 $VD_1$ 和 $VD_4$ 续流，使 $VT_1$ 不能导通，电流回路如图 4-31(d) 所示，$u_o=U_d$，同时电流上升。

⑤ 至电流上升到 0，$VD_1$ 和 $VD_4$ 断开，由于 $VT_1$ 和 $VT_4$ 的驱动信号还存在，$VT_1$ 和 $VT_4$ 导通，电流回路如图 4-31(e) 所示。

⑥ 当 $-u_{co}>u_{st}$ 时，关断 $VT_4$，驱动 $VT_3$，由于电流不能突变，因此负载电流经 $VT_1$ 和 $VD_3$ 续流，使 $VT_3$ 不能导通，电流回路如图 4-31(f) 所示，$u_o=0$，同时电流下降。

⑦ 由于电流小，电流会下降到 0，由于外电势的作用，负载电流经 $VT_3$ 和 $VD_1$ 构成电流回路，电流回路如图 4-31(g) 所示，电流变负。

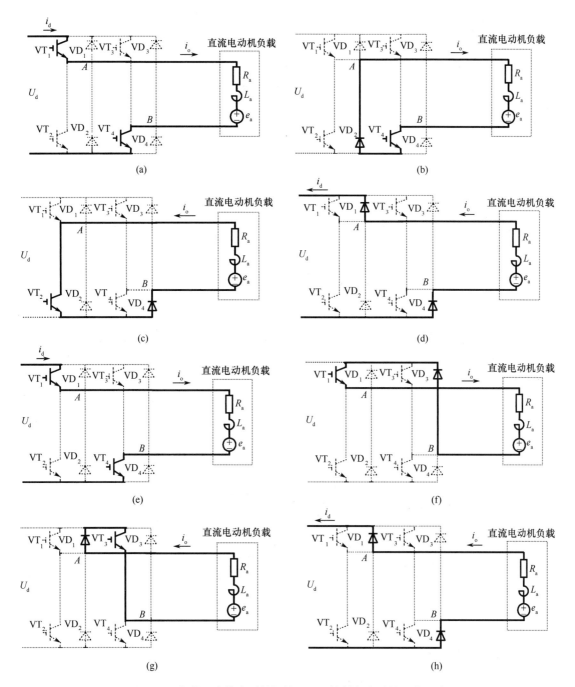

图 4-31　负载电流较小时单极性 PWM 控制方式时的电流回路

⑧ 当$-u_{co} < u_{st}$时，关断 $VT_3$，驱动 $VT_4$，由于电感电流不能突变，因此负载电流经 $VD_1$ 和 $VD_4$ 续流，使 $VT_4$ 不能导通，电流回路如图 4-31(h)所示，$u_o = U_d$，同时电流上升。

至电流上升到 0，$VT_1$ 和 $VT_4$ 导通，电流回路如图 4-31(a)所示，由此循环往复周期性地工作。

电流波形如图 4-32(e)所示。

图 4-32(b)、图 4-32(c)给出了 $A$ 点和 $B$ 点电压的波形，开关管 $VT_1$ 的占空比 $D_1$ 为

$$D_1 = \frac{1}{2}\left(\frac{u_{co}}{U_{stm}} + 1\right) = \frac{1}{2}(D+1) \tag{4-78}$$

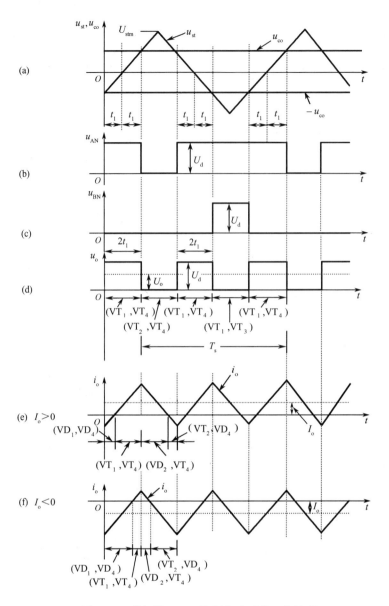

图 4-32　单极性 PWM 控制方式时的工作波形

开关管 $VT_3$ 的占空比 $D_2$ 为

$$D_2 = 1 - D_1 \tag{4-79}$$

图 4-32(d)给出了输出电压 $u_o$ 的波形,输出电压平均值 $U_o$ 为

$$U_o = U_{AN} - U_{BN} = D_1 U_d - D_2 U_d = (2D_1 - 1)U_d = \frac{U_d}{U_{stm}} u_{co} \tag{4-80}$$

由式(4-80)可以看出,单极性 PWM 控制方式的输出电压平均值 $U_o$ 与控制电压 $u_{co}$ 是线性关系。

输出电流平均值 $I_o$ 可以为正或者为负。当 $I_o$ 比较小时,在一个周期内,$i_o$ 在正负间变化。当 $I_o > 0$ 时,平均功率从输入端向输出端传递,如图 4-32(e)所示;当 $I_o < 0$ 时,平均功率从输出端向输入端传递,如图 4-32(f)所示。

从对全桥式直流斩波器的工作过程分析可知,带电感反电势负载时,没有电流断续区,且可4 象限运行。

### 4.7.4 两种控制方式的比较

由前面的分析可以看出,单极性 PWM 调制时,当平均电压为正时,输出的 PWM 波在正和零之间跳变,当平均电压为负时,输出的 PWM 波在负和零之间跳变。而在双极性 PWM 调制时,输出电压在正负之间跳变,当平均电压为正时,输出的 PWM 波为正的时间大于负的时间,当平均电压为负时,输出的 PWM 波为负的时间大于正的时间。

在两种控制方式下,当开关管的开关频率相同时,单极性 PWM 控制方式输出电压波形的频率是双极性 PWM 控制方式的 2 倍,因此,单极性 PWM 控制方式有着较好的频率响应和较小的纹波。

**【例 4-7】** 在全桥式直流斩波器中,输入电压 $U_d$ 不变,通过改变占空比改变输出电压。分别计算在单极性 PWM 控制方式和双极性 PWM 控制方式下,不同占空比时输出电压纹波的有效值 $U_{r,rms}/U_d$ 与占空比 $D$ 的函数关系曲线。

**解** ① 双极性 PWM 控制方式:图 4-29(d)给出了输出电压 $u_o$ 的波形,输出电压的有效值为

$$U_{o,rms} = U_d \tag{4-81}$$

由式(4-81)可知,输出电压的有效值 $U_{o,rms}$ 与 $u_{co}/U_{stm}$ 无关,当输入电压 $U_d$ 不变时,$U_{o,rms}$ 的值也不变。

式(4-76)给出了输出电压的平均值。由输出电压纹波的有效值与输出电压的有效值和平均值的关系及式(4-76)、式(4-81),输出电压纹波的有效值为

$$U_{r,rms} = \sqrt{U_{o,rms}^2 - U_o^2} = U_d \sqrt{1-(2D_1-1)^2} = 2U_d \sqrt{D_1 - D_1^2} \tag{4-82}$$

由式(4-74)和式(4-82)可得双极性 PWM 控制方式下输出电压纹波的有效值与占空比 $D$ 的关系为

$$U_{r,rms} = U_d \sqrt{1-D^2}$$

图 4-33 中的实线给出了在双极性 PWM 控制方式下输出电压纹波的有效值 $U_{r,rms}/U_d$ 与占空比 $D$ 的函数关系曲线。

② 单极性 PWM 控制方式:图 4-32(a)中的 $t_1$ 区间可写为

$$t_1 = \frac{u_{co}}{U_{stm}} \frac{T_s}{4} \qquad u_{co} > 0 \tag{4-83}$$

图 4-32(d)给出了输出电压 $u_o$ 的波形。输出电压的有效值为

$$U_{o,rms} = \sqrt{\frac{4t_1 U_d^2}{T_s}} = U_d \sqrt{\frac{u_{co}}{U_{stm}}} = U_d \sqrt{(2D_1-1)} \tag{4-84}$$

由式(4-80)和式(4-84),在控制电压 $u_{co} > 0$ 时,输出电压纹波的有效值为

$$U_{r,rms} = \sqrt{U_{o,rms}^2 - U_o^2} = U_d \sqrt{6D_1 - 4D_1^2 - 2} \tag{4-85}$$

由式(4-78)和式(4-85)可得,在控制电压 $u_{co} > 0$ 时,单极性 PWM 控制方式下输出电压纹波的有效值与占空比的关系为

$$U_{r,rms} = U_d \sqrt{D(1-D)} \qquad u_{co} > 0$$

在 $u_{co} < 0$ 时,图 4-32(a)中的 $t_1$ 区间改写为

$$t_1 = -\frac{u_{co}}{U_{stm}} \frac{T_s}{4} \qquad u_{co} < 0$$

则输出电压有效值为

$$U_{o,rms} = U_d \sqrt{1-2D_1} \tag{4-86}$$

由式(4-80)和式(4-86),在控制电压 $u_{co}<0$ 时,输出电压纹波的有效值为

$$U_{r,rms} = \sqrt{U_{o,rms}^2 - U_o^2} = U_d\sqrt{2D_1 - 4D_1^2} \qquad (4-87)$$

由式(4-78)和式(4-87)可得,在控制电压 $u_{co}<0$ 时,单极性 PWM 控制方式下输出电压纹波的有效值与占空比的关系为

$$U_{r,rms} = U_d\sqrt{-D(1+D)} \qquad u_{co}<0$$

图 4-33 中虚线给出了在单极性 PWM 控制方式下输出电压纹波的有效值 $U_{r,rms}/U_d$ 与占空比 $D$ 的函数关系曲线。由图可见,单极性 PWM 控制方式有着较小的输出电压纹波。

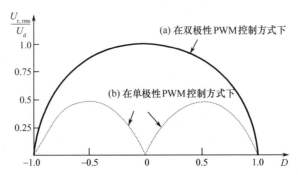

图 4-33　输出电压纹波的有效值 $U_{r,rms}/U_o$ 与占空比 $D$ 的函数关系曲线

# 4.8　直流斩波器的一般问题

## 1. 开关利用率

本节讨论前面所述的几种直流斩波器电路的开关利用率,做如下的假设:

① 直流斩波器都工作在电流连续模式,电感电流的纹波忽略不计,即 $i_L = I_L$;

② 输出电压的纹波忽略不计,即 $u_o = U_o$;

③ 输入电压 $U_d$ 是可变的,通过改变占空比 $D$ 使输出电压平均值不变。

在前面所述的稳态工作情况下,可以计算出开关管的峰值电压 $U_{TM}$ 和峰值电流 $I_{TM}$。定义开关管的功率为 $P_T = U_{TM}I_{TM}$,输出功率为 $P_o = U_oI_o$,直流斩波器的开关利用率用 $P_o/P_T$ 表示,开关利用率表示开关管的电压电流容量相同时输出功率的能力。在图 4-34 中给出了不同直流斩波器的开关利用率的关系曲线。

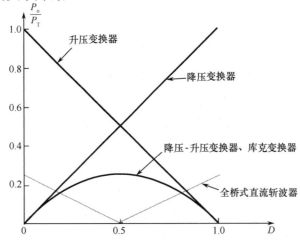

图 4-34　不同直流斩波器的开关利用率的关系曲线

从图 4-34 可以看出,升压变换器和降压变换器的开关利用率比较高,降压-升压变换器、库克变换器和全桥式直流斩波器的开关利用率较低。

因此,从直流斩波器的开关利用率考虑,通常采用升压变换器或降压变换器。只有在要求输出电压比输入电压高和低的范围可调节,或者要求有负的输出电压时,考虑采用降压-升压变换器或库克变换器。只有要求必须在 4 象限运行时,才使用全桥式直流斩波器。全桥式直流斩波器的最典型应用是在小容量的直流电动机调速系统中。

### 2. 功率传递

前面介绍的全桥式直流斩波器可以实现 4 象限运行,而降压变换器、升压变换器、降压-升压变换器只能实现从电源向负载的单方向功率传输。如果降压变换器、升压变换器、降压-升压变换器加入能量回馈通道,就可以实现两象限运行。

将降压变换器加入能量反馈回路后的功率双向流动的变换器如图 4-35 所示。$VT_1$、$VD_1$、$L$ 组成降压变换器,$VT_2$、$VD_2$、$L$ 组成反向的升压变换器,该电路有 3 种工作方式。

第 1 种工作方式:当变换器只做降压变换器运行时,$VT_2$、$VD_2$ 不工作,由直流电源向负载降压供电,其工作过程和电流回路如图 4-37(a)、(b)所示,此时电路工作在第一象限。

第 2 种工作方式:当变换器只做升压变换器运行时,$VT_1$、$VD_1$ 不工作,将负载能量反馈给直流电源,其工作过程和电流回路如图 4-37(c)、(d)所示,此时电路工作在第二象限。

第 3 种工作方式:在一个周期内,使 $VT_1$、$VT_2$ 互补工作。图 4-35 稍作变换如图 4-36 所示。

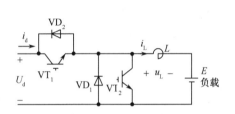

图 4-35　功率双向流动的变换器电路图

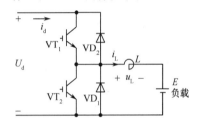

图 4-36　两象限直流斩波器电路图

① 当电流比较大,电路工作在第一象限时,$VT_1$、$VD_1$、$L$ 组成的电路与降压变换器工作相同,由直流电源向负载降压供电,其工作过程和电流回路如图 4-37(a)、(b)所示;当电路工作在第二象限,$VT_2$、$VD_2$、$L$ 组成的升压变换器工作,将负载能量反馈给直流电源,其工作过程和电流回路如图 4-37(c)、(d)所示。

② 当电流比较小,其工作过程如下:当 $VT_1$ 导通时,直流电源、$VT_1$、电感 $L$、负载构成回路,电流为正,电流回路如图 4-37(a)所示;当 $VT_1$ 关断、$VT_2$ 加驱动信号时,电感的自感电势使二极管 $VD_1$ 导通续流,电流回路如图 4-37(b)所示;电流降为零后,$VT_2$ 有驱动信号,负载的电压使 $VT_2$ 导通,电流反向,电流回路如图 4-37(c)所示;当 $VT_2$ 关断、$VT_1$ 加驱动信号时,电感的自感电势使二极管 $VD_2$ 导通,电流回路如图 4-37(d)所示,能量回馈;电流降为零后,$VT_1$ 有驱动信号,电源电压和负载的电压使 $VT_1$ 导通,直流电源、$VT_1$、电感 $L$、负载构成回路,电流为正,电流回路如图 4-37(a)所示。

由以上分析可见,第 3 种工作方式相当于电路轮流工作在降压变换器和升压变换器,在两象限工作,采用第 3 种工作方式可实现两个电路在电流过零点的切换,避免了电流断续的情况。

### 3. 变换器的失控时间

变换器的失控时间是指控制信号发生变化后输出电压发生相应变化所需要的时间。在第 2

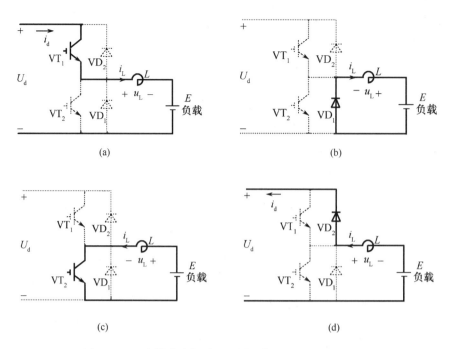

图 4-37　两象限直流斩波器不同工作方式时的电流回路

章的整流器中,控制电压发生变化,引起触发角的变化,只有在下次触发时,触发角变化了,输出电压才变化。在单相桥式相控整流器中,相邻脉冲平均间隔时间为 10ms,所以失控时间为 10ms。三相桥式相控整流器的相邻脉冲平均间隔时间为 3.33ms,所以失控时间为 3.33ms。在直流斩波器中,由于开关管工作在 PWM 方式,在开关管的状态发生变化后输出电压才发生变化,所以,降压变换器、升压变换器、降压—升压变换器的失控时间就是开关管的开关周期。当开关频率为 10kHz 时,失控时间为 0.1ms;当开关频率为 100kHz 时,失控时间为 0.01ms。因此,直流斩波器的失控时间远远小于整流器。在双极性 PWM 控制方式时,失控时间就是开关管的开关周期,在单极性 PWM 控制方式时,由于在一个周期内分别与正、负控制电压比较,所以,失控时间是开关管的开关周期的一半。因此,系统的快速性在单极性 PWM 控制方式时比双极性 PWM 控制方式时要好。

**4. 带直流电动机负载时的机械特性**

由前几节的分析可知,降压变换器、升压变换器、降压-升压变换器、库克变换器都有电流连续和电流断续工作模式,电流临界连续的边界与占空比、开关频率、输入/输出电压和电感的大小有关。电流断续区的特性比较软,直流电动机调速系统的机械特性也较软。而全桥式直流斩波器在整个负载电流范围内都是电流连续的,因此克服了整流器和其他直流斩波器电流断续对电动机机械特性的影响。由于开关频率较高,因此,直流斩波器-直流电动机调速系统也比晶闸管整流器-直流电动机调速系统的动态性能好。因此,全桥式直流斩波器广泛应用在高性能小容量直流电动机调速系统和伺服电动机调速系统中。

# \*4.9　直流开关电源的应用

直流斩波器主要应用在可调的直流开关电源和直流电动机调速系统中。在直流电动机调速系统中,一般不加隔离变压器,因此前几节介绍的几种主要变换器可以直接应用在电动机调速系

统中;而直流开关电源通常需要加入隔离变压器,并且需满足下面的要求:

① 当输入电压和负载变化时,输出电压必须能在容差范围内保持不变或输出电压可调;

② 输出与输入之间需要电气隔离;

③ 某些场合可能要求有多路输出电压,有些场合要求各输出间也要电气隔离;

④ 为提高开关利用率,需要加入升压或降压隔离高频变压器。

本节简单介绍直流开关电源中经常遇到的一些问题。

### 4.9.1 带电气隔离的变换器

图 4-38 给出了带电气隔离的开关电源的组成框图。在输入端用一个滤波器来抑制电磁干扰,输入交流电经二极管整流器整流成固定的直流电。直流斩波器把固定的直流电经脉宽调制变换成高频脉冲电压,经高频变压器隔离、变换,然后通过变压器二次侧的整流和滤波电路得到直流电压。由 PWM 控制器驱动直流斩波器的开关管,通过反馈控制得到要求的直流输出电压。反馈控制电路的电气隔离可以通过变压器也可以用光耦合器实现。

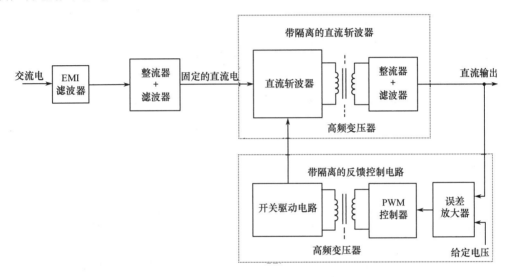

图 4-38 带电气隔离的开关电源的组成框图

在许多应用场合,需要多路输出,输出间可能需要相互隔离。图 4-39 所示为具有 3 路输出的开关电源的组成框图,其中只有直流输出 1 是可调的,其他两路输出是不可调的。如果需要直流输出 2 和(或)直流输出 3 可调,则可以在各自的输出端加入调节器调节它们的输出电压。

#### 1. 反激变换器

反激变换器是由降压-升压变换器推演得到的,降压-升压变换器电路如图 4-40(a)所示。用变压器代替电感线圈,采用如图 4-40(b)所示的电路,就可以实现电气隔离。

当开关管导通时,由于绕组的极性,图 4-40(b)中的二极管 VD 反偏。由于变压器一次侧电流的增加,变压器铁心的磁通线性增加,其等效电路如图 4-40(c)所示。当开关管关断时,存储在铁心中的能量通过变压器二次侧的二极管 VD 流过二次侧绕组,其等效电路如图 4-40(d)所示。其工作过程与降压-升压变换器的工作过程基本相同。输出电压的表达式为

$$\frac{U_{\mathrm{o}}}{U_{\mathrm{d}}} = \frac{N_2}{N_1}\frac{D}{1-D}$$

(4-88)

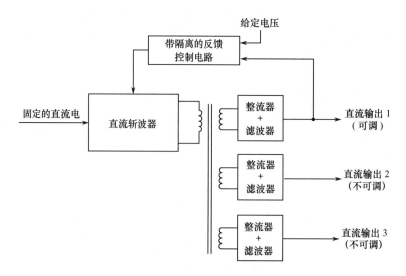

图 4-39　多输出的开关电源的组成框图

由式(4-88)可以看出,其输出电压与降压-升压变换器的输出电压表达式相比多了一项变压器的变比。

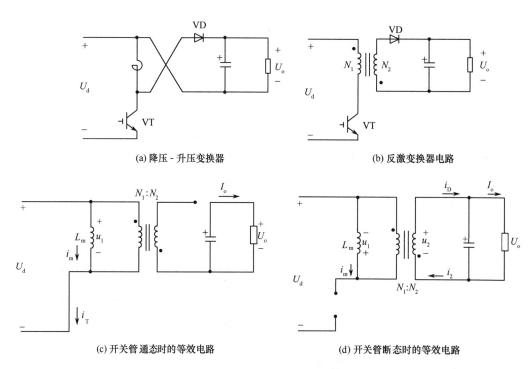

(a) 降压-升压变换器

(b) 反激变换器电路

(c) 开关管通态时的等效电路

(d) 开关管断态时的等效电路

图 4-40　反激变换器电路图

### 2. 正激变换器

正激变换器是由降压变换器推演得到的,图 4-41(a)给出了理想化的正激变换器电路图。该变换器的工作过程与降压变换器的工作过程基本相同,其输出电压的表达式为

$$\frac{U_o}{U_d} = \frac{N_2}{N_1}D \tag{4-89}$$

其输出电压与降压变换器的输出电压相比多了一项变压器的变比。

而实际的正激变换器必须考虑变压器的励磁电流,否则会导致变换器发生故障。解决的办法是加入退磁绕组,其实际电路图如图 4-41(b)所示。

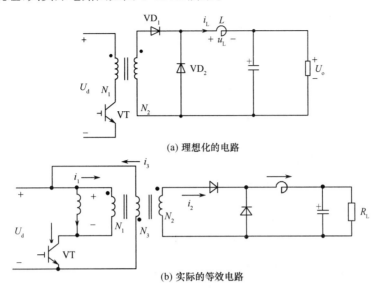

(a) 理想化的电路

(b) 实际的等效电路

图 4-41　正激变换器电路图

### 3. 全桥式直流斩波器

图 4-42 给出了带隔离的全桥式直流斩波器的电路图,其中,开关管$(VT_1,VT_4)$和$(VT_2,VT_3)$分别导通/关断。二极管与开关管反并联,这是为了给一次侧绕组的漏感存储的能量提供电流通道。当开关管$(VT_1,VT_4)$或$(VT_2,VT_3)$导通时,$u_{oi}=(N_2/N_1)U_d$;当开关管$(VT_1,VT_4)$或$(VT_2,VT_3)$关断时,$u_{oi}=0$。$VD_1$ 和 $VD_2$ 是整流环节,电感和电容构成滤波环节,$u_{oi}$的平均值等于$U_o$,因此有

$$\frac{U_o}{U_d}=2\frac{N_2}{N_1}D \tag{4-90}$$

式中,$D = t_{on}/T_s$,且 $0<D<0.5$。

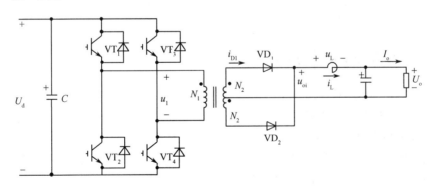

图 4-42　带隔离的全桥式直流斩波器的电路图

## 4.9.2　直流开关电源的控制

在输出负载和输入电压改变时,直流电源输出电压在一定的容差范围内调节(一般在其额定值 1% 的范围内)。控制电路通过负反馈控制系统实现输出电压的调节。反馈控制系统框图如图 4-43 所示。

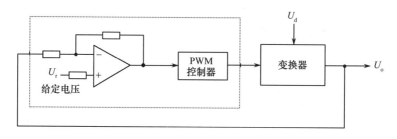

图 4-43 反馈控制系统框图

如果需要电气隔离，则采用如图 4-44 所示的电路。在图 4-44 中，上半部分是具有电气隔离的主电路；中间部分是具有电压反馈控制的 PWM 控制器，控制器的输出经隔离变压器和驱动电路控制变换器的开关管；下半部分是给控制电路的电源。该电路实现了主电路和控制电路的电气隔离，从而使输出与输入实现电气隔离的目的。

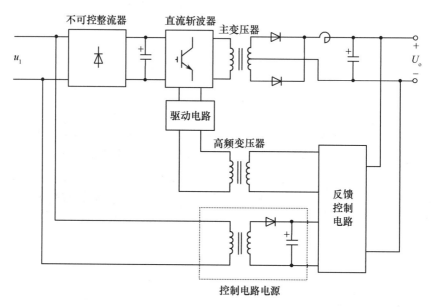

图 4-44 带隔离的直流斩波器系统结构图

### 4.9.3 PWM 集成电路 UC1524A

控制器不仅使系统达到要求的稳态和瞬态性能指标，而且当电源工作异常时，能实现对电源的保护。在开关电源中被大量使用的 PWM 集成电路 UC1524A 控制器就具有上述特点。

UC1524A 的框图如图 4-45 所示。该集成电路的电源输入电压为 8～40V（引脚 15），提供了一个 5V（引脚 16）的精密参考电压源。误差放大器可以构成电压闭环反馈调节系统，保证输出电压恒定。在引脚 6 和引脚 7 接入电阻 $R_t$ 和电容 $C_t$，振荡器的锯齿波频率为

$$f(\text{kHz}) = \frac{1.18}{R_t(\text{k}\Omega) \times C_t(\mu\text{F})} \tag{4-91}$$

误差放大器的输出与锯齿波经比较器决定开关的占空比。该集成电路适用于推挽式和桥式 PWM 变换器，PWM 互锁电路确保了在任何时期只有一个开关管被触发，并且 $C_t$ 决定了 0.5～4μs 的逻辑延迟时间，防止两个开关管同时触发。

UC1524A 还有如下功能：

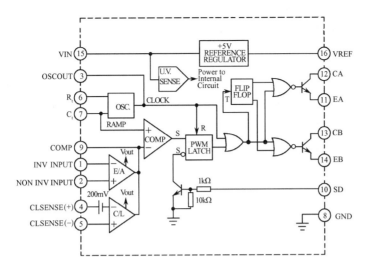

图 4-45　PWM 集成电路 UC1524A 框图

（1）软启动

软启动对直流电源自身和负载都是非常重要的,缓慢增加开关的占空比 $D$,就可以使输出电压缓慢上升。在引脚 9 接入积分环节,使误差放大器的输出缓慢上升,就可以实现直流电源的软启动。

（2）电压保护

将输出电压检测信号连接引脚 10 就可以实现过电压保护和欠电压保护。当发生过电压或欠电压时,使引脚 10 变为高电平,则 UC1524A 的内部晶体管导通,封锁内部的 PWM 电路,封锁输出触发信号,从而实现电源的过电压或欠电压保护。

（3）电流的限定

为了防止过电流,在电源输出端串联检测电阻,当电阻的端电压超过 200mV 时,电源过电流。误差放大器的输出被降低,可以直接降低输出的脉冲宽度,实现过电流限定的功能（该电压接在引脚 4 和引脚 5 上）。

由集成电路 UC1524A 构成的直流电源电路接线图如图 4-46 所示。

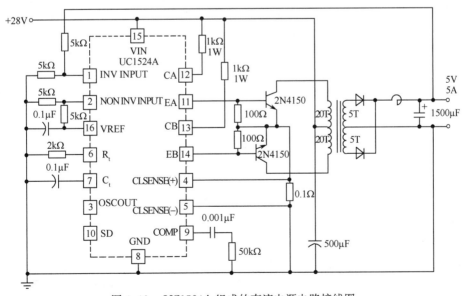

图 4-46　UC1524A 组成的直流电源电路接线图

### 4.9.4 直流电源设计中的一些问题

#### 1. 输入滤波器

在开关电源的输入端加入一个低通滤波器,如图 4-47 所示为由电感 $L$ 和电容 $C$ 组成的最简单的滤波器。在开关电源输入端的滤波器的作用是提高功率因数、降低电磁干扰(EMI)。在设计滤波器中,应注意如下几个方面:

① 从能源效率的观点上看,滤波器应该尽可能地降低功耗;

② 有一定的阻尼系数,防止存在振荡现象,一般要求输入滤波器的谐振频率比输出滤波器的谐振频率低 10 倍;

③ 可以采用有源滤波器,使开关电源的输入电流中无谐波电流且具有单位功率因数。

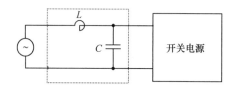

图 4-47　输入滤波器原理图

#### 2. 大容量电容器与延迟时间

在直流端的电容 $C_d$ 通常采用大容量的电解电容器,它可以减少直流斩波器的输入电压波动。除此之外,当发生交流输入电压短时暂停时,大容量电容器可以在一定的时间内保持一定的电压,保证设备正常的电压输入。电容值 $C_d$ 与期望的延迟时间 $t_h$ 之间的关系为

$$C_d \approx \frac{2P_o t_h}{(U_{d,nom}^2 - U_{d,min}^2)\eta} \tag{4-92}$$

式中,$U_{d,nom}$ 为正常输入直流电压的平均值;$U_{d,min}$ 为 $U_{d,nom}$ 的 $60\% \sim 70\%$;$\eta$ 为电源的效率。

电容量一定时,电容的体积与额定电压近似成比例,存储的最大能量与电压的平方成正比。由于开关电源的电压比线性电源的电压高,所以开关电源比线性电源存储的能源高得多,因此,在输出功率相同时,开关电源有较长的供电延迟时间,从而使开关电源的可靠性更高。

#### 3. 开机时的冲击电流

当闭合电源开关时,大容量电容器在电路中实际处于短路状态,因而导致初始时存在着大的冲击电流,造成电源的损坏和对电网的冲击。为了限制冲击电流,在整流桥和电容 $C_d$ 之间应安装必要的元件。

① 加入热敏电阻。其在冷态下有很大的电阻,因此可以限定开机时的电流冲击。随着热敏电阻逐渐升温,其电阻值会逐渐降到一个相对较低的数值,以确保合理的效率。但是,由于它的热时间常数较大,如果出现了暂时的能源中断,电容的能量会很快释放完,可是热敏电阻还没有冷却,一旦交流电源在短时间内恢复,还是存在大的冲击电流。

② 采用限流电阻和与之并联的晶闸管。初始时晶闸管是断开的,限流电阻限制初始的冲击电流。当电容的电压上升到一定值时,晶闸管导通,旁路限流电阻。该方法可以克服前一种方法的不足,有效地限制开机时的冲击电流。

#### 4. 电磁干扰(EMI)

当不希望的电磁信号出现在敏感设备上,并影响敏感设备的性能时,称这些信号为电磁干扰(Electro Magnetic Interference,EMI)。电磁干扰的传播方式主要有两类:辐射和传导。辐射干扰通过"天线"的作用由空间传到受影响的设备上;传导干扰经过电路(包括杂散电感和杂散电容

等)传到受影响的设备上。

按照电磁干扰的作用方式,干扰可分为共模干扰和差模干扰。应根据不同的干扰类型采取不同的抗干扰措施。一般来说,可以采用以下方式:

① 减少干扰源或远离干扰源;

② 切断干扰途径或屏蔽被干扰设备;

③ 提高被干扰设备的自身抗干扰能力。

# 4.10 Boost 变换器的 MATLAB 仿真

### 1. Boost 变换器的建模和参数设置

① 建立一个新的模型窗口,命名为 DBTQ。

② 打开电力电子模块库,分别复制 IGBT 模块、二极管 Diode 模块到 DBTQ 模型中。按要求设置 IGBT 参数。

③ 打开电源模块库,复制电压源模块到 DBTQ 模型中,打开参数设置对话框,设置电压为100V。

④ 打开元件模块库,复制一个并联 RC 元件模块到 DBTQ 模型中作为负载,打开参数设置对话框,设置参数:$R=50\Omega$,$C=25e-06F$;再复制一个 L 元件模块到 DBTQ 模型中,串接在电压源模块和二极管 Diode 模块之间,参数设置为400e-6H。

⑤ 打开测量模块库,复制一个 Multimeter 测量模块到 DBTQ 模型中,用于测量电压和电流。

⑥ 通过连接后,可以得到系统仿真电路如图 4-48 所示。

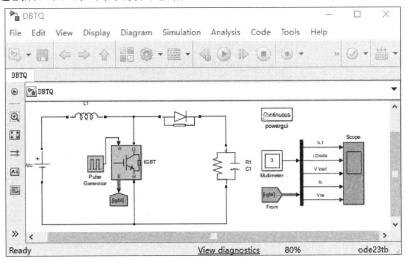

图 4-48　Boost 变换器的仿真电路

⑦ 将一个两输出的信号分离器(在通用模块库中)连接到 IGBT 的 m 端上,再将信号分离器的输出信号接入五通道示波器 Scope(在输出模块库中),用于测量 IGBT 的输出电流和集射电压。

⑧ 从信号源模块库中复制一个脉冲发生器模块到仿真模型窗口中,将其输出连接到IGBT的栅极上。

### 2. Boost 变换器的仿真结果

打开仿真参数窗口(见图 1-48),选择 ode23tb 算法,将相对误差设置为 1e-3,仿真开始时间设置为 0,仿真停止时间设置为 0.02,仿真结果如图 4-49 所示。

从电压波形图可见:原来直流电压为100V,经过Boost直流变换后,电压升高到约200V,波形为有少许纹波的直流电压。图中,iL1为电感电流、iDiode为二极管电流、Vload为负载电压、Ic为IGBT电流、Vce为IGBT集射电压。

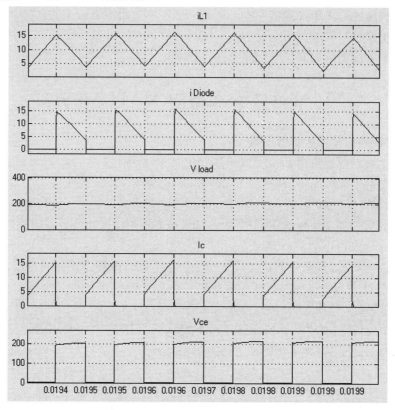

图 4-49　Boost 变换器的仿真波形

# 小　结

随着现代工业的快速发展,传统矿物资源的不断缩减和自然环境的日益恶化,加强可再生能源开发利用,是应对日益严重的能源和环境问题的必由之路,也是人类社会实现可持续发展的必由之路。开发利用太阳能,是破解能源和环境问题、实现可持续发展的有效途径之一。太阳能是绿色能源,取之不尽、用之不竭,增大太阳能在能源结构中的占有量,可以有效减少其他化石能源的消耗,对节能环保起着重要的作用。

我国太阳能利用前景广阔,目前太阳能产业规模已位居世界第一,已成为全球最大的太阳能电池生产国。预计到2030年,太阳能发电总装机容量将达到4亿千瓦,使我国大阳能发电产业达到国际领先水平。直流斩波器可以将太阳能电池的电压调整到直流母线所需的电压,其中的能量变换、存储、并网控制等都离不开电力电子技术。直流斩波器不仅在太阳能中有所应用,而且在直流电源和中小功率直流电动机调速系统中也有着广泛的应用。

**本章要求:**了解直流PWM的调制方式,掌握降压变换器、升压变换器、降压-升压变换器的结构、工作原理、基本数量关系,掌握在电流连续和断续模式下的工作情况,输出电压和占空比之间的函数关系;掌握全桥式直流斩波器的结构,在双极性PWM控制方式和单极性PWM控制方式下的工作过程和工作波形;了解这些变换器的特点、开关利用率、影响输出电压纹波的因素;掌握直流斩波器的 MATLAB 建模和分析方法。

**本章重点**：降压变换器、升压变换器、降压-升压变换器的工作原理和在电流连续模式的工作情况；全桥式直流斩波器工作原理，在双极性 PWM 控制方式和单极性 PWM 控制方式的工作波形，影响输出电压纹波的因素。

**本章难点**：全桥式直流斩波器在双极性 PWM 控制方式、单极性 PWM 控制方式的工作过程及工作波形。

# 习 题 4

4-1 简述直流斩波器改变输出电压的调制方式。

4-2 在降压变换器中，直流电压 $U_d=100$V，$L=1$mH，$C=330\mu$F，$R_L=5\Omega$，开关频率 $f_s$ 为 50kHz，占空比 $D=0.6$，求：

① 输出电压和输出电流；

② 画出 $u_o$、$u_L$、$i_L$、$i_o$、$i_c$、$i_D$、$i_d$ 的波形；

③ 开关管和二极管的最大电流；

④ 开关管和二极管承受的最大电压；

⑤ 输出电压纹波的峰-峰值；

⑥ 改变开关频率 $f_s$ 为 10kHz，分析对上述问题的影响。

4-3 在降压变换器中，认为所有的元件都是理想的。通过控制占空比 $D$ 保持输出电压不变，$U_o=5$V，输入电压为 10～40V，$P_o\geqslant5$W，$f_s=50$kHz，为保证变换器工作在电流连续模式，计算要求的最小电感量。

4-4 在降压变换器中，认为所有的元件都是理想的。假设输出电压 $U_o=5$V，$f_s=20$kHz，$L=1$mH，$C=470\mu$F，当输入电压 $U_d=12.6$V，$I_o=200$mA 时，计算输出电压纹波的峰-峰值。

4-5 在升压变换器中，直流电压 $U_d=100$V，$L=5$mH，$C=470\mu$F，$R_L=5\Omega$，开关频率 $f_s$ 为 20kHz，输出电压 $U_o=120$V，求：

① 占空比和输出电流；

② 画出 $u_o$、$u_L$、$i_L$、$i_o$、$i_c$、$i_D$、$i_d$ 的波形；

③ 开关管和二极管的最大电流；

④ 开关管和二极管承受的最大电压；

⑤ 输出电压纹波的峰-峰值；

⑥ 改变开关频率 $f_s$ 为 10kHz，分析对上述问题的影响。

4-6 当输入电压变化时，升压变换器如何保持输出电压不变？给出调节系统结构框图。

4-7 在升压变换器中，认为所有的元件都是理想的。输入电压 $U_d$ 为 8～16V，输出电压 $U_o=24$V，$f_s=20$kHz，$C=470\mu$F，$P_o\geqslant5$W，为保证变换器工作在电流连续模式，计算要求的最小电感量。

4-8 在升压变换器中，认为所有的元件都是理想的。输出电压 $U_o=24$V，输入电压 $U_d=12$V，$f_s=20$kHz，$L=150\mu$H，$C=470\mu$F，$I_o=500$mA，计算输出电压纹波的峰-峰值。

4-9 在升压变压器中，为什么不能在占空比接近 1 的情况下工作？

4-10 在降压-升压变换器中，认为所有的元件都是理想的。输入电压 $U_d$ 为 8～40V，输出电压 $U_o=15$V，$f_s=20$kHz，$C=470\mu$F，$P_o\geqslant2$W，为保证变换器工作在电流连续模式，计算要求的最小电感量。

4-11　在降压-升压变换器中，认为所有的元件都是理想的。输出电压 $U_o=15V$，输入电压 $U_d=12V$，$f_s=20kHz$，$L=150\mu H$，$C=470\mu F$，$I_o=500mA$，计算输出电压纹波的峰-峰值。

4-12　简述全桥式直流斩波器双极性 PWM 控制方式时的控制规律、工作过程，画出工作波形。

4-13　简述全桥式直流斩波器单极性 PWM 控制方式时的控制规律、工作过程，画出工作波形。

4-14　在全桥式直流斩波器中，用双极性 PWM 控制方式，$u_{co}=0.5U_{stm}$。求输出电压纹波的有效值与输出电压之比。

4-15　相同的控制电压，单极性 PWM 控制方式和双极性 PWM 控制方式下输出电压和波形有什么异同。

4-16　全桥式直流斩波器，单极性 PWM 控制方式的输出电压频率是双极性 PWM 控制方式的 2 倍，单极性 PWM 控制方式下电力电子器件的开关损耗是否更大？

4-17　在全桥式直流斩波器中，用单极性 PWM 控制方式，$u_{co}=0.5U_{stm}$。求输出电压纹波的有效值与输出电压之比。

4-18　单极性 PWM 和双极性 PWM 控制方式下输出电压的波形和输出电压平均值有何异同。

4-19　降压变换器，$U_d=200V$，$L=2mH$，$C=470\mu F$，$f_s=50kHz$，$R_L=5\Omega$，$D=0.4$，求输出电压纹波的峰-峰值，用 MATLAB 仿真，画出 $u_o$、$u_T$、$u_L$、$i_L$、$i_C$ 的波形。

4-20　题 4-19 中，分别改变 $f_s=100kHz$，$L=4mH$，$C=630\mu F$ 时，求输出电压纹波的峰-峰值，用 MATLAB 仿真，画出 $u_o$、$u_T$、$u_L$、$i_L$、$i_C$ 的波形，比较与题 4-19 的波形及输出电压纹波峰-峰值的变化，分析原因。

# 第5章  直流-交流变换器

本章主要内容包括:电压型和电流型逆变器的结构、工作原理和它们的特点、基本数量关系;SPWM 的原理,双极性 SPWM 控制方式和单极性 SPWM 控制方式,同步调制方式、异步调制方式和分段同步调制方式,不同 SPWM 控制方式的谐波分析及比较,常见的 SPWM 波形生成方法;多重化技术和多电平技术;双极性 SPWM 控制方式和倍频 SPWM 方式下的逆变器的 MATLAB 仿真。

建议本章教学学时数为 8 学时,其中,5.5.7 节、5.6 节为选修内容,其余各节为必修内容。

## 5.1  引　　言

交流-直流-交流变换器就是把工频交流电先通过整流器转换成直流电,而后再通过逆变器,把直流电转换为频率固定或可调的交流电,这种通过中间直流环节的变换器又称间接变频器。交流-直流-交流变换器由交流-直流变换器和直流-交流变换器两部分组成,交流-直流变换器属于整流器,在第 2 章中已介绍过,直流-交流变换器称为逆变器。当交流侧接在电网上时,称为有源逆变;当交流侧直接和负载连接时,称为无源逆变。第 2 章讲述的整流器工作在逆变状态时的情况属于有源逆变,交流-直流-交流变换器中的直流-交流变换则属于无源逆变。以后在不加说明时,逆变器一般多指无源逆变器。

逆变器可以从不同角度进行分类,主要有如下 3 种分类方法。

① 按输出相数分,可分为单相逆变器和三相逆变器。

② 按主电路结构分,可分为半桥逆变器,全桥逆变器,二电平、三电平、多电平逆变器。

③ 按直流端的电源性质分,可分为电压型和电流型。为了使直流端的电压恒定,采用大电容作为储能和滤波元件的逆变器,称为电压型逆变器(Voltage Source Inverter, VSI);为了使直流端的电流恒定,采用大电感作为储能和滤波元件的逆变器,称为电流型逆变器(Current Source Inverter, CSI)。

直流-交流变换器输出的是交流电,希望其输出正弦波、谐波含量少,为此可从控制方法上解决,如采用正弦脉宽调制(SPWM)技术;也可从逆变器拓扑结构上改造,如采用多重化、多电平逆变器。在直流-交流变换器中,由于开关管在承受正电压时关断,一般采用全控型电力电子器件,如 IGBT、功率 MOSFET、IGCT 等。如果采用晶闸管作为开关管,则必须加入强迫换流回路。

## 5.2  逆变器的基本原理

图 5-1(a)是单相桥式逆变器原理图。图中开关 $S_1 \sim S_4$ 是桥式电路的 4 个臂,它们由电力电子器件及其辅助电路组成,其中 $S_1$、$S_4$,$S_2$、$S_3$ 成对通断。当开关 $S_1$、$S_4$ 闭合,$S_2$、$S_3$ 断开时,负载电压 $u_o$ 为正,反之为负,其波形如图 5-1(b)所示。这样就把直流变为交流,这就是无源逆变最基本的原理。

当为电阻性负载时,负载电流 $i_o$ 和电压 $u_o$ 的波形形状相同,相位也相同。当为电感性负载

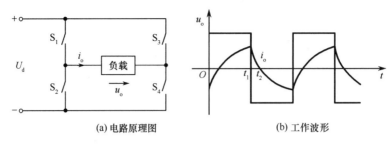

(a) 电路原理图　　　　　　　　　　(b) 工作波形

图 5-1　单相桥式逆变器的电路原理图和工作波形

时，$i_o$ 相位滞后于 $u_o$，两者的波形形状不同，图 5-1(b) 给出的 $i_o$ 波形就是电感性负载时的情况。设 $t_1$ 时刻以前，$u_o$、$i_o$ 均为正，在 $t_1$ 时刻断开 $S_1$、$S_4$，同时合上 $S_2$、$S_3$，则 $u_o$ 的极性立刻变为负。但因为是电感性负载，所以其电流方向不能立刻改变而仍维持原方向。这时负载电流从直流电源负极流出，经 $S_2$、负载和 $S_3$ 流回直流电源正极，负载电感中存储的能量向直流电源反馈，负载电流逐渐减小，到 $t_2$ 时刻降为零，之后 $i_o$ 才反向并逐渐增大。$S_2$、$S_3$ 断开，$S_1$、$S_4$ 闭合时的情况类似。以上是 $S_1 \sim S_4$ 均为理想开关时的分析，实际电路的工作过程要复杂一些。

# 5.3　电压型逆变器

直流侧是电压源的逆变器称为电压型逆变器。整流器的输出接有很大的滤波电容，从逆变器向直流电源看过去，可以看作内阻很小的电压源。下面分别就单相和三相电压型逆变器进行讨论。

## 5.3.1　单相电压型逆变器

### 1. 半桥电压型逆变器

半桥电压型逆变器原理图如图 5-2(a) 所示，它有两个桥臂，每个桥臂由一个开关管和一个反并联二极管组成。在直流侧接有两个相互串联的足够大的电容，两个电容的连接点便成为直流电源的中点。负载连接在直流电源中点和两个桥臂连接点之间。

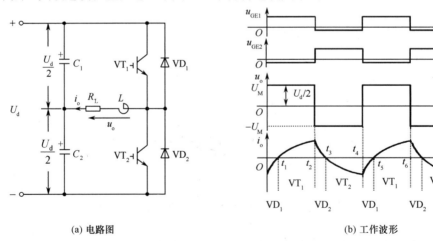

(a) 电路图　　　　　　　　　　(b) 工作波形

图 5-2　单相半桥电压型逆变器电路图和工作波形

设开关管 $VT_1$ 和 $VT_2$ 的栅极信号在一个周期内各有半周正偏，半周反偏，且二者互补。其工作波形如图 5-2(b) 所示，输出电压 $u_o$ 为矩形波，其幅值为 $U_M = U_d/2$，输出电流 $i_o$ 波形随负载情况而异，图中为电感性负载的情况。设 $t_2$ 时刻以前 $VT_1$ 为通态，$VT_2$ 为断态。$t_2$ 时刻给 $VT_1$ 关断信号,给 VT$_2$ 导通信号,则 VT$_1$ 关断,但电感性负载中的电流 $i_o$ 不能立即改变方向,于是 VD$_2$ 导通续流。当 $t_3$ 时刻 $i_o$ 降为零时,VD$_2$ 截止,VT$_2$ 导通,$i_o$ 开始反向。同样,在 $t_4$ 时刻给 VT$_2$ 关断信号,给 VT$_1$ 导通信号后,VT$_2$ 关断,VD$_1$ 先导通续流,$t_5$ 时刻 VT$_1$ 才导通。各段时间内开关管的导通情况如图 5-2(b)所示。

当 VT$_1$ 或 VT$_2$ 为通态时,负载电流和电压同方向,直流侧向负载提供能量;当 VD$_1$ 或 VD$_2$ 为通态时,负载电流和电压反方向,负载电感中存储的能量向直流侧反馈,即负载电感将其吸收的无功功率反馈回直流侧。反馈回的能量暂时存储在直流侧电容中,直流侧电容起着缓冲这种无功功率的作用。因为二极管 VD$_1$、VD$_2$ 是负载向直流侧反馈能量的通道,故称为反馈二极管;又因为 VD$_1$、VD$_2$ 起着使负载电流连续的作用,所以又称为续流二极管。

半桥逆变器的输出电压 $u_o$ 可展开成傅里叶级数得

$$u_o = \frac{2U_d}{\pi}\left(\sin\omega t + \frac{1}{3}\sin 3\omega t + \frac{1}{5}\sin 5\omega t + \cdots\right) = \frac{2U_d}{\pi}\sum_{n=1,3,5,\cdots}^{\infty}\frac{1}{n}\sin n\omega t \tag{5-1}$$

式中,基波幅值 $U_{o1M}$ 和基波有效值 $U_{o1}$ 分别为

$$U_{o1M} = \frac{2U_d}{\pi} \approx 0.637U_d \tag{5-2}$$

$$U_{o1} = \frac{\sqrt{2}U_d}{\pi} \approx 0.45U_d \tag{5-3}$$

若开关管是晶闸管,则必须附加强迫换流回路,电路才能正常工作。半桥逆变器的优点是电路简单,使用器件少;缺点是输出交流电的幅值 $U_M$ 仅为电源电压的一半 $U_d/2$,且直流侧需要两个电容串联,工作时还要控制两个电容的均衡。因此,半桥逆变器常用于几千瓦及以下的小功率逆变电源。

### 2. 全桥电压型逆变器

全桥电压型逆变器的原理图如图 5-3(a)所示,它共有 4 个桥臂,可以看成由两个半桥电压型逆变器组合而成。把桥臂 VT$_1$、VD$_1$,桥臂 VT$_4$、VD$_4$ 作为一对开关管,桥臂 VT$_2$、VD$_2$,桥臂 VT$_3$、VD$_3$ 作为一对开关管,成对的两个桥臂同时导通,两对开关管交替各导通 $180°$。

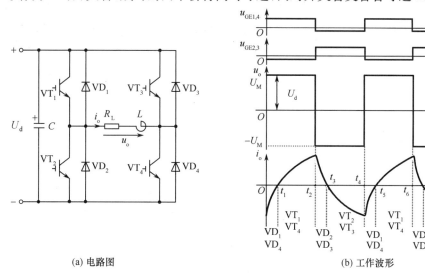

(a) 电路图  (b) 工作波形

图 5-3　单相全桥电压型逆变器电路图和工作波形

① 当 $t = t_1$ 时,驱动 VT$_1$ 和 VT$_4$ 导通,直流电源 $U_d$ 经过 VT$_1$、负载和 VT$_4$,构成电流回路,电流回路如图 5-4(a)所示,输出电压 $u_o = U_d$,电流上升。

② 当 $t=t_2$ 时，关断 $VT_1$ 和 $VT_4$，驱动 $VT_2$ 和 $VT_3$，由于电流为正，电感电流不能突变，负载电流经 $VD_3$ 和 $VD_2$ 续流，电流回路如图 5-4(b)所示，$u_o=-U_d$。续流过程中，电流下降。

③ 当 $t=t_3$ 时，电流下降为 0，$VD_3$ 和 $VD_2$ 断开，由于 $VT_2$ 和 $VT_3$ 的驱动信号还存在，则 $VT_2$ 和 $VT_3$ 导通，故直流电源 $U_d$ 经过 $VT_3$、负载和 $VT_2$ 构成电流回路，电流变负，电流回路如图 5-4(c)所示，$u_o=-U_d$。

④ 当 $t=t_4$ 时，关断 $VT_2$ 和 $VT_3$，驱动 $VT_1$ 和 $VT_4$，由于电感电流不能突变，负载电流经 $VD_4$ 和 $VD_1$ 续流，电流回路如图 5-4(d)所示，输出电压 $u_o=U_d$。

⑤ 当 $t=t_5$ 时，电流为 0，$VD_4$ 和 $VD_1$ 断开，由于 $VT_1$ 和 $VT_4$ 的驱动信号还存在，则 $VT_1$ 和 $VT_4$ 导通，回到①。

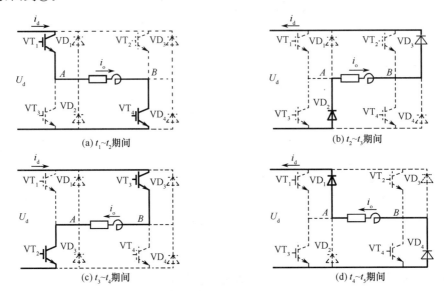

图 5-4  全桥电压型逆变器各阶段的电流回路

在直流电压和负载都相同的情况下，全桥电压型逆变器输出电压的波形与半桥逆变器的形状相同，也是矩形波，但其幅值要高出一倍，$U_M=U_d$；其输出电流 $i_o$ 波形也与半桥逆变器的形状相同，仅幅值增加一倍，如图 5-3(b)所示。

全桥电压型逆变器的输出电压 $u_o$ 展开为傅里叶级数为

$$u_o=\frac{4U_d}{\pi}\left(\sin\omega t+\frac{1}{3}\sin3\omega t+\frac{1}{5}\sin5\omega t+\cdots\right)=\frac{4U_d}{\pi}\sum_{n=1,3,5,\cdots}^{\infty}\frac{1}{n}\sin n\omega t \tag{5-4}$$

式中，基波幅值 $U_{o1M}$ 和基波有效值 $U_{o1}$ 分别为

$$U_{o1M}=\frac{4U_d}{\pi}\approx1.27U_d \tag{5-5}$$

$$U_{o1}=\frac{2\sqrt{2}U_d}{\pi}\approx0.9U_d \tag{5-6}$$

### 3. 逆变器移相调压方式

前面分析的逆变器都是 180°导电方式，即每个桥臂的导电角为 180°，同一相上、下两个臂交替导通。在这种情况下，要改变输出电压有效值只能通过改变直流电压 $U_d$ 来实现。实际上，还可以采用移相方式来调节输出电压有效值，这种方式称为移相调压方式。

在图 5-3(a)中，各开关管的栅极信号仍为 180°正偏，180°反偏，并且 $VT_1$ 和 $VT_2$ 的栅极信号

互补，VT₃ 和 VT₄ 的栅极信号互补，但 VT₃ 的栅极信号不是比 VT₁ 落后 180°，而是只落后 $\theta(0<\theta<180°)$。也就是说，VT₃、VT₄ 的栅极信号不是分别和 VT₂、VT₁ 的栅极信号同相位，而是前移了$(180°-\theta)$。这样，输出电压 $u_o$ 就不再是正负各为 180° 的脉冲，而是正负各为 $\theta$ 的脉冲，各开关管的栅极信号 $u_{GE1}\sim u_{GE4}$ 及输出电压 $u_o$、输出电流 $i_o$ 的波形如图 5-5 所示。下面对其工作过程进行具体分析。

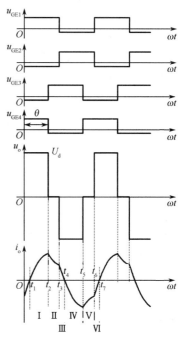

设 $t_2$ 时刻前 VT₁ 和 VT₄ 导通，输出电压 $u_o$ 为 $U_d$。$t_2$ 时刻 VT₃ 和 VT₄ 栅极信号反向，VT₄ 截止，因为负载电感中电流 $i_o$ 不能突变，VT₃ 不能立刻导通，VD₃ 导通续流，所以输出电压为零。到 $t_3$ 时刻，VT₁ 和 VT₂ 栅极信号反向，VT₁ 截止，而 VT₂ 不能立刻导通，VD₂ 导通续流，和 VD₃ 构成电流通路，输出电压为 $-U_d$。到 $t_4$ 时刻，负载电流过零并开始反向，VD₂ 和 VD₃ 截止，VT₂ 和 VT₃ 导通，输出电压仍为 $-U_d$。到 $t_5$ 时刻，VT₃ 和 VT₄ 栅极信号再次反向，VT₃ 截止，而 VT₄ 不能立刻导通，VD₄ 导通续流，输出电压再次为零。以后的过程和前面类似，各阶段开关管的导通情况列于表 5-1 中。这样，输出电压 $u_o$ 的正负脉冲宽度就各为 $\theta$，改变 $\theta$，就可以调节输出电压有效值。

图 5-5　单相全桥电压型逆变器移相调压方式时的工作波形

表 5-1　各阶段开关管的导通情况

| 阶段 | Ⅰ | Ⅱ | Ⅲ | Ⅳ | Ⅴ | Ⅵ |
| --- | --- | --- | --- | --- | --- | --- |
| 开关管导通情况 | VT₁，VT₄ 导通 | VT₁，VD₃ 导通 | VD₂，VD₃ 导通 | VT₂，VT₃ 导通 | VT₂，VD₄ 导通 | VD₁，VD₄ 导通 |

移相调压方式的 $u_o$ 展开成傅里叶级数为

$$u_o = \frac{4U_d}{\pi} \sum_{n=1,3,5,\cdots}^{\infty} \frac{(-1)^{\frac{n-1}{2}}}{n} \sin\frac{n\theta}{2} \sin n\omega t \tag{5-7}$$

式中，基波幅值 $U_{o1M}$ 和基波有效值 $U_{o1}$ 分别为

$$U_{o1M} = \frac{4U_d}{\pi} \sin\frac{\theta}{2} \tag{5-8}$$

$$U_{o1} = \frac{2\sqrt{2}U_d}{\pi} \sin\frac{\theta}{2} \tag{5-9}$$

在纯电阻性负载时，采用移相方法也可以得到相同的结果。不同的是，VD₁～VD₄ 不再导通，不再起续流作用；在 $u_o$ 为零期间，4 个桥臂均不导通，负载也没有电流。

显然，上述移相调压方式并不适用于半桥逆变器。不过在纯电阻性负载时，仍可采用改变正负脉宽的方法来调节半桥逆变器的输出电压。这时，上、下两桥臂的栅极信号不再是各 180°正偏、180°反偏并且互补，而是正偏宽度为 $\theta$、反偏宽度为$(360°-\theta)$，二者相位差 180°，如图 5-6 所示，这时输出电压 $u_o$ 也是宽度为 $\theta$ 的正负脉冲。

从以上分析可以看出，采用移相调压方式时，通过移相可以改变输出电压的有效值，通过改变切换频率可以改变输出交流电压的频率。

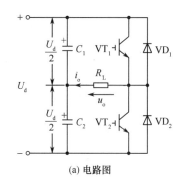
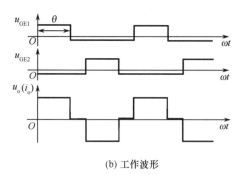

(a) 电路图          (b) 工作波形

图 5-6   单相半桥电压型逆变器电路图和移相调压方式时的工作波形

### 5.3.2   三相电压型逆变器

#### 1. 三相电压型逆变器的结构及工作原理

通常,中、大功率的三相负载均采用三相逆变器,在三相逆变器中,应用最广的还是三相桥式逆变器。采用 IGBT 作为开关管的三相桥式电压型逆变器如图 5-7 所示,它可以看成 3 个半桥电路的合成。

图 5-7 的直流侧通常只要一个电容就可以了,这里画成串联的两个电容是为了得到假想中点 $N'$。和单相逆变器一样,三相桥式逆变器的基本工作方式也是 180°导电方式,即同一相上、下两个桥臂交替导电,各导通 180°,桥臂 1~桥臂 6 开始导电的相位依次相差 60°。这样,电路任一时刻都有且只有 3 个桥臂导通,三相各有一个桥臂导通,分别是两个上臂一个下臂,或者一个上臂两个下臂。

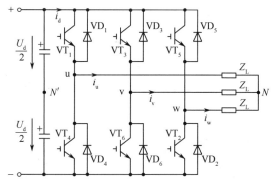

图 5-7   三相桥式电压型逆变器电路图

下面分析电路的工作波形。对于 u 相来说,当桥臂 1 导通时,$u_{uN'} = U_d/2$,当桥臂 4 导通时,$u_{uN'} = -U_d/2$,即 $u_{uN'}$ 是幅值为 $U_d/2$ 的矩形波,v、w 相的情况类似,仅相位依次差 120°,如图 5-8 所示。由于负载是三相对称的,$u_{NN'} = (u_{uN'} + u_{vN'} + u_{wN'})/3$,所以 $u_{NN'}$ 是幅值为 $U_d/6$ 的 3 倍频矩形波。而 $u_{uv} = u_{uN'} - u_{vN'}$,$u_{uN} = u_{uN'} - u_{NN'}$,由 $u_{uN'}$、$u_{vN'}$ 及 $u_{NN'}$ 的波形可以得到 $u_{uv}$ 和 $u_{uN}$ 的波形,如图 5-8 所示。

除以假想中点 $N'$ 为参考点可以得到输出电压波形以外,还可以用另一种方法分析得到。把一个周期等分成 6 个阶段,如图 5-8 所示。

在图 5-8 所示的 6 个阶段中,开关管导通情况如表 5-2 所示。根据工作情况,在 6 个阶段的电流回路如图 5-9 所示。

表 5-2   三相桥式电压型逆变器开关管导通情况

| 阶段 | Ⅰ | | Ⅱ | | Ⅲ | | Ⅳ | | Ⅴ | | Ⅵ | |
|---|---|---|---|---|---|---|---|---|---|---|---|---|
| | $t_0 \sim t_1$ | $t_1 \sim t_2$ | $t_2 \sim t_3$ | $t_3 \sim t_4$ | $t_4 \sim t_5$ | $t_5 \sim t_6$ | $t_6 \sim t_7$ | $t_7 \sim t_8$ | $t_8 \sim t_9$ | $t_9 \sim t_{10}$ | $t_{10} \sim t_{11}$ | $t_{11} \sim t_{12}$ |
| 开关管 | VD$_1$ | VT$_1$ | VT$_1$ | VT$_1$ | VT$_1$ | VT$_1$ | VD$_4$ | VT$_4$ | VT$_4$ | VT$_4$ | VT$_4$ | VT$_4$ |
| 导通 | VT$_6$ | VT$_6$ | VT$_6$ | VT$_6$ | VD$_3$ | VT$_3$ | VT$_3$ | VT$_3$ | VT$_3$ | VD$_6$ | VT$_6$ |
| 情况 | VT$_5$ | VT$_5$ | VD$_2$ | VT$_2$ | VT$_2$ | VT$_2$ | VT$_2$ | VT$_2$ | VD$_5$ | VT$_5$ | VT$_5$ | VT$_5$ |

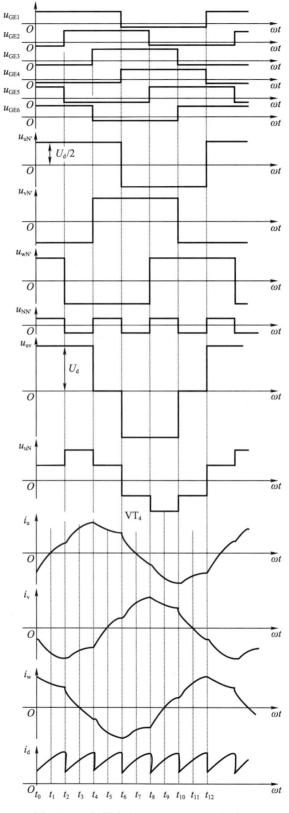

图 5-8　三相桥式电压型逆变器的工作波形

在阶段 I，在 $t_0 \sim t_1$ 期间，由于 u 相电流为负，v 相电流为负，w 相电流为正，开关管 $VD_1$、$VT_6$、$VT_5$ 导通；在 $t_1 \sim t_2$ 期间，当 u 相电流过零后，$VT_1$ 导通，阶段 I 期间的电流回路如图 5-9(a) 所示，输出端 u、w 接到电源正极，v 端接电源负极。线电压 $u_{uv} = U_d$，$u_{vw} = -U_d$，$u_{wu} = 0$。

在阶段 II，在 $t_2 \sim t_3$ 期间，由于 u 相电流为正，v 相电流为负，w 相电流为正，开关管 $VT_1$、$VT_6$、$VD_2$ 导通；在 $t_3 \sim t_4$ 期间，当 w 相电流过零后，$VT_2$ 导通，阶段 II 期间的电流回路如图 5-9(b) 所示，输出端 u 接到电源正极，v、w 端接电源负极。线电压 $u_{uv} = U_d$，$u_{vw} = 0$，$u_{wu} = -U_d$。

阶段 III 至阶段 VI 的工作情况以此类推。电流回路如图 5-9(c)～(f) 所示。

从图 5-8 的线电压 $u_{uv}$ 和相电压 $u_{uN}$ 波形可以看出，线电压是宽度为 120° 的交变矩形波，相电压是由 $\pm U_d/3$、$\pm 2U_d/3$ 四种电平组成的六阶梯波。线电压 $u_{vw}$、$u_{wu}$ 的波形与 $u_{uv}$ 相同，相位分别依次相差 120°。相电压 $u_{vN}$、$u_{wN}$ 的波形也与 $u_{uN}$ 相同，相位也分别依次相差 120°。

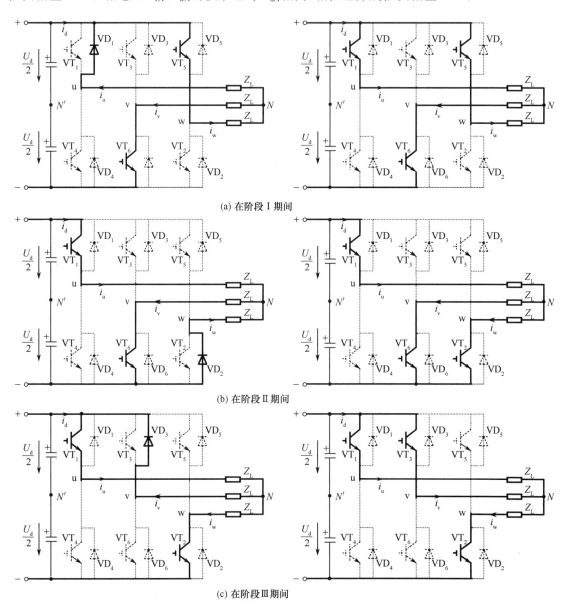

(a) 在阶段 I 期间

(b) 在阶段 II 期间

(c) 在阶段 III 期间

图 5-9　三相桥式电压型逆变器各阶段的电流回路

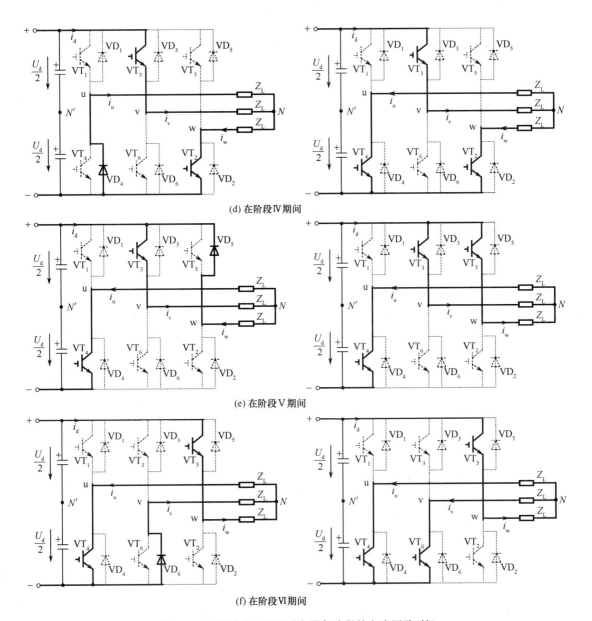

(d) 在阶段Ⅳ期间

(e) 在阶段Ⅴ期间

(f) 在阶段Ⅵ期间

图 5-9　三相桥式电压型逆变器各阶段的电流回路(续)

　　当负载参数已知时,可以由相电压的波形求出相电流的波形,下面以 u 相电流 $i_u$ 为例说明负载电流波形。负载阻抗角不同,$i_u$ 的波形和相位都有所不同,图 5-8 给出的是电感性负载下 $\varphi < \pi/3$ 时 $i_u$ 的波形。$i_u$ 波形即桥臂 1 和桥臂 4 通过的电流波形。在 $u_{uN} > 0$ 期间,桥臂 1 导电,其中 $i_u < 0$ 时为 VD$_1$ 导通,$i_u > 0$ 时为 VT$_1$ 导通;在 $u_{uN} < 0$ 期间,桥臂 4 导电,其中 $i_u > 0$ 时为 VD$_4$ 导通,$i_u < 0$ 时为 VT$_4$ 导通。u 相在一周期内开关管导通的情况如图 5-10 所示。

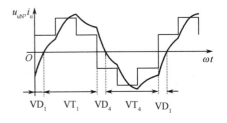

图 5-10　u 相在一周期内开关管导通
情况及电压、电流波形

　　桥臂 1 和桥臂 4 之间的换流过程和半桥逆变器相似。桥臂 1 中的 VT$_1$ 从通态转换为断态,因负载电感中的电流不能突变,桥臂 4 中的 VD$_4$ 先导通续流,待负载电流降到零,桥臂 4 中的

VT$_4$才能导通,电流反向。负载阻抗角 $\varphi$ 越大,VD$_4$ 导通时间越长。

$i_v$、$i_w$ 波形和 $i_u$ 相同,相位依次相差 $120°$。把桥臂 1、3、5 的电流($u_{uv}>0$ 时的 $i_u$、$u_{vw}>0$ 时的 $i_v$、$u_{wu}>0$ 时的 $i_w$)加起来,就可以得到直流侧电流 $i_d$ 的波形,如图 5-8 所示。可以看出,$i_d$ 每隔 $60°$ 脉动一次,而直流侧电压是基本无脉动的,因此逆变器从交流侧向直流侧传送的功率是脉动的,脉动情况与 $i_d$ 大致相同。

2. 输出电压的谐波分析

下面对三相桥式电压型逆变器的输出电压进行定量分析。首先是线电压,以 $u_{uv}$ 为例,把 $u_{uv}$ 展开成傅里叶级数得

$$u_{uv}=\frac{2\sqrt{3}U_d}{\pi}\left(\sin\omega t-\frac{1}{5}\sin 5\omega t-\frac{1}{7}\sin 7\omega t+\frac{1}{11}\sin 11\omega t+\frac{1}{13}\sin 13\omega t-\cdots\right)$$

$$=\frac{2\sqrt{3}U_d}{\pi}\left[\sin\omega t+\sum_{n=6k\pm 1}\frac{(-1)^k}{n}\sin n\omega t\right] \tag{5-10}$$

式中,$k$ 为自然数。

输出线电压有效值 $U_{uv}$ 为

$$U_{uv}=\sqrt{\frac{1}{2\pi}\int_0^{2\pi}u_{uv}^2\mathrm{d}\omega t}\approx 0.816U_d \tag{5-11}$$

式中,基波幅值 $U_{uv1M}$ 和基波有效值 $U_{uv1}$ 分别为

$$U_{uv1M}=\frac{2\sqrt{3}U_d}{\pi}\approx 1.1U_d \tag{5-12}$$

$$U_{uv1}=\frac{U_{uv1M}}{\sqrt{2}}=\frac{\sqrt{6}U_d}{\pi}\approx 0.78U_d \tag{5-13}$$

接着是相电压,以 $u_{uN}$ 为例。把 $u_{uN}$ 展开成傅里叶级数得

$$u_{uN}=\frac{2U_d}{\pi}\left(\sin\omega t+\frac{1}{5}\sin 5\omega t+\frac{1}{7}\sin 7\omega t+\frac{1}{11}\sin 11\omega t+\frac{1}{13}\sin 13\omega t+\cdots\right)$$

$$=\frac{2U_d}{\pi}\left[\sin\omega t+\sum_{n=6k\pm 1}\frac{1}{n}\sin n\omega t\right] \tag{5-14}$$

式中,$k$ 为自然数。

输出相电压有效值 $U_{uN}$ 为

$$U_{uN}=\sqrt{\frac{1}{2\pi}\int_0^{2\pi}u_{uN}^2\mathrm{d}\omega t}\approx 0.471U_d \tag{5-15}$$

式中,基波幅值 $U_{uN1M}$ 和基波有效值 $U_{uN1}$ 分别为

$$U_{uN1M}=\frac{2U_d}{\pi}\approx 0.637U_d \tag{5-16}$$

$$U_{uN1}=\frac{U_{uN1M}}{\sqrt{2}}=\frac{\sqrt{2}U_d}{\pi}\approx 0.45U_d \tag{5-17}$$

### 5.3.3 电压型逆变器的特点

从前面的分析中可以看出,电压型逆变器有如下特点。

① 直流侧为电压源,或并联有大电容,相当于电压源。直流侧电压基本无脉动,直流回路呈现低阻抗。

② 由于直流电压源的钳位作用,交流侧输出电压波形为矩形波,并且与负载阻抗角无关;而交流侧输出电流波形和相位随负载阻抗情况的不同而不同。

③ 当交流侧为电感性负载时,需要提供无功功率,直流侧电容起缓冲无功功率的作用。逆变桥各臂反并联的二极管为交流侧向直流侧反馈无功功率提供了通道。

④ 直流侧向交流侧传送的功率是脉动的。因为直流电源电压无脉动,故传送功率的脉动由直流侧电流的脉动来体现。

⑤ 改变直流侧的电压可以改变输出交流电的电压幅值和有效值;通过改变开关管导通和关断的时间可以改变输出交流电的频率;改变开关管的导通顺序可以改变输出交流电的相序,即:当开关管按 1、2、3、4、5、6 的顺序每隔 $T_s/6$ 依次导通时,输出正相序;而当开关管按 6、5、4、3、2、1 的顺序每隔 $T_s/6$ 依次导通时,输出负相序。

对于 180° 导电方式的逆变器,为了防止同一相上、下两桥臂开关管同时导通而引起直流侧电源短路,要采取"先断后通"的方法,也就是先给应关断的开关管关断信号,待其完全关断后,然后再给应导通的开关管发导通信号,即在两者之间留一个短暂的桥臂互锁时间。互锁时间的长短要视开关管的开关速度而定,开关速度越快,桥臂互锁时间越短。这种"先断后通"的方法对于工作在上、下桥臂通断互补的其他电路也是适用的。

# 5.4 电流型逆变器

如前所述,直流侧电源为电流源的逆变器称为电流型逆变器。实际上理想直流电流源并不多见,一般是在逆变器直流侧串联一个大电感,由于大电感中的电流脉动很小,因此可近似看成直流电流源。下面仍分单相电流型逆变器和三相电流型逆变器来讲述。

## 5.4.1 单相电流型逆变器

### 1. 单相电流型逆变器的结构及工作原理

如图 5-11(a)所示为单相桥式电流型逆变器的原理图,直流电 $U_d$ 可由整流器获得,直流侧串联有大电感 $L_d$,有电流源特性从而构成电流型逆变器。由于电流源的强制作用,电流不可能反向流动,与电压型逆变器相比,电流型逆变器的开关管上不需要反并联二极管。图中负载为电感性负载,所以在交流输出端并联了电容 $C$,以便在换流时为负载电流提供通路、吸收负载电感的储能,这是电流型逆变器必不可少的组成部分。电流型逆变器的重要用途之一是中频感应加热。感应加热是指使一个中频交流电流流过线圈,通过电磁感应在另一个导体中感生出电流,用该电流产生的损耗加热物体。为了经济与高效,电感线圈两端并联补偿电容并使电路工作于并联谐振状态,这样,负载电路的功率因数接近 1 且有最小的谐波阻抗。

电路的工作波形如图 5-11(b)所示。当开关管 VT₁、VT₄ 导通,VT₂、VT₃ 关断时,直流电流 $I_d$ 由 a 端流向 b 端,负载电流 $i_o$ 为正;当 VT₂、VT₃ 导通,VT₁、VT₄ 关断时,直流电流由 b 端流向 a 端,$i_o$ 为负。所以,$i_o$ 为 180° 的方波交流电流。由于负载发生并联谐振,它对 $i_o$ 中频率为谐振频率的分量(即 $i_o$ 的基波频率)表现出高阻抗,而对其他频率分量呈现低阻抗,所以,负载电压波形基本上是正弦波。并联谐振时,$u_o$ 与 $i_o$ 是同相位的,开关管 VT₁、VT₃ 与 VT₂、VT₄ 是在 $u_o$ 的过零点进行通断转换的,所以开关管的导通损耗和关断损耗较小,这对于提高装置的效率、减小体积、降低成本是有利的。

### 2. 输出电流的谐波分析

将输出负载电流 $i_o$ 展开成傅里叶级数可得

$$i_o = \frac{4I_d}{\pi}\left(\sin\omega t + \frac{1}{3}\sin3\omega t + \frac{1}{5}\sin5\omega t + \cdots\right) = \frac{4I_d}{\pi}\sum_{n=1,3,5,\cdots}^{\infty}\frac{1}{n}\sin n\omega t \tag{5-18}$$

可见负载电流 $i_o$ 含有基波及各种奇次谐波,谐波的幅值与其次数成反比。其中,基波幅值

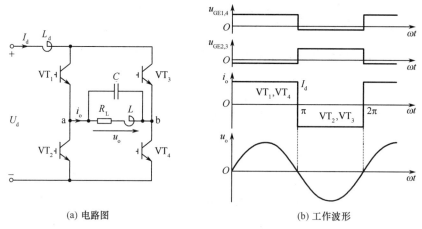

(a) 电路图　　　　　　　　　(b) 工作波形

图 5-11　单相桥式电流型(并联谐振式)逆变器电路图和工作波形

$I_{o1M}$ 和基波有效值 $I_{o1}$ 分别为

$$I_{o1M} = \frac{4I_d}{\pi} \approx 1.27 I_d \tag{5-19}$$

$$I_{o1} = \frac{2\sqrt{2} I_d}{\pi} \approx 0.9 I_d \tag{5-20}$$

在感应加热中,电路中等效的 $L$、$R_L$ 都在不断变化,为使电路始终保持并联谐振,控制电路必须跟随主电路参数的变化调节逆变频率。当逆变频率不变时,通过调节直流电流可以调节逆变器的输出功率。

### 5.4.2　三相电流型逆变器

#### 1. 三相电流型逆变器的结构及工作原理

如图 5-12(a)所示为三相桥式电流型逆变器,图中的 IGCT($VT_1 \sim VT_6$)作为开关管。这种电路的基本工作方式是 120°导电方式,即每个桥臂一周期内导电 120°,按 $VT_1 \sim VT_6$ 的顺序每隔 60°依次触发导通。这样,电路任一时刻都有两个桥臂导通,上桥臂组和下桥臂组各一个,且两者不同相。换流时,为给负载电感中的电流提供流通路径、吸收负载电感中存储的能量,必须在负载端并联三相电容 $C_u$、$C_v$、$C_w$,否则将产生巨大的换流过电压从而损坏开关管。

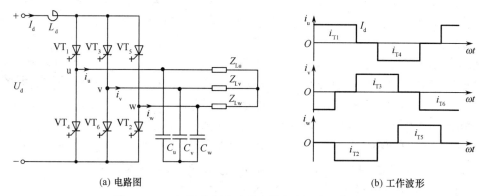

(a) 电路图　　　　　　　　　(b) 工作波形

图 5-12　三相桥式电流型逆变器电路图和工作波形

在分析电路的工作过程时,假定 $VT_1 \sim VT_6$ 为理想开关,忽略换流过程,很容易得到不同工作状态时的等效电路,再利用等效电路求出各个输出电流。例如,当 $VT_1$、$VT_2$ 导通时,从等效电路可得到 $i_u = I_d$,$i_v = 0$,$i_w = -I_d$。图 5-12(b)给出了输出线电流波形,将 $i_u$ 波形与三相桥式电压型逆变器的输出线电压 $u_{uv}$ 波形（见图 5-8）比较可知，二者的波形完全相同，都是简单的交变矩形波，只不过前者是电流，后者是电压。

### 2. 输出电流的谐波分析

将线电流 $i_u$ 展开成傅里叶级数得

$$i_u = \frac{2\sqrt{3}I_d}{\pi}\left(\sin\omega t - \frac{1}{5}\sin5\omega t - \frac{1}{7}\sin7\omega t + \frac{1}{11}\sin11\omega t + \frac{1}{13}\sin13\omega t - \cdots\right)$$

$$= \frac{2\sqrt{3}I_d}{\pi}\left[\sin\omega t + \sum_{n=6k\pm1}\frac{(-1)^k}{n}\sin n\omega t\right] \tag{5-21}$$

式中，$k$ 为自然数。

输出线电流有效值 $I_u$ 为

$$I_u = \sqrt{\frac{1}{2\pi}\int_0^{2\pi}i_u^2 \mathrm{d}\omega t} \approx 0.816I_d \tag{5-22}$$

式中，基波幅值 $I_{u1M}$ 和基波有效值 $I_{u1}$ 分别为

$$I_{u1M} = \frac{2\sqrt{3}U_d}{\pi} \approx 1.1I_d \tag{5-23}$$

$$I_{u1} = \frac{I_{u1M}}{\sqrt{2}} = \frac{\sqrt{6}I_d}{\pi} \approx 0.78I_d \tag{5-24}$$

电流型逆变器的输出电压与负载的阻抗性质及参数有关。如果已知负载的阻抗参数，则输出电压可由输出电流与阻抗求出。显然，为使输出电压波形接近正弦波，负载的阻抗越小越好。

## 5.4.3　电流型逆变器的特点

从前面的分析中可以看出，电流型逆变器有如下特点。

① 直流侧串联有大电感，相当于电流源。直流侧电流基本无脉动，直流回路呈现高阻抗。

② 各开关管仅改变直流电流的流通路径，交流侧输出电流波形为矩形波，与负载阻抗角无关。而交流侧输出电压波形和相位因负载阻抗角的不同而不同，其波形常接近正弦波。

③ 当交流侧为电感性负载时，需要提供无功功率，直流侧电感起缓冲无功功率的作用。因反馈无功功率时电流并不反向，故开关管不必反并联二极管。

④ 直流侧向交流侧传送的功率是脉动的。因直流电流无脉动，故传送功率的脉动由直流电压的脉动来体现。

电流型逆变器与电压型逆变器的区别见表 5-3。

表 5-3　电压型逆变器与电流型逆变器的区别

| 项　　目 | 电压型逆变器 | 电流型逆变器 |
| --- | --- | --- |
| 电源滤波 | 大电容滤波 | 大电感滤波 |
| 电源阻抗 | 小 | 大 |
| 负载无功功率 | 通过反馈二极管返回，由滤波电容提供缓冲 | 由滤波电感提供缓冲，无须二极管续流 |
| 输出电压波形 | 矩形波 | 由负载阻抗决定，近似正弦波 |
| 输出电流波形 | 由负载阻抗决定，含有高次谐波 | 矩形波 |
| 再生运行 | 难，除非另加一套逆变器 | 易，不需附加设备 |
| 适用场合 | 适合稳频稳压电源、不可逆电动机调速系统、多台电动机协同调速和快速性要求不高的场合 | 适合频繁加、减速，经常正反转的电动机调速系统 |

# 5.5　正弦脉宽调制逆变器

全控型电力电子器件作开关管构成的正弦脉宽调制（Sinusoidal Pulse Width Modulation，SPWM）逆变器，可使装置的体积小、工作频率高、控制灵活、调节性能好、成本低。SPWM 逆变器，简单地说，就是控制开关管的通断顺序和时间分配规律，在输出端获得幅值相等、宽度按正弦规律变化的脉冲序列的逆变器，SPWM 是目前直流-交流变换中最重要的变换技术。

## 5.5.1　SPWM 的基本原理

根据采样控制理论，冲量相等而形状不同的窄脉冲作用于惯性系统时，其输出响应基本相同，且脉冲越窄，输出的差异越小。换句话说，如果把各输出波形用傅里叶变换分析，则其低频段特性非常接近，仅在高频段略有差异。这是一个非常重要的结论，它表明惯性系统的输出响应主要取决于系统的冲量，即窄脉冲的面积，而与窄脉冲的形状无关。图 5-13 给出了几种典型的形状不同而冲量相同的窄脉冲，图 5-13(a)为矩形脉冲，图 5-13(b)为三角形脉冲，图 5-13(c)为正弦半波脉冲，图 5-13(d)为单位脉冲，它们的面积（冲量）均相同，当它们分别作用于同一个惯性系统时，其输出响应波形基本相同。

上述原理可称为面积等效原理，运用此原理可以用一系列等幅不等宽的脉冲来代替一个正弦波。图 5-14(a)画出了正弦波的正半波，并将其划分为 $k$ 等份（图中 $k=7$）。将每一等份中的正弦曲线与横轴所包围的面积都用一个与此面积相等的等高矩形脉冲来代替，可得到如图 5-14(b)所示的脉冲序列波形，这就是 PWM（Pulse Width Modulation）波。显然，该脉冲序列的宽度按正弦规律变化，根据面积等效原理，它与正弦半波是等效的。

同样，正弦波的负半波也可用相同的方法，用一组等高不等宽的负脉冲序列来代替，因此正弦波一个完整周期的等效脉冲波可以用如图 5-16 或图 5-19 输出电压 $u_o$ 所示的脉冲序列表示。

对上述等效调宽脉冲，在选定了等份数 $k$ 后，可以借助计算机严格地算出各个脉冲宽度和间隔，以作为控制逆变器开关管通断的依据。像这种脉冲幅值相等，而脉冲宽度按正弦规律变化从而和正弦波等效的 PWM 波形称为 SPWM 波。要改变等效正弦波的幅值时，只要按照以上规律改变各脉冲的宽度即可。

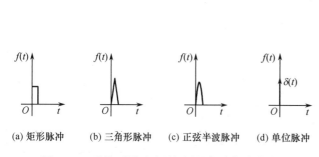

(a) 矩形脉冲　　(b) 三角形脉冲　　(c) 正弦半波脉冲　　(d) 单位脉冲

图 5-13　形状不同而冲量相同的各种窄脉冲波形

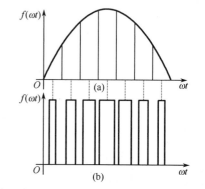

图 5-14　与正弦半波等效的矩形脉冲序列波形

## 5.5.2　SPWM 的控制方式

在实际应用中，人们常采用正弦波与三角波比较的方法代替前面叙述的面积计算方法得到

SPWM 波,其中,正弦波称为参考波,三角波称为载波,由正弦波调制三角波来获得 SPWM 波的方法称为正弦脉宽调制法。当正弦参考波大于三角波载波时,输出高电平,当正弦参考波小于三角波载波时,输出低电平,就能得到一组等幅的矩形脉冲,其脉冲宽度正比于该函数值。图 5-15 为采用 IGBT 作为开关管的单相桥式电压型逆变器电路和控制原理图。

按照输出脉冲在半个周期内极性变化的不同,正弦脉宽调制法可分为双极性 SPWM 控制方式和单极性 SPWM 控制方式。

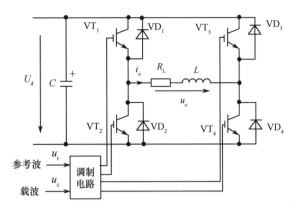

图 5-15　单相桥式电压型逆变器电路和控制原理图

**1. 双极性 SPWM 控制方式**

在正弦参考波的半个周期内,三角波载波有正有负,所得的 SPWM 波也有正有负的控制方式,称为双极性 SPWM 控制方式。

图 5-15 的单相桥式电压型逆变器采用双极性 SPWM 控制方式时,$VT_1$ 和 $VT_4$ 组成一对,$VT_2$ 和 $VT_3$ 组成另一对,两对开关管的控制信号互补。在正弦参考波 $u_r$ 和三角波载波 $u_c$ 的交点时刻控制各开关管的通断,控制规律和工作波形如图 5-16 所示。

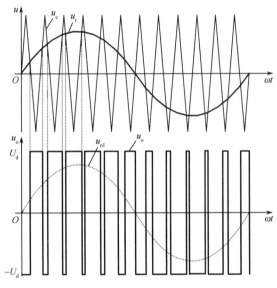

图 5-16　双极性 SPWM 控制方式的工作波形

（1）控制规律

① 当 $u_r > u_c$ 时,关断 $VT_2$ 和 $VT_3$,驱动 $VT_1$ 和 $VT_4$;

② 当 $u_r < u_c$ 时,关断 $VT_1$ 和 $VT_4$,驱动 $VT_2$ 和 $VT_3$。

按照双极性控制方式,逆变器输出端就获得了一组新的 SPWM 波 $u_o$,其基波分量 $u_{o1}$ 如图 5-16 中虚线所示。

（2）工作过程

逆变器带电感性负载时,采用双极性 SPWM 控制方式的工作过程与基波输出电压极性无关,而与输出电流方向有关,下面分别对输出电流为正和输出电流为负这两种情况加以说明。

① 输出电流为正时的工作过程

当 $u_r>u_c$ 时,关断 $VT_2$ 和 $VT_3$,给 $VT_1$ 和 $VT_4$ 驱动信号,负载电流从 $VT_1$ 和 $VT_4$ 流过,电流回路如图 5-17(a)所示,输出电压为 $U_d$;当 $u_r<u_c$ 时,关断 $VT_1$ 和 $VT_4$,给 $VT_2$ 和 $VT_3$ 驱动信号,由于电感中电流不能突变,电感电势使负载电流从 $VD_2$ 和 $VD_3$ 流过,电流回路如图 5-17(b)所示,输出电压为 $-U_d$。在该阶段内,重复以上过程,直到在某个 $u_r<u_c$ 间隔内电流过零变负,进入第②阶段。

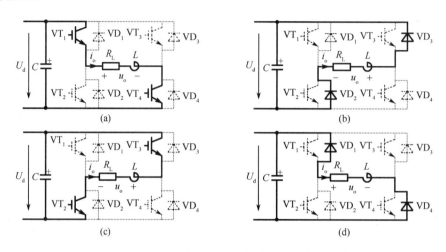

图 5-17　双极性 SPWM 控制方式时的电流回路

② 输出电流为负时的工作过程

当 $u_r<u_c$ 时,关断 $VT_1$ 和 $VT_4$,给 $VT_2$ 和 $VT_3$ 驱动信号,负载电流从 $VT_2$ 和 $VT_3$ 流过,电流回路如图 5-17(c)所示,输出电压为 $-U_d$。当 $u_r>u_c$ 时,关断 $VT_2$ 和 $VT_3$,给 $VT_1$ 和 $VT_4$ 驱动信号,由于电感中电流不能突变,电感电势使负载电流从 $VD_1$ 和 $VD_4$ 流过,电流回路如图 5-17(d)所示,输出电压为 $U_d$。在该阶段内,重复以上过程,直到在某个 $u_r>u_c$ 间隔内电流过零变正,进入第①阶段。

(3) 双极性 SPWM 控制方式的谐波

一般将正弦参考波 $u_r$ 的幅值与三角波载波 $u_c$ 的峰值之比定义为调制度 $M$,亦称调制比或调制系数。图 5-18 给出了不同调制度 $M$ 时输出电压 $u_o$ 的频谱图,其中所包含的谐波角频率为 $n\omega_c+k\omega_r$($n=1,3,5,\cdots$ 时,$k=0,\pm2,\pm4,\cdots$;$n=2,4,6,\cdots$ 时,$k=\pm1,\pm3,\pm5,\cdots$)。

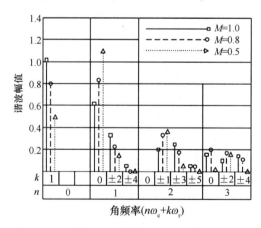

图 5-18　双极性 SPWM 控制方式时单相桥式逆变器输出电压频谱图

从图 5-18 可以看出,单相桥式 SPWM 逆变器采用双极性 SPWM 时输出电压中不含低次谐波,其谐波只含有载波角频率 $\omega_c$ 整数倍及附近的谐波,谐波中幅值最高、影响最大的是角频率为 $\omega_c$ 的谐波分量。

一般情况下,$\omega_c \gg \omega_r$,所以 SPWM 波中所含的主要谐波的频率要比基波频率高得多,是很容易滤除的。载波频率越高,SPWM 波中谐波频率就越高,所需滤波器的体积就越小。

**2. 单极性 SPWM 控制方式**

在正弦参考波的半个周期内,三角波载波只在正极性或负极性一种极性范围内变化,所得到的 SPWM 波也只在单个极性范围内变化的控制方式,称为单极性 SPWM 控制方式。下面以单相桥式电压型逆变器为例进行说明。

采用单极性 SPWM 控制方式时,$VT_1$ 和 $VT_2$ 的控制信号互补,$VT_3$ 和 $VT_4$ 的控制信号互补。参考波 $u_r$ 为正弦波,载波 $u_c$ 在 $u_r$ 的正半周为正极性的三角波,在 $u_r$ 的负半周为负极性的三角波,在正弦波 $u_r$ 和三角波 $u_c$ 的交点时刻控制开关管的通断,对应关系如图 5-19 所示。

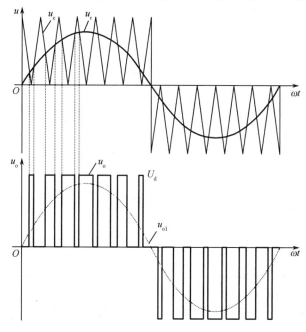

图 5-19　单极性 SPWM 控制方式时的工作波形

(1) 控制规律

① 在 $u_r$ 的正半周,控制信号使 $VT_1$ 保持通态,$VT_2$ 保持断态,当 $u_r > u_c$ 时,关断 $VT_3$、驱动 $VT_4$;当 $u_r < u_c$ 时,关断 $VT_4$、驱动 $VT_3$。

② 在 $u_r$ 的负半周,控制信号使 $VT_2$ 保持通态,$VT_1$ 保持断态,当 $u_r > u_c$ 时,关断 $VT_3$、驱动 $VT_4$;当 $u_r < u_c$ 时,关断 $VT_4$、驱动 $VT_3$。

这样,在逆变器输出端就获得了一组新的矩形脉冲 $u_o$,其幅值为逆变器直流侧电压,脉冲宽度按正弦规律变化。该矩形脉冲组就是 SPWM 波,如图 5-19 所示,其基波分量 $u_{o1}$ 如图 5-19 中的虚线所示。

(2) 工作过程

逆变器带电感性负载时,电流比电压滞后,因此在一个周期内,有如下 4 种情况。

① 基波输出电压为正、输出电流为正时的工作过程

在基波输出电压为正时,$VT_1$ 保持通态,$VT_2$ 保持断态。当 $u_r > u_c$ 时,关断 $VT_3$,给 $VT_4$ 驱

动信号，VT₄ 导通，负载电流从 VT₁ 和 VT₄ 流过，电流回路如图 5-20(a)所示，输出电压为直流电源电压 $U_d$；当 $u_r < u_c$ 时，关断 VT₄，给 VT₃ 驱动信号，由于电感中电流不能突变，电感电势使负载电流从 VT₁ 和 VD₃ 流过，电流回路如图 5-20(b)所示，输出电压为 0。在该阶段内，重复以上过程。

② 基波在输出电压为负、输出电流为正时的工作过程

在基波输出电压为负时，VT₂ 保持通态，VT₁ 保持断态。当 $u_r < u_c$ 时，关断 VT₄，给 VT₃ 驱动信号，由于电感中电流不能突变，电感电势使负载电流从 VD₂ 和 VD₃ 流过，电流回路如图 5-20(c)所示，输出电压为 $-U_d$；当 $u_r > u_c$ 时，关断 VT₃，给 VT₄ 驱动信号，VT₄ 导通，电感电势使负载电流从 VD₂ 和 VT₄ 流过，电流回路如图 5-20(d)所示，输出电压为 0。在该阶段内，重复以上过程。该阶段结束时，若在 $u_r < u_c$ 间隔内，即在给 VT₃ 导通信号期间，电流过零，则立即进入第③阶段；若在 $u_r > u_c$ 间隔内电流过零，则会出现由 VD₂、VT₄ 导通变成全部晶闸管和二极管都不导通的情况，此时电流保持为零，直到 $u_r < u_c$，进入第③阶段。

③ 基波输出电压为负、输出电流为负时的工作过程

基波输出电压为负时，VT₂ 保持通态，VT₁ 保持断态。当 $u_r < u_c$ 时，关断 VT₄，给 VT₃ 驱动信号，VT₃ 导通，负载电流从 VT₂ 和 VT₃ 流过，电流回路如图 5-20(e)所示，输出电压为 $-U_d$；当 $u_r > u_c$ 时，关断 VT₃，给 VT₄ 驱动信号，电感电势使负载电流从 VT₂ 和 VD₄ 流过，电流回路如图 5-20(f)所示，输出电压为 0。在该阶段内，重复以上过程。

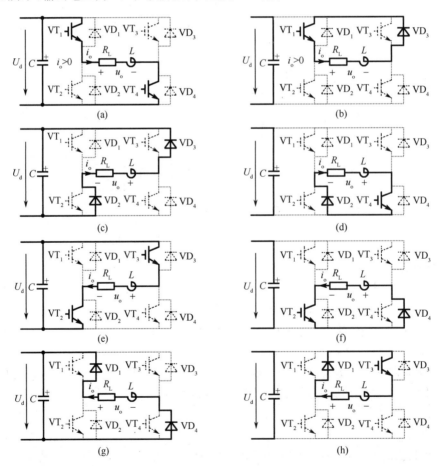

图 5-20　单极性 SPWM 控制方式时的电流回路

④ 基波输出电压为正、输出电流为负时的工作过程

在基波输出电压为正时，$VT_1$ 保持通态，$VT_2$ 保持断态。当 $u_r > u_c$ 时，关断 $VT_3$，给 $VT_4$ 驱动信号，由于电感中电流不能突变，电感电势使负载电流从 $VD_1$ 和 $VD_4$ 流过，电流回路如图 5-20(g) 所示，输出电压为直流电源电压 $U_d$；当 $u_r < u_c$ 时，关断 $VT_4$，给 $VT_3$ 驱动信号，$VT_3$ 导通，电感电势使负载电流从 $VD_1$ 和 $VT_3$ 流过，电流回路如图 5-20(h) 所示，输出电压为 0。在该阶段内，重复以上过程。该阶段结束时，若在 $u_r > u_c$ 间隔内，即在给 $VT_4$ 导通信号期间，电流过零，则立即进入第①阶段；若在 $u_r < u_c$ 间隔内电流过零，则会出现由 $VD_1$、$VT_3$ 导通变成全部晶闸管和二极管都不导通的情况，此时电流保持为零，直到 $u_r > u_c$，进入前面的第①阶段。

（3）单极性 SPWM 控制方式的谐波

图 5-21 给出了不同调制度 $M$ 时输出电压 $u_o$ 的频谱图，其中所包含的谐波角频率为 $n\omega_c + k\omega_r$（$n=1,2,3,\cdots$；$k=\pm1,\pm3,\pm5,\cdots$）。

从图 5-21 可以看出，单相桥式 SPWM 逆变器采用单极性 SPWM 控制时输出电压中不含低次谐波，其谐波主要分布在载波角频率 $\omega_c$ 整数倍附近，并以载波角频率 $\omega_c$ 附近的谐波幅值为最大。

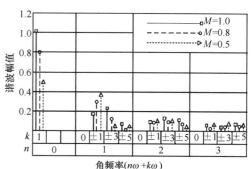

图 5-21　单极性 SPWM 控制方式时
单相桥式逆变器输出电压频谱图

**3. 两种控制方式的比较**

逆变器采用单极性 SPWM 控制方式时，在参考波的半个周期内，有一个开关管始终关断；在每个主电路开关周期内，输出电压只在正和零（或负和零）间跳变，正、负两种电平不会同时出现在同一开关周期内；输出电压中完全不含载波角频率 $\omega_c$ 整数倍的谐波，所以谐波分量较小。逆变器采用双极性 SPWM 控制方式时，同一相上、下桥臂的两个开关管交替通断，处于互补工作方式；在每个主电路开关周期内，输出电压波形都会出现正和负两种极性的电平；输出电压含有载波角频率 $\omega_c$ 整数倍及附近的谐波，总的谐波分量要比单极性 SPWM 大。

在双极性 SPWM 控制方式中，同一相上、下两个桥臂的驱动信号是互补的。但实际上为了防止上、下两个桥臂直通而造成短路，在给一个桥臂施加关断信号后，再延迟 $\Delta t$ 时间，才给另一个桥臂施加导通信号。延迟时间的长短主要由开关管的关断时间决定。这个延迟时间将会给输出的 SPWM 波形带来影响，使正弦波发生畸变。

与双极性 SPWM 控制方式类似，当逆变器的 $VT_1$ 和 $VT_2$ 的驱动信号由正弦参考波与三角波载波比较产生，而 $VT_3$ 和 $VT_4$ 的驱动信号由同一正弦波与反向的三角波载波比较产生，或者是反向正弦波与同一三角波载波比较产生时，也称之为倍频 SPWM 控制方式。倍频 SPWM 控制方式下，输出的 SPWM 电压中，除基波外，各次谐波频率增加了一倍，电压谐波畸变率也大大减少了，后面的仿真认证了以上结论。

### 5.5.3　SPWM 的调制方式

在 SPWM 逆变器中，载波频率 $f_c$ 与参考波频率 $f_r$ 之比 $N = f_c/f_r$ 称为载波比。根据载波和参考波是否同步及载波比的变化情况，SPWM 逆变器分为异步调制、同步调制和分段同步调制。

**1. 异步调制方式**

在异步调制方式中，参考波频率 $f_r$ 变化时，载波频率 $f_c$ 固定不变，因而载波比 $N$ 是变化的。这样，在参考波的半个周期内，输出脉冲的个数不固定，脉冲相位也不固定，正、负半周期的脉冲不对称，同时，半周期内前后 1/4 周期的脉冲也不对称。

由于载波频率 $f_c$ 保持不变,所以异步调制的电路实现比较简单,在参考波频率 $f_r$ 降低时,载波比 $N$ 较大,半周期内的脉冲数较多,输出波形接近正弦波,不会出现低频时脉动的情况,正、负半周期脉冲不对称和半周期内前后 1/4 周期脉冲不对称的影响都较小。当参考波频率 $f_r$ 增大时,载波比 $N$ 就减小,半周期内的脉冲数减少,输出脉冲的不对称性影响就变大,还会出现脉冲的跳动,电路输出特性变坏。对于三相 SPWM 逆变器来说,三相输出的对称性也变差。因此,在采用异步调制方式时,应使载波频率 $f_c$ 在参考波频率 $f_r$ 较高时仍能保持较大的载波比 $N$,从而改善输出特性。

**2. 同步调制方式**

在同步调制方式中,参考波频率变化时载波比 $N$ 不变,参考波半个周期内输出的脉冲数是固定的,脉冲相位也是固定的。在三相 SPWM 逆变器中,通常公用一个三角波载波信号,且取载波比 $N$ 为 3 的整数倍,以使三相输出波形严格对称。同时,为了使一相的波形正、负半周镜像对称,$N$ 应取为奇数。

由于载波比 $N$ 保持不变,在半周期内输出脉冲的数目是固定的,所以无论参考波频率 $f_r$ 怎么改变,即使在低频段,也可以保证逆变器输出波形的对称性。但是,当参考波频率 $f_r$ 很低时,由 SPWM 调制而产生的 $f_c$ 附近的谐波频率也相应降低,这种频率较低的谐波通常不易滤除。如果负载为电动机,就会产生较大的转矩脉动和噪声,给电动机的正常工作带来不利影响。若为改善低频时的特性而增加载波频率 $f_c$,当参考波频率 $f_r$ 很高时,同步调制时的载波频率 $f_c$ 会过高,使开关管难以承受。

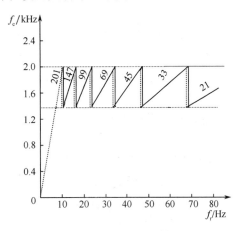

图 5-22　分段同步调制方式
载波比的变化曲线

**3. 分段同步调制方式**

为了克服上述缺点,通常采用分段同步调制的方式,即把逆变器的输出频率范围划分成若干个频段,每个频段内都保持载波比 $N$ 为恒定,不同频段的载波比不同。在输出频率的高频段采用较低的载波比,使开关频率不致过高;在输出频率的低频段采用较高的载波比,使谐波频率不致过低而对负载产生不利影响。各频段的载波比应取 3 的整数倍且为奇数。

分段同步调制时,在不同的频率段内,载波频率的变化范围应该保持一致,$f_c$ 在 $1.4 \sim 2 \text{kHz}$ 之间。提高载波频率可以使输出波形更接近正弦波,但载波频率的提高受到功率开关管最高频率的限制。图 5-22 给出了分段同步调制的一个例子,图中切换点处的实线表示输出频率增大时的切换频率,虚线表示输出频率降低时的切换频率,前者略高于后者而形成滞后切换,这是为了防止载波频率在切换点附近来回跳动。

## 5.5.4　三相桥式 SPWM 逆变器

在三相 SPWM 逆变器中,使用最多的是图 5-23 所示的三相桥式逆变器,三相桥式逆变器一般都采用双极性 SPWM 控制方式。u、v 和 w 三相的 SPWM 控制通常公用一个三角波载波 $u_c$,用 3 个相位互差 120° 的正弦波 $u_{ru}$、$u_{rv}$、$u_{rw}$ 作为参考波,以获得三相对称输出。

（1）控制规律

u、v 和 w 三相开关管的控制规律相同,现以 u 相为例说明。$VT_1$ 和 $VT_4$ 的驱动信号是互补的。

① 当 $u_{ru} > u_c$ 时,关断 $VT_4$,驱动 $VT_1$。

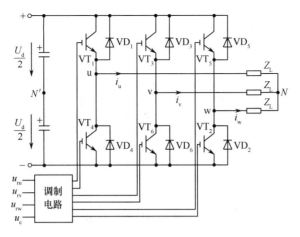

图 5-23　三相桥式 SPWM 逆变器电路图

② 当 $u_{ru}<u_c$ 时，关断 $VT_1$，驱动 $VT_4$。

(2) 工作过程

逆变器的工作过程与电感性负载中的电流方向有关，仍以 u 相为例，分别对电流为正和电流为负这两种情况加以说明。

① u 相电流为正时的工作过程

当 $u_{ru}>u_c$ 给 $VT_1$ 驱动信号时，负载电流从 $VT_1$ 流过，电流回路如图 5-24(a)所示，以直流侧中点为参考点的 u 相电压 $u_{uN'}=U_d/2$；当 $u_{ru}<u_c$ 给 $VT_4$ 驱动信号时，负载电流从 $VD_4$ 流过，电流回路如图 5-24(b)所示，以直流侧中点为参考点的 u 相电压 $u_{uN'}=-U_d/2$。

② u 相电流为负时的工作过程

当 $u_{ru}>u_c$ 给 $VT_1$ 驱动信号时，负载电流从 $VD_1$ 流过，电流回路如图 5-24(c)所示，以直流侧中点为参考点的 u 相电压 $u_{uN'}=U_d/2$；当 $u_{ru}<u_c$ 给 $VT_4$ 驱动信号时，负载电流从 $VT_4$ 流过，电流回路如图 5-24(d)所示，以直流侧中点为参考点的 u 相电压 $u_{uN'}=-U_d/2$。

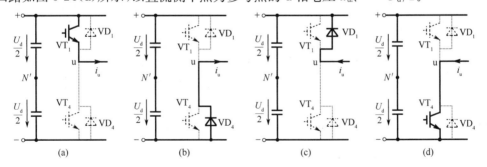

图 5-24　三相桥式 SPWM 逆变器 u 相工作的电流回路

v、w 两相的控制方式和 u 相相同，同理可得出相对于直流侧中点的输出电压 $u_{vN'}$ 和 $u_{wN'}$，波形如图 5-25 所示，进而可得出线电压 $u_{uv}$ 为

$$u_{uv}=u_{uN'}-u_{vN'} \tag{5-25}$$

相电压 $u_{uN}$ 为

$$u_{uN}=u_{uN'}-\frac{u_{uN'}+u_{vN'}+u_{wN'}}{3} \tag{5-26}$$

从图 5-25 可以看到，$u_{uN'}$、$u_{vN'}$ 和 $u_{wN'}$ 的 SPWM 波只有 $\pm U_d/2$ 两种电平；输出线电压的 SPWM 波由 $\pm U_d$ 和 0 三种电平组成；输出相电压的 SPWM 波由 $\pm 2U_d/3$、$\pm U_d/3$ 和 0 五种电平组成。

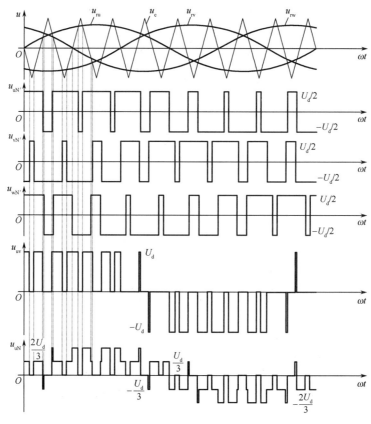

图 5-25　三相桥式 SPWM 逆变器的工作波形

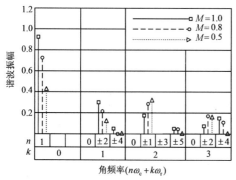

图 5-26　双极性 SPWM 控制方式时
三相桥式逆变器输出电压频谱图

（3）谐波分析

以 $u_{uv}$ 为例,图 5-26 给出了不同调制度 $M$ 时输出线电压的频谱图,其中所包含的谐波角频率为 $n\omega_c + k\omega_r$（$n=1,3,5,\cdots$ 时,$k=\pm[3(2m-1)\pm1]$,$m=1,2,3,\cdots$;$n=2,4,6,\cdots$ 时,$k=\pm(6m\pm1)$,$m=0,1,2,3,\cdots$）。

从图 5-26 可以看出,三相桥式 SPWM 逆变器输出线电压的 SPWM 波中不含低次谐波,只含有载波角频率 $\omega_c$ 整数倍附近的谐波,谐波中幅值较高的是 $\omega_c \pm 2\omega_r$ 和 $2\omega_c \pm \omega_r$。

## 5.5.5　SPWM 的一般问题

### 1. SPWM 的优点

单极性 SPWM 和双极性 SPWM 都通过参考波和载波比较,在交点处产生开关管的控制信号,改变参考波的幅值就可以改变输出交流电压的大小,改变参考波的频率就可以改变输出交流电压的频率,改变三相参考波的相序就可以改变输出交流电的相序,调压和调频同时在逆变器的控制中完成,不再需要调控直流电源电压,因此电压型 SPWM 逆变器都采用不可控整流器作为直流输入电源。

由以上的分析可以看出,SPWM 逆变器有如下的优点。

① 采用不可控整流器作为直流电源,触发角为 0,交流电网的输入功率因数与逆变器输出电压的大小和频率无关而接近 1。

② 采用不可控整流器作为直流电源,直流电压不变。若有数台装置,可由同一台不可控整流器作直流公共母线供电。

③ 调压和调频同时在逆变器的控制中完成,其响应的速度取决于控制回路,而与直流回路的滤波参数无关,所以调节速度快,并且调节过程中频率和电压的配合同步,可以获得好的动态性能。

④ 仅有一个可控功率级,简化了主电路和控制电路的结构,使装置的体积小、重量轻、造价低、可靠性高。

⑤ 输出电压或电流波形接近正弦,减少了谐波分量。

**2. 关于 SPWM 的开关频率**

广义地讲,SPWM 波实际上就是用一组经过调制的幅值相等、宽度不等的脉冲信号代替正弦波。SPWM 波调制后的信号中除含有参考信号外,还含有频率很高的载波频率及载波倍频附近的频率分量,但几乎不含其他谐波,特别是几乎不含接近基波的低次谐波。因此,载波频率也即 SPWM 波的开关频率越高,谐波对系统的影响越小,谐波越容易滤除,SPWM 波就越接近期望的正弦波。

但是,SPWM 波的载波频率除受开关管的允许开关频率制约外,SPWM 的开关频率也不宜过高,这是因为开关管工作频率提高,开关损耗和换流损耗会随之增加。另外,开关瞬间电压或电流的急剧变化形成很大的 $du/dt$ 或 $di/dt$,会产生强的电磁干扰,还会在线路和器件的分布电容和电感上引起冲击电流和尖峰电压。

**3. SPWM 逆变器的直流侧电流**

在单相桥式 SPWM 逆变器中,直流侧电流包含直流分量和交流分量两部分。直流分量对应于从直流侧传送到交流侧的有功功率;而交流分量为无功电流,这个电流经过直流侧电容时所产生的电压脉动是不容忽视的。

与单相桥式 SPWM 逆变器不同,在三相桥式 SPWM 逆变器中,直流电压源提供的电流基本上是一个直流电流,实际上这个电流中含有一些高频谐波电流,但因其频率高,对直流电压的影响可以忽略不计。

## 5.5.6　SPWM 波的生成方法

SPWM 波的生成主要有 3 种方式:模拟电路(包括模拟/数字混合电路)、微型计算机(包括单片机、数字信号处理器等)、专用集成电路。

根据 SPWM 逆变器的基本原理和调制方法,可以用模拟电路来构成三角波发生器和正弦波发生器,然后通过比较器确定两者的交点,在交点时刻对开关管的通断进行控制,这样就可以得到 SPWM 波。这种模拟电路的实时性好,但其电路结构复杂,调试量大,难以实现精确控制。

在微电子技术迅速发展的今天,SPWM 波可以用微型计算机来完成。目前发表的文献中有很多种 SPWM 的生成方法,基本上可以归纳为以下 3 种方法的改进。一是参考波和高频载波的交点处控制开关管的自然采样法;二是在规则采样参考波和高频载波交点处控制开关管的规则采样法;三是使得参考波形在一个载波周期内的积分面积与变换器输出波形的积分面积相等的直接 SPWM 方法。

专用于产生 SPWM 波的集成电路较多,单相、三相均有。专用集成电路有很好的性价比,可简化控制电路和软件设计,降低成本,提高可靠性。专用集成电路的使用一般都较为方便,既可与微型计算机连接,也可单独使用;既有同步调制,也有异步调制;既可用于工业领域,也可商用或家用。

下面介绍几种产生 SPWM 波的基本方法。

从前面介绍的 SPWM 控制方式中,采用参考波与三角波相交产生 SPWM 波的方法也称为自然采样法。由于自然采样法的计算量很大,因此在实际中应用较少。

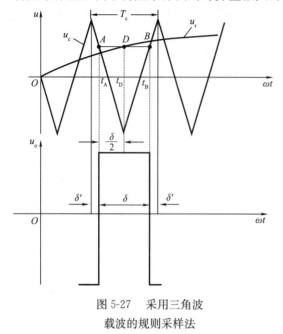

图 5-27 采用三角波
载波的规则采样法

### 1. 规则采样法

规则采样法是一种应用较广的工程实用方法,它的效果接近自然采样法,但计算量却比自然采样法小得多。

图 5-27 说明了采用三角波作为载波的规则采样法。在三角波的负峰时刻 $t_D$ 对正弦参考波采样而得到 $D$ 点,过 $D$ 点作一水平直线和三角波分别交于 $A$ 点和 $B$ 点,在 $A$ 点时刻 $t_A$ 和 $B$ 点时刻 $t_B$ 控制开关管的通断。可以看出,用这种规则采样法所得到的脉冲宽度 $\delta$ 和用自然采样法所得到的脉冲宽度非常接近。

从图 5-27 可得

$$\frac{1+M\sin\omega_r t_D}{2}=\frac{\delta/2}{T_c/2}$$

因此可得

$$\delta=\frac{T_c}{2}(1+M\sin\omega_r t_D) \tag{5-27}$$

在三角波一周期内,脉冲两边的间隙宽度 $\delta'$ 为

$$\delta'=\frac{1}{2}(T_c-\delta)=\frac{T_c}{4}(1-M\sin\omega_r t_D) \tag{5-28}$$

对于三相桥式逆变器来说,应该形成三相 SPWM 波。通常三相的三角波载波是公用的,三相正弦参考波依次相差 $120°$。设在同一三角波周期内三相的脉冲宽度分别为 $\delta_u$、$\delta_v$、$\delta_w$,间隙宽度分别为 $\delta'_u$、$\delta'_v$、$\delta'_w$。由于在同一时刻三相正弦参考波电压之和为零,故由式(5-27)、式(5-28)分别可得

$$\delta_u+\delta_v+\delta_w=\frac{3}{2}T_c \tag{5-29}$$

$$\delta'_u+\delta'_v+\delta'_w=\frac{3}{4}T_c \tag{5-30}$$

利用式(5-29)和式(5-30)可以简化生成三相 SPWM 波时的计算公式。

### 2. 跟踪控制法

采用跟踪控制法的 SPWM 逆变器,又称电流跟踪型 SPWM 逆变器,它不是用正弦波对载波进行调制,而是把希望输出的电流或电压作为给定信号,与实际电流或电压信号进行比较,由此来决定逆变器开关管的通断,使实际输出跟踪给定信号。常用的跟踪控制法有滞环比较方式、三角波比较方式和定时比较方式 3 种。

在跟踪型 SPWM 逆变器中,电流跟踪控制应用最多。采用滞环比较方式的电流跟踪型SPWM逆变器电路和控制原理图及工作波形如图 5-28 所示,把给定电流 $i_o^*$ 与输出电流 $i_o$ 的偏

差 $\Delta i$ 经滞环比较器后控制开关管 $VT_1$ 和 $VT_2$ 的通断。当 $VT_1$（或 $VD_1$）导通时，$i_o$ 增大；当 $VT_2$（或 $VD_2$）导通时，$i_o$ 减小。如 $t_1$ 时刻，$i_o^* - i_o \geqslant \Delta I$，滞环比较器输出正电平信号，驱动开关管 $VT_1$ 导通，使 $i_o$ 增大；直到 $t_2$ 时刻，$i_o = i_o^* + \Delta I$，滞环比较器翻转，输出负电平信号，关断 $VT_1$ 并触发驱动 $VT_2$，此时因为 $i_o > 0$，$VT_2$ 不导通，$VD_2$ 导通续流，$i_o$ 逐渐减小；到 $t_3$ 时刻，$i_o$ 降到滞环比较器的下限值，又重复 $VT_1$ 导通。这样，通过环宽为 $2\Delta I$ 的滞环比较器的控制，$i_o$ 就在 $i_o^* \pm \Delta I$ 的范围内呈锯齿状跟踪给定电流 $i_o$。当给定电流是正弦波时，输出电流也十分接近正弦波。电流跟踪型 SPWM 逆变器实际上是一个电压型 SPWM 逆变器加一个电流闭环构成的 bang-bang 控制系统，可以提供一个瞬时电流可控的交流电源。

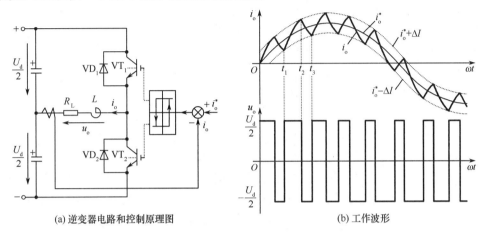

图 5-28　电流跟踪型 SPWM 逆变器电路和控制原理图及工作波形

### 3. 专用集成电路

采用专用集成电路控制 SPWM 逆变器的方法简单可靠，方便易行。许多厂商都开发研制了多种类型的专用产生单相或三相 SPWM 信号的集成电路，应用较多的全数字化三相 SPWM 芯片有 HEF4752、SLE4520、MA818、89C196MC 和 SA4828 等。

HEF4752 由英国 Marllard 公司制造，正弦波输出频率为 $0 \sim 100\mathrm{Hz}$，载波频率不超过 $2\mathrm{kHz}$，两路六相 SPWM 波输出电路，既可用于强迫换流的三相晶闸管逆变器，也可用于由全控型电力电子器件构成的逆变器。HEF4752 产生的 SPWM 波，输出电压随输出频率成线性变化，其产生波形的基本原理是从不对称规则采样法发展而来的，SPWM 波是一个等脉宽的矩形脉冲从两侧边缘各被一个可变的角度调制而成的，即双边调制。HEF4752 有 4 个时钟输入，编程非常简单，但是桥臂互锁时间调整不灵活，只有一个封锁端，不能实现静态封锁，也不能方便地实现各种保护功能。

SLE4520 是德国西门子公司生产的一种大规模全数字化 CMOS 集成电路。SLE4520 产生波形的基本原理是利用同步脉冲触发 3 个可预置数的 8 位减法计数器，预置数对应脉冲宽度，因此 SLE4520 调制方式为单边调制。如果输出 SPWM 波，无论怎样选择采样点的个数和如何配置采样点的位置，均难以做到半个周期内前后 90° 对称，这样谐波含量就比较大，但在低频时影响不大。理论上它的正弦波输出频率为 $0 \sim 2.6\mathrm{kHz}$，载波频率可达 $23.4\mathrm{kHz}$，与中央处理器及相应的软件配合后，就可以产生三相逆变器所需要的 6 路控制信号。由于软件编制的灵活性，几乎可以实现任意形状的载波曲线调制（正弦波、三角波等）和任意的相位关系，但是软件编程工作量较大，高频时容易造成软件上的延时。

MA818 是英国 Marconi 公司在 20 世纪 80 年代末推出的三相 PWM 专用集成芯片，其工作频率范围宽，正弦波输出频率可高达 $4\mathrm{kHz}$，载波频率可达 $24\mathrm{kHz}$，输出频率的分辨率可精确到几位字长。MA818采用SPWM波的规则采样法产生实际的PWM输出脉冲,属双边调制。该芯片是一种通用的可编程微机控制外围芯片,它必须和微处理器配合使用,其输出波形为SPWM波。

89C196MC是Intel公司生产的三相电动机变频调速控制专用高性能CMOS 16位微处理器。89C196MC采用规则采样法产生波形,属双边调制,其载波调制频率由输入到重装寄存器RELOAD中的数值决定,三相脉宽调制由软件编程计算并分别送到其内部的三相SPWM发生器的比较输出寄存器进行控制。89C196MC可直接输出6路SPWM信号,用于逆变器的驱动,每个引脚驱动电路可达20mA,互锁时间可由程序设置,以防同一相两桥臂的开关管直通。因为89C196MC把CPU与PWM波发生器等功能集成在一起,硬件电路大大简化,所以进一步提高了系统的抗干扰能力和可靠性。

SA4828是英国MITEL公司推出的一种三相脉宽调制波发生器,它采用不对称规则采样SPWM算法,通过存储在ROM中的调制波与芯片内产生的三角形载波比较,生成SPWM输出脉冲。SA4828作为微处理器的标准外围器件,在工作时是独立于微处理器的,微处理器只是在需要更新运行参数时才介入。SA4828具有很强的适用性,对于采用数据地址复用结构的微处理器,及采用数据总线和地址总线分离(哈佛总线)结构的微处理器,都不需增加外围电路,只通过数据总线,SA4828就可直接与它们通信。SA4828中的可编程48位初始化寄存器与控制寄存器设定和控制PWM的各种信息。初始化寄存器用于设定一些与电源有关并在系统运行过程中不可改变的基本参数;控制寄存器中的参数可在运行中实时改变,以控制输出脉宽调制波形的状态,实现对电源输出频率实时控制和三相输出电压幅值实时、独立控制。SA4828的载波频率可达24kHz,正弦波输出频率范围为0~4kHz,输出频率控制精度16位。内部ROM存有3种可选的输出波形(纯正弦型、三次谐波增强型和带互锁增强型)。可设最小脉冲宽度和互锁时间。

由专用集成电路实现变频调速系统电路框图如图5-29所示。

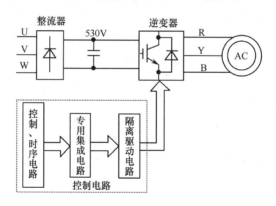

图5-29　变频调速系统电路框图

### 4. SPWM集成电路HEF4752

(1) HEF4752简介

HEF4752是采用CMOS工艺制造的大规模集成电路,专门用来产生三相SPWM信号,其主要特点为:

① 能产生3对相位差120°的互补SPWM主控脉冲,适用于三相桥结构的逆变器。

② 采用分段同步调制方式,抑制低频输出时因高次谐波产生的转矩脉动和噪声等所造成的恶劣影响。正弦波输出频率的范围为0~100Hz,且能使逆变器输出电压同步调节。

③ 为防止逆变器上、下桥臂直通,在每相主控脉冲间插入互锁时间,互锁时间连续可调。

HEF4752 为 28 脚双列直插式标准封装 DIP 芯片,如图 5-30 所示。它有 4 个时钟输入,7 个控制输入,12 个驱动信号输出,3 个控制输出,各引脚功能描述如表 5-4 所示。

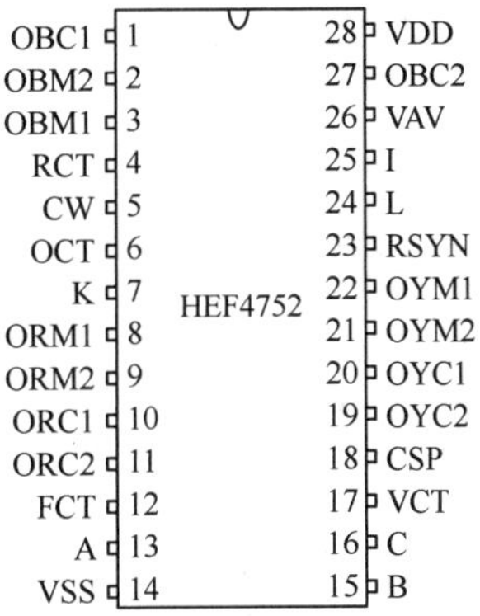

表 5-4　HEF4752 引脚功能

| 引脚 | 名称 | 功能 | 引脚 | 名称 | 功能 |
|---|---|---|---|---|---|
| 1 | OBC1 | B 相换流开关信号 1 | 15 | B | 测试电路用信号 |
| 2 | OBM2 | B 相主开关信号 2 | 16 | C | 测试电路用信号 |
| 3 | OBM1 | B 相主开关信号 1 | 17 | VCT | 电压控制时钟 |
| 4 | RCT | 最高开关频率基准时钟 | 18 | CSP | 电流采样脉冲 |
| 5 | CW | 电动机换相控制信号 | 19 | OYC2 | Y 相换相开关信号 2 |
| 6 | OCT | 输出延迟时钟 | 20 | OYC1 | Y 相换相开关信号 1 |
| 7 | K | 选择互锁延迟时间 | 21 | OYM2 | Y 相主开关信号 2 |
| 8 | ORM1 | R 相主开关信号 1 | 22 | OYM1 | Y 相主开关信号 1 |
| 9 | ORM2 | R 相主开关信号 2 | 23 | RSYN | R 相同步信号 |
| 10 | ORC1 | R 相换流开关信号 1 | 24 | L | 停止/启动系统 |
| 11 | ORC2 | R 相换流开关信号 2 | 25 | I | 选择晶体管/晶闸管模式 |
| 12 | FCT | 频率控制时钟 | 26 | VAV | 平均电压 |
| 13 | A | 复位输入控制 | 27 | OBC2 | B 相换流开关信号 2 |
| 14 | VSS | 接地端 | 28 | VDD | 工作电压 |

图 5-30　HEF4752 引脚图

FCT 端为频率控制时钟输入端,控制逆变器输出 SPWM 波的基波频率 $f_{OUT}$。输入时钟频率 $f_{FCT}$ 与 $f_{OUT}$ 的关系为

$$f_{FCT} = 3360 \times f_{OUT} \tag{5-31}$$

VCT 端为电压控制时钟输入端,控制逆变器输出 SPWM 波的基波电压有效值 $U$。当输入时钟频率 $f_{VCT}$ 为某一确定值时,$U$ 与 $f_{OUT}$ 有确定的线性关系,电压控制端输入时钟频率 $f_{VCT}$ 为

$$f_{VCT} = 6720 \times \frac{0.624 U_d}{U_N} \tag{5-32}$$

式中,$0.624 U_d$ 为逆变器最大输出基波电压有效值;$U_d$ 为逆变器直流电压;$U_N$ 为电动机的额定电压。

$f_{VCT}$ 的值确定后,$U/f_{OUT}$ 也随之确定。要得到不同的 $U/f_{OUT}$ 比值,$f_{VCT}$ 应是可调的。在实际应用中,并不是在整个调频范围内保持 $f_{VCT}$ 恒定,在低频时应减小 $f_{VCT}$,增加调制度,导致 $U/f_{OUT}$ 比值增加,以补偿定子压降。

RCT 端为最高开关频率基准时钟输入端,限定逆变器开关管的最高开关频率 $f_{smax}$。此基准时钟频率 $f_{RCT}$ 与 $f_{smax}$ 的关系为

$$f_{RCT} = 280 \times f_{smax} \tag{5-33}$$

OCT 端为输出延迟时钟输入端,它与 K 端电平相配合控制每一相上、下桥臂两个开关管的互锁时间 $t_d$。为简化线路,可使 $f_{OCT} = f_{RCT}$,从而省掉一个多谐振荡器。$t_d$ 与延迟时钟频率 $f_{OCT}$ 及 K 端电平的关系为:当 K=0 时,$t_d = 8/f_{OCT}$;当 K=1 时,$t_d = 16/f_{OCT}$。

CW 端为相序控制端,当 CW=1 时,设相序为 R—Y—B(电动机相序为 U—V—W),电动机正转;当 CW=0 时,设相序为 R—B—Y(电动机相序为 U—W—V),电动机反转。

L 端为启动/停止控制端,当 L=1 时,允许驱动输出端输出 SPWM 信号;当 L=0 时,禁止输出,驱动输出端全部为低电平。

I 端用来决定逆变器驱动输出模式的选择,当引脚 I 为低电平时,驱动全控型开关管;当引脚 I 为高电平时,驱动晶闸管。

ORM1、ORM2、OYM1、OYM2、OBM1、OBM2 这 6 个端子可作为三相逆变器主开关管驱动输出端；ORC1、ORC2、OYC1、OYC2、OBC1、OBC2 这 6 个端子可作为三相逆变器辅助开关管驱动输出端。

（2）HEF4752 接口电路

HEF4752 接口电路如图 5-31 所示。在该电路中，CD4046 的主要作用就是产生时钟脉冲，3 个 CD4046 分别产生 OCT 与 RCT、FCT、VCT 3 路时钟信号供给 HEF4752，由 HEF4752 产生三相 6 路 SPWM 波，通过隔离驱动电路控制主电路的开关管。

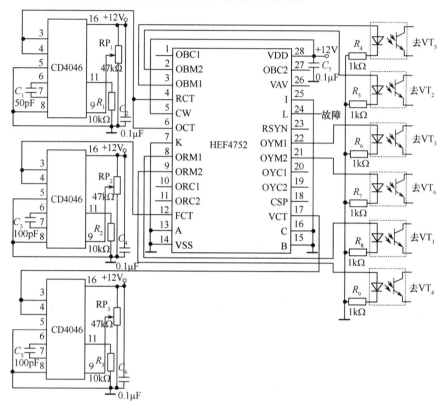

图 5-31    HEF4752 接口电路图

该控制电路的工作过程为：调节 CD4046 引脚 9 接的电位器，就可以在其引脚 4 获得所需频率的方波，控制方波的频率就可以控制 CD4046 产生的 3 个时钟信号。调节 $RP_1$，即改变 HEF4752 的 OCT 与 RCT，就可以控制 HEF4752 输出 SPWM 波的 $f_{smax}$ 和 $t_d$；调节 $RP_2$，即改变 HEF4752 的 FCT，就可以控制 HEF4752 输出 SPWM 波的 $f_{OUT}$；调节 $RP_3$，即改变 HEF4752 的 VCT，就可以控制 HEF4752 输出 SPWM 波的基波电压有效值，设置合适的 $U/f_{OUT}$。由 HEF4752 产生的三相 SPWM 波在相位上依次相差 120°，经光电隔离后加在逆变器的 6 个开关管上，控制其通断，从而控制逆变器的输出电压和频率，实现调节电动机转速的目的。

总之，SPWM 控制是逆变器的关键技术之一，而且仍然是需要不断深入研究的重要课题。

## \* 5.5.7    空间矢量脉宽调制

当三相异步电动机输入三相正弦电流时，电动机的定、转子之间的气隙空间形成圆形旋转磁场，从而产生恒定的电磁转矩。由此可以把逆变器和电动机视为一体，按照跟踪圆形旋转磁场来控制逆变器的工作，这种控制方式称为磁链跟踪控制，也称为空间矢量脉宽调制（SVPWM）。

### 1. 三相空间矢量的定义

空间矢量是指在空间按正弦规律分布且有一定旋转速度的物理量。三相异步电动机定子绕组的电流是随时间变化的,如果考虑它们所在绕组的空间位置,也可以将其定义为空间矢量。

如图 5-32 所示,U、V、W 分别表示在空间静止的三相异步电动机定子绕组的轴线,它们在空间上互差 120°。以 U、V、W 为坐标轴,可建立 U-V-W 坐标系,其中各轴线的单位矢量为

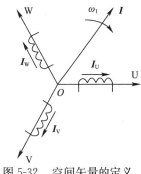

图 5-32　空间矢量的定义

$$\boldsymbol{U}=1, \quad \boldsymbol{V}=\mathrm{e}^{\mathrm{j}\frac{2\pi}{3}}, \quad \boldsymbol{W}=\mathrm{e}^{\mathrm{j}\frac{4\pi}{3}} \tag{5-34}$$

### 2. 三相电压空间矢量的定义

设三相定子绕组通以对称的三相电流

$$\begin{cases} i_{\mathrm{U}}=I_{\mathrm{m}}\cos\left(\omega_1 t+\theta_0\right) \\ i_{\mathrm{V}}=I_{\mathrm{m}}\cos\left(\omega_1 t+\theta_0-\dfrac{2\pi}{3}\right) \\ i_{\mathrm{W}}=I_{\mathrm{m}}\cos\left(\omega_1 t+\theta_0+\dfrac{2\pi}{3}\right) \end{cases} \tag{5-35}$$

式中,$I_{\mathrm{m}}$ 为电流幅值;$\omega_1$ 为电流角频率;$\theta_0$ 为电流初始相位角。

定子三相绕组电流矢量可以分别表示为

$$\begin{cases} \boldsymbol{I}_{\mathrm{U}}=i_{\mathrm{U}}\boldsymbol{U} \\ \boldsymbol{I}_{\mathrm{V}}=i_{\mathrm{V}}\boldsymbol{V} \\ \boldsymbol{I}_{\mathrm{W}}=i_{\mathrm{W}}\boldsymbol{W} \end{cases} \tag{5-36}$$

三相合成电流矢量为

$$\boldsymbol{I}_0=\boldsymbol{I}_{\mathrm{U}}+\boldsymbol{I}_{\mathrm{V}}+\boldsymbol{I}_{\mathrm{W}}=\frac{3}{2}I_{\mathrm{m}}\mathrm{e}^{\mathrm{j}(\omega_1 t+\theta_0)} \tag{5-37}$$

由式(5-37)可知,定子三相绕组的合成电流 $\boldsymbol{I}_0$ 为一个幅值为 $3I_{\mathrm{m}}/2$、角速度为 $\omega_1$ 的旋转空间矢量。取合成矢量的 2/3 定义为电流空间矢量,即

$$\boldsymbol{I}=\frac{2}{3}\left(i_{\mathrm{U}}+i_{\mathrm{V}}\mathrm{e}^{\mathrm{j}\frac{2\pi}{3}}+i_{\mathrm{W}}\mathrm{e}^{\mathrm{j}\frac{4\pi}{3}}\right)=I_{\mathrm{m}}\mathrm{e}^{\mathrm{j}(\omega_1 t+\theta_0)} \tag{5-38}$$

同样可分别定义定子三相绕组的电压空间矢量 $\boldsymbol{U}$ 和磁链空间矢量 $\boldsymbol{\psi}$ 为

$$\boldsymbol{U}=\frac{2}{3}\left(u_{\mathrm{U}}+u_{\mathrm{V}}\mathrm{e}^{\mathrm{j}\frac{2\pi}{3}}+u_{\mathrm{W}}\mathrm{e}^{\mathrm{j}\frac{4\pi}{3}}\right)=U_{\mathrm{m}}\mathrm{e}^{\mathrm{j}(\omega_1 t+\theta_0)} \tag{5-39}$$

$$\boldsymbol{\psi}=\frac{2}{3}\left(\boldsymbol{\varPsi}_{\mathrm{U}}+\boldsymbol{\varPsi}_{\mathrm{V}}\mathrm{e}^{\mathrm{j}\frac{2\pi}{3}}+\boldsymbol{\varPsi}_{\mathrm{W}}\mathrm{e}^{\mathrm{j}\frac{4\pi}{3}}\right)=\boldsymbol{\varPsi}_{\mathrm{m}}\mathrm{e}^{\mathrm{j}(\omega_1 t+\theta_0)} \tag{5-40}$$

式中,$u_{\mathrm{U}}$、$u_{\mathrm{V}}$、$u_{\mathrm{W}}$ 为各相相电压;$\varPsi_{\mathrm{U}}$、$\varPsi_{\mathrm{V}}$、$\varPsi_{\mathrm{W}}$ 为各相绕组磁链。

根据电压平衡方程

$$\boldsymbol{U}=\boldsymbol{R}\boldsymbol{I}+\frac{\mathrm{d}\boldsymbol{\psi}}{\mathrm{d}t} \tag{5-41}$$

式中,$\boldsymbol{R}$ 是定子三相绕组的电阻矩阵。当忽略定子电阻压降时,磁链空间矢量与电压空间矢量之间的关系为

$$\boldsymbol{\psi}\approx\int\boldsymbol{U}\mathrm{d}t \tag{5-42}$$

由此可知,磁链空间矢量表现为电压空间矢量对时间的积分,也就是说,磁链空间矢量的顶端始终指向电压空间矢量与作用时间乘积和的矢量终点,只是在空间相位上相差 90°而已。这样,为获得圆形的旋转磁场,只需要控制定子三相电压的合成矢量为圆形旋转矢量即可。

### 3. 合成三相电压空间矢量

三相桥式电压型逆变器工作于180°导通模式,任何时刻每相桥臂上总有一个开关管处于导通状态,而另一个开关管处于关断状态,因此具有8个基本的开关状态。如图5-33所示。

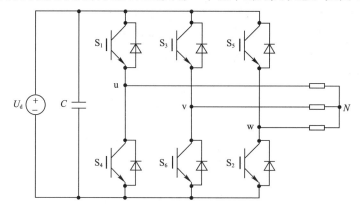

图 5-33　三相桥式电压型逆变器

逆变器的8个基本开关状态对应8个基本的合成电压矢量,可表示为

$$U_k = \begin{cases} \dfrac{2}{3} U_d e^{j\left(\frac{(k-1)}{3}\pi\right)}, & k = 1, 2, \cdots, 6 \\ 0, & k = 0, 7 \end{cases} \tag{5-43}$$

其中包括6个非零矢量$U_1 \sim U_6$和两个零矢量$U_0$、$U_7$,且各非零矢量的模均为$2U_d/3$,相位依次互差60°,它们的顶点构成正六边形,如图5-34所示。

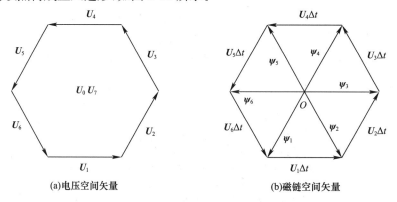

(a)电压空间矢量　　　　　　　　(b)磁链空间矢量

图 5-34　三相桥式电压型逆变器的空间矢量

根据式(5-40),相应的磁链空间矢量变化规律如图5-34(b)所示。由图可见,在逆变器输出电压的一个基波周期中,开关状态连续变化6次,每次间隔1/6周期,电压空间矢量和磁链空间矢量的轨迹均为正六边形。逆变器开关状态及合成电压矢量关系见表5-5。

表 5-5　逆变器开关状态及合成电压矢量关系

| $k$ | $S_1$ | $S_3$ | $S_5$ | $U_{U0}$ | $U_{V0}$ | $U_{W0}$ | $U_k$ |
|---|---|---|---|---|---|---|---|
| 0 | 0 | 0 | 0 | 0 | 0 | 0 | 0 |
| 1 | 1 | 0 | 0 | $\dfrac{2}{3}U_d$ | $-\dfrac{1}{3}U_d$ | $-\dfrac{1}{3}U_d$ | $\dfrac{2}{3}U_d$ |
| 2 | 1 | 1 | 0 | $\dfrac{1}{3}U_d$ | $\dfrac{1}{3}U_d$ | $-\dfrac{2}{3}U_d$ | $\dfrac{2}{3}U_d e^{j\frac{\pi}{3}}$ |

| $k$ | $S_1$ | $S_3$ | $S_5$ | $U_{U0}$ | $U_{V0}$ | $U_{W0}$ | $U_k$ |
|---|---|---|---|---|---|---|---|
| 3 | 0 | 1 | 0 | $-\dfrac{1}{3}U_d$ | $\dfrac{2}{3}U_d$ | $-\dfrac{1}{3}U_d$ | $\dfrac{2}{3}U_d e^{j\frac{2\pi}{3}}$ |
| 4 | 0 | 1 | 1 | $-\dfrac{2}{3}U_d$ | $\dfrac{1}{3}U_d$ | $\dfrac{1}{3}U_d$ | $\dfrac{2}{3}U_d e^{j\pi}$ |
| 5 | 0 | 0 | 1 | $-\dfrac{1}{3}U_d$ | $-\dfrac{1}{3}U_d$ | $\dfrac{2}{3}U_d$ | $\dfrac{2}{3}U_d e^{j\frac{4\pi}{3}}$ |
| 6 | 1 | 0 | 1 | $\dfrac{1}{3}U_d$ | $-\dfrac{2}{3}U_d$ | $\dfrac{1}{3}U_d$ | $\dfrac{2}{3}U_d e^{j\frac{5\pi}{3}}$ |
| 7 | 1 | 1 | 1 | 0 | 0 | 0 | 0 |

交流电动机仅有常规的六脉波逆变器供电,磁链空间矢量的轨迹为正六边形的旋转磁场,这显然不像在正弦波供电时所产生的圆形旋转磁链那样能使电动机获得匀速运行。如果想获得逼近圆形的旋转磁场,可以通过在每一个期间内出现多个工作状态,以形成更多的相位不同的电压空间矢量。逆变器的空间电压矢量虽然只有 8 个,但可以将已有的 8 个空间电压矢量进行线性组合,从而用尽可能多的多边形磁链轨迹逼近理想的圆形磁链。在某个时刻,电压矢量旋转到某个区域中,由组成这个区域的两个相邻的非零电压矢量和零电压矢量在时间上的不同组合得到。按照伏秒平衡的原则来合成每个扇区内的任意电压矢量,即

$$\int_0^T \boldsymbol{U}_{ref} dt = \int_0^{T_x} \boldsymbol{U}_x dt + \int_{T_x}^{T_x+T_y} \boldsymbol{U}_y dt + \int_{T_x+T_y}^{T} \boldsymbol{U}_0^* dt \tag{5-44}$$

或

$$\boldsymbol{U}_{ref} T = \boldsymbol{U}_x T_x + \boldsymbol{U}_y T_y + \boldsymbol{U}_0^* T_0 \tag{5-45}$$

式中,$\boldsymbol{U}_{ref}$ 为期望空间电压矢量;$T$ 为采样周期;$T_x$、$T_y$、$T_0$ 分别为对应两个非零空间电压矢量 $\boldsymbol{U}_x$、$\boldsymbol{U}_y$ 和零电压矢量 $\boldsymbol{U}_0$ 在一个采样周期的作用时间;$\boldsymbol{U}_0^*$ 包括 $\boldsymbol{U}_0$ 和 $\boldsymbol{U}_7$ 两个零电压矢量。上式的意义是,空间电压矢量 $\boldsymbol{U}_{ref}$ 在 $T$ 时间内所产生的积分效果值和 $\boldsymbol{U}_x$、$\boldsymbol{U}_y$、$\boldsymbol{U}_0$ 分别在时间 $T_x$、$T_y$、$T_0$ 内产生的积分效果相加总和值相同。

# *5.6　逆变器的多重化和多电平化技术

SPWM 技术是解决输出谐波问题的有效方法,但较高的开关频率会带来相关问题;在大功率场合,高电压大电流开关管的开关速度仍然是相当有限的。实际上还有改善输出性能的技术,即逆变器的多重化和多电平化。

## 5.6.1　多重化技术

多重化就是利用两个或多个逆变器进行合理组合,使输出电压(或电流)的矩形波在相位上错开一定角度进行叠加,从而获得接近正弦波的多阶梯波形。从电路输出的合成方式看,多重化逆变器有串联多重和并联多重两种形式。串联多重是将几个逆变器的输出串联起来,多用于电压型逆变器;并联多重是将几个逆变器的输出并联起来,多用于电流型逆变器。下面仅对应用较多的电压型多重逆变器加以介绍。

### 1. 单相电压型多重逆变器

图 5-35(a)是单相电压型二重逆变器电路图,由两个单相逆变桥组成。逆变桥Ⅰ和逆变桥Ⅱ都采用移相调压方式,输出宽度为 $\theta$ 的矩形波,但两者的导通相位错开 $\varepsilon$,它们的输出通过变压器 $Tr_1$ 和 $Tr_2$ 串联,两变压器的匝比均为 1∶1,输出电压波形如图 5-35(b)所示。

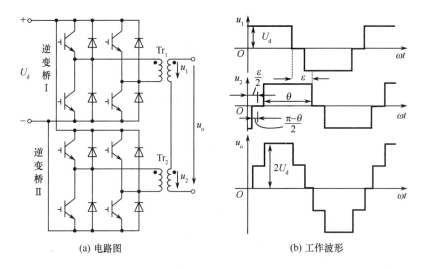

(a) 电路图　　　　　　　　　　　　(b) 工作波形

图 5-35　单相电压型二重逆变器电路图和工作波形

把 $u_1$ 和 $u_2$ 分别展开成傅里叶级数得

$$u_1 = \frac{4U_d}{\pi} \sum_{n=1,3,5,\cdots}^{\infty} \frac{(-1)^{\frac{n-1}{2}}}{n} \sin\frac{n\theta}{2} \sin n\left(\omega t + \frac{\varepsilon}{2}\right) \tag{5-46}$$

$$u_2 = \frac{4U_d}{\pi} \sum_{n=1,3,5,\cdots}^{\infty} \frac{(-1)^{\frac{n-1}{2}}}{n} \sin\frac{n\theta}{2} \sin n\left(\omega t - \frac{\varepsilon}{2}\right) \tag{5-47}$$

将以上两式相加就是 $u_o$,即

$$u_o = u_1 + u_2 = \frac{4U_d}{\pi} \sum_{n=1,3,5,\cdots}^{\infty} \frac{(-1)^{\frac{n-1}{2}}}{n} \sin\frac{n\theta}{2} \times \left[\sin n\left(\omega t + \frac{\varepsilon}{2}\right) + \sin n\left(\omega t - \frac{\varepsilon}{2}\right)\right]$$

$$= \frac{8U_d}{\pi} \sum_{n=1,3,5,\cdots}^{\infty} \frac{(-1)^{\frac{n-1}{2}}}{n} \frac{n\theta}{2} \cos\frac{n\varepsilon}{2} \sin n\omega t \tag{5-48}$$

式中,$n$ 次谐波有效值为

$$U_{on} = \frac{4\sqrt{2}U_d}{n\pi} \sin\frac{n\theta}{2} \cos\frac{n\varepsilon}{2} \tag{5-49}$$

式中,$n$ 为奇数。

如果要消除 $n$ 次谐波,则只要令上式中的 $\cos(n\varepsilon/2) = 0$ 就可以了,此时 $\varepsilon = \pi/n$。要消除 3 次谐波,则 $\varepsilon = \pi/3$;要消除 5 次谐波,则 $\varepsilon = \pi/5$。

此外,由于使 $\cos(n\varepsilon/2) = 0$,即 $n\varepsilon/2 = 2k\pi \pm \pi/2 (k = 0,1,2,\cdots)$,所以 $n = (4k\pi \pm \pi)/\varepsilon$。当消除 3 次谐波时,$\varepsilon = \pi/3$,$n = (4k\pi \pm \pi)/(\pi/3) = 12k \pm 3$;当消除 5 次谐波时,$\varepsilon = \pi/5$,$n = (4k\pi \pm \pi)/(\pi/5) = 20k \pm 5$。这就说明,当消除 $n$ 次谐波时,也就消除了 $3n$ 次、$5n$ 次、$7n$ 次等 $n$ 的奇次倍谐波。例如,在图 5-35 情况下,如选择 $\varepsilon = \pi/3$,则可消除 3 次、9 次、15 次等谐波。

### 2. 三相电压型多重逆变器

图 5-36(a)是三相电压型二重逆变器电路图,由两个三相逆变桥组成,其输入直流电源公用,输出电压通过变压器 $Tr_1$ 和 $Tr_2$ 串联合成。两个逆变桥均为 180°导电型,这样它们各自的输出线电压都是 120°矩形波。工作时,使逆变桥 Ⅱ 的相位比逆变桥 Ⅰ 的相位滞后 30°。图中画在同一水平上的绕组表示绕在同一铁心柱上,变压器 $Tr_1$ 为 △/Y 连接,匝比为 1:1;变压器 $Tr_2$ 为 △/Z(曲折星形)连接,若 $Tr_1$ 和 $Tr_2$ 一次侧的匝数相等,则 $Tr_2$ 匝比为 $\sqrt{3}:1$。变压器 $Tr_2$ 的这种接法

可以使二次侧电压比一次侧电压超前 $30°$，以抵消逆变桥 II 比逆变桥 I 滞后的 $30°$，从而让 $u_{u1}$ 和 $u_{u2}$ 的基波相位相同；而匝比选取 $\sqrt{3} : 1$，这是为了使 $u_{u1}$ 和 $u_{u2}$ 基波幅值相同。

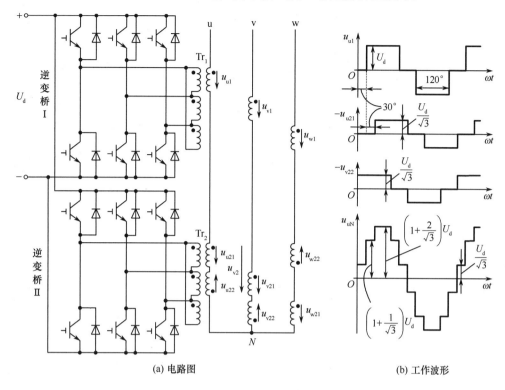

(a) 电路图　　　　　　　　　(b) 工作波形

图 5-36　三相电压型二重逆变器电路图和工作波形

$Tr_1$ 和 $Tr_2$ 二次侧基波电压的相量图如图 5-37 所示，其中 $\dot{U}_{u11}$ 表示 $u_{u1}$ 的基波相量，$\dot{U}_{u211}$ 表示 $u_{u21}$ 的基波相量，$-\dot{U}_{v221}$ 表示 $-u_{v22}$ 的基波相量，$\dot{U}_{uN1}$ 表示 $u_{uN}$ 的基波相量。

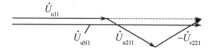

图 5-37　变压器二次侧
基波电压相量图

根据叠加原理，u 相电压 $u_{uN}$ 应由 $u_{u1}$、$u_{u21}$ 和 $-u_{v22}$ 三个方波电压叠加而成，各电压波形如图 5-36(b) 所示。从图上可以看到，$u_{uN}$ 比 $u_{u1}$ 接近正弦波。把 $u_{u1}$ 展开成傅里叶级数得

$$u_{u1} = \frac{2\sqrt{3}U_d}{\pi}\left[ \sin\omega t + \sum_{n=6k\pm1} \frac{(-1)^k}{n}\sin n\omega t \right] \tag{5-50}$$

式中，$k$ 为自然数。

其中，基波有效值 $U_{u11}$ 和 $n$ 次谐波有效值 $U_{u1n}$ 分别为

$$U_{u11} = \frac{\sqrt{6}U_d}{\pi} \approx 0.78U_d \tag{5-51}$$

$$U_{u1n} = \frac{\sqrt{6}U_d}{n\pi} \tag{5-52}$$

式中，$n = 6k\pm1$，$k$ 为自然数。

再把 $u_{u21}$ 和 $-u_{v22}$ 分别展开成傅里叶级数得

$$u_{u21} = \frac{2U_d}{\pi}\left[ \sin\left(\omega t - \frac{\pi}{6}\right) + \sum_{n=6k\pm1} \frac{(-1)^k}{n}\sin n\left(\omega t - \frac{\pi}{6}\right) \right] \tag{5-53}$$

$$-u_{v22} = \frac{2U_d}{\pi}\left[\sin\left(\omega t + \frac{\pi}{6}\right) + \sum_{n=6k\pm1}\frac{(-1)^k}{n}\sin n\left(\omega t + \frac{\pi}{6}\right)\right] \tag{5-54}$$

式中,$k$ 为自然数。

将式(5-48)、式(5-51)和式(5-52)相加就是 $u_{uN}$,即

$$
\begin{aligned}
u_{uN} &= u_{u1} + u_{u21} + (-u_{v22})\\
&= \frac{2\sqrt{3}U_d}{\pi}\left\{\left[\sin\omega t + \frac{1}{\sqrt{3}}\sin\left(\omega t - \frac{\pi}{6}\right) + \frac{1}{\sqrt{3}}\sin\left(\omega t + \frac{\pi}{6}\right)\right] + \right.\\
&\quad \left. \sum_{n=6k\pm1}\frac{(-1)^k}{n}\left[\sin n\omega t + \frac{1}{\sqrt{3}}\sin n\left(\omega t - \frac{\pi}{6}\right) + \frac{1}{\sqrt{3}}\sin n\left(\omega t + \frac{\pi}{6}\right)\right]\right\}\\
&= \frac{2\sqrt{3}U_d}{\pi}\left[\left(\sin\omega t + \frac{2}{\sqrt{3}}\cos\frac{\pi}{6}\sin\omega t\right) + \sum_{n=6k\pm1}\frac{(-1)^k}{n}\left(\sin n\omega t + \frac{2}{\sqrt{3}}\cos\frac{n\pi}{6}\sin n\omega t\right)\right]\\
&= \frac{4\sqrt{3}U_d}{\pi}\left[\sin\omega t + \sum_{n=6k\pm1}\frac{(-1)^k}{2n}\left(1 + \frac{2}{\sqrt{3}}\cos\frac{n\pi}{6}\right)\sin n\omega t\right]\\
&= \frac{4\sqrt{3}U_d}{\pi}\left[\sin\omega t + \sum_{n=12k\pm1}\frac{1}{n}\sin n\omega t\right]
\end{aligned} \tag{5-55}
$$

式中,$k$ 为自然数。

其中,基波有效值 $U_{uN1}$ 和 $n$ 次谐波有效值 $U_{uNn}$ 分别为

$$U_{uN1} = \frac{2\sqrt{6}U_d}{\pi} \approx 1.56U_d \tag{5-56}$$

$$U_{uNn} = \frac{2\sqrt{6}U_d}{n\pi} \tag{5-57}$$

式中,$n = 12k\pm1$,$k$ 为自然数。可见,在 $u_{uN}$ 中已不含 5 次、7 次等谐波。

显然,该三相电压型二重逆变器的直流侧电流每周期脉动 12 次,故称为 12 脉波逆变器。一般来说,使 $m$ 个三相桥式逆变器的相位依次错开 $(\pi/3m)$ 运行,连同使它们输出电压合成并抵消它们之间相位差的变压器,就可以构成脉波数为 $6m$ 的逆变器。

## 5.6.2 多电平化技术

在 5.3.2 节中介绍的三相桥式电压型逆变器,以直流侧中点 $N'$ 为参考点时,相电压能输出 $\pm U_d/2$ 两种电平,这种电路称为二电平电路,其输出线电压有 $+U_d$、0 和 $-U_d$ 三种电平。如果能使相电压输出更多电平,就可以使其波形更接近正弦波。所谓多电平化,就是通过对单一逆变器的结构进行改造,构成多电平逆变器,使输出波形含较多的电平去逼近正弦波。

图 5-38(a)为二极管钳位式三电平三相电压型逆变器电路图,该逆变器又称中点钳位式逆变器,其输入为电压源,输出有三相。该电路的每个桥臂由两个 IGCT 串联构成,分别都反并联了二极管,它们的中点通过钳位二极管和直流侧电容中点 $N'$ 相连接。

首先看 u 相,$VT_{11}$、$VT_{12}$、$VT_{41}$、$VT_{42}$ 的驱动信号如图 5-38(b)所示,$u_{G11}$ 与 $u_{G41}$ 信号互补,$u_{G12}$ 与 $u_{G42}$ 信号互补,且 $u_{G11}$ 与 $u_{G42}$ 相差 180°。这样,当 $VT_{11}$ 与 $VT_{12}$(或 $VD_{11}$、$VD_{12}$)导通,$VT_{41}$、$VT_{42}$ 关断时,u 端和 $N'$ 点间电位差为 $U_d/2$,即 $u_{uN'} = U_d/2$;当 $VT_{41}$、$VT_{42}$(或 $VD_{41}$、$VD_{42}$)导通,$VT_{11}$ 与 $VT_{12}$ 关断时,u 端和 $N'$ 点间电位差为 $-U_d/2$,即 $u_{uN'} = -U_d/2$;当 $VT_{12}$ 与 $VT_{41}$ 导通,$VT_{11}$、$VT_{42}$ 关断时,u 端被钳位至直流侧中点电位上,即 $u_{uN'} = 0$。由此可画出 u 相输出 $u_{uN'}$ 的波形。同样,在如图 5-38(b)所示的 $u_{G31}$、$u_{G32}$、$u_{G61}$、$u_{G62}$ 的驱动下,可得到 v 相输出 $u_{vN'}$ 的波形,如图 5-36(c)所示。又因为 $u_{uv} = u_{uN'} - u_{vN'}$,所以由 $u_{uN'}$ 和 $u_{vN'}$ 的波形也就得到了输出线电压 $u_{uv}$ 的波形,如图 5-38(d)所示。

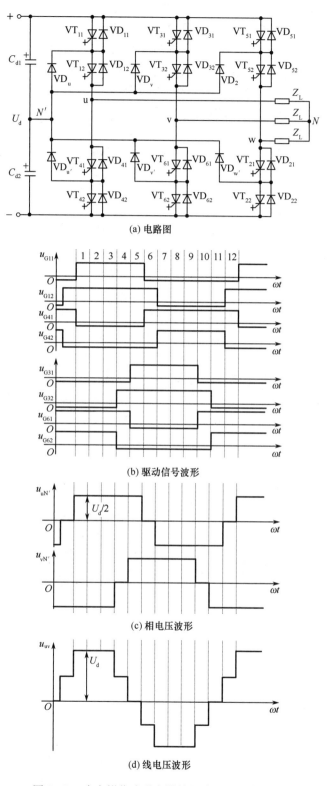

(a) 电路图

(b) 驱动信号波形

(c) 相电压波形

(d) 线电压波形

图 5-38　中点钳位式逆变器的电路图和工作波形

从图 5-38(c)、(d)可知,逆变器输出相电压(以 $N'$ 为参考点)有 $\pm U_d/2$ 和 0 三种电平,三相电压相位上互差 120°;输出线电压有 $\pm U_d$、$\pm U_d/2$ 和 0 五种电平,相位也互差 120°,其阶梯形状更接近于正弦波,输出电压谐波大大优于通常的二电平逆变器。

二极管钳位式三电平逆变器中,每个开关管所承受的电压仅为直流电源电压的一半,故特别适合高压大容量的应用场合。用类似的方法,可以构成五电平、七电平等更多电平的逆变器。除了二极管钳位式,多电平逆变器还有飞跨电容式和级联式,它们都是以半桥(每个桥臂都由两个功率开关对串联组成,这里的功率开关对指全控型电力电子器件与反并联二极管的组合)作为基本结构,再与二极管、电容、独立电源等组合而成的。

# 5.7 直流-交流变换器的 MATLAB 仿真

## 5.7.1 PWM 脉冲发生器(2 电平)的仿真模型

MATLAB 中包含多种 PWM 脉冲发生器,本节以 PWM 脉冲发生器(2 电平)的模型为例介绍其主要功能及应用,其余多种 PWM 脉冲发生器的功能不再赘述。

### 1. PWM 脉冲发生器(2 电平)仿真模块的功能及图标

PWM 脉冲发生器(2 电平)模块使用两级拓扑为基于载波的脉冲宽度调制转换器生成系统需要的 PWM 脉冲,该模块产生的脉冲可驱动单相半桥、单相桥式和三相桥式变换器中的全控型电力电子器件(如功率 MOSFET、IGBT 等),模块的图标如图 5-39 所示。

图 5-39　PWM 脉冲发生器
(2 电平)的模块图标

Uref 为输入参考信号,也称为调制信号。PWM 的调制原理是将三角载波信号与正弦参考波信号相比较来产生 PWM 波形,当正弦参考波大于载波时,上桥臂开关管的脉冲为高"1",下桥臂开关管的脉冲为低"0",如图 5-40 所示。正弦参考波信号可以由 PWM 发生器自身产生,也可以由连接在模块输入端的外部信号源产生。PWM 发生器的输出脉冲路数取决于所选择的变换器中需要驱动的开关管数。

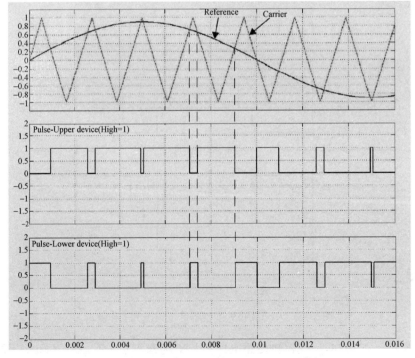

图 5-40　PWM 脉冲发生器(2 电平)的调制原理

## 2. PWM 脉冲发生器(2 电平)仿真模块的参数设置

PWM 脉冲发生器(2 电平)的参数设置对话框如图 5-41 所示。

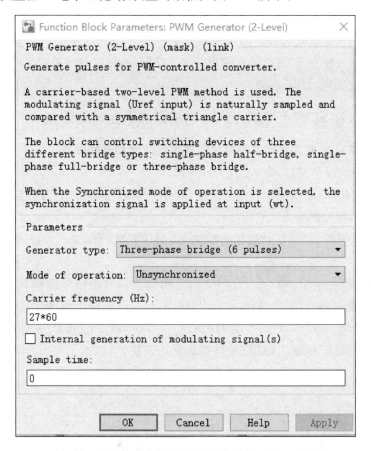

图 5-41　PWM 脉冲发生器(2 电平)的参数设置对话框

① 脉冲发生器工作模式(Generator type),用于指定产生的脉冲路数,脉冲路数正比于需要驱动的桥臂数。

选择单相半桥(2 个脉冲)驱动单相半桥变换器的开关管,脉冲 1 驱动上桥臂开关管,脉冲 2 驱动下桥臂开关管。

选择单相全桥(4 个脉冲)驱动单相全桥变换器的开关管,脉冲 1 和 3 驱动上桥臂开关管,脉冲 2 和 4 驱动下桥臂开关管。

选择三相桥(6 个脉冲)(默认)驱动三相桥式变换器的开关管,脉冲 1、3、5 驱动上桥臂开关管,脉冲 4、6、2 驱动下桥臂开关管。

② 载波的操作模式(Mode of operation),设置为 Unsynchronized(默认值)时,不同步的载波信号的频率由 Frequency 参数确定。

当设置为 Synchronized 时,载波信号与外部参考信号(输入 wt)同步,载波频率由 Switching ratio 参数确定。

③ 载波频率(Carrier frequency),单位为 Hz,三角载波信号的频率。

④ 调制信号的内部产生方式(Internal generation of modulating signal),这是个复选框,如果进行了勾选,调制信号就由模块内部自身产生;否则,必须使用外部信号产生调制信号。

⑤ 采样时间(Sample time)(以秒为单位)。设置为 0 以实现连续模块,默认值为 0。

**3. PWM 脉冲发生器(2 电平)仿真模块的输入和输出**

① Uref,仅当调制信号不选择内部方式时,该模块输入端可见。当模块用于控制单相半桥或全桥变换器时,将此输入连接到单相正弦信号,或者当 PWM 发生器模块控制三相桥式变换器时,将此输入连接到三相正弦信号。Uref 的幅度必须在−1 和+1 之间。

② P,输出可以 3 种方式工作,分别输出 2、4、6 路脉冲,用于驱动单相半桥、单相桥式和三相桥式变换器中的全控型电力电子器件。

## 5.7.2 双极性 SPWM 控制方式时单相桥式逆变器的仿真

**1. 双极性 SPWM 控制方式时单相桥式逆变器的建模和参数设置**

① 建立一个新的模型窗口,命名为 SHJPWM。

② 打开电源模块库,复制一个直流电压源到 SHJPWM 模型中,打开参数设置对话框,按要求进行参数设置,本例中幅值为 300V。

③ 打开电力电子模块库,复制通用桥模块到 SHJPWM 模型中。并设置参数,桥臂数为 2,开关管为 IGBT。

④ PWM 信号产生如图 5-42 所示。其中,三角载波信号由信号源模块库中的“Repeating Sequence”产生,设置时间值为[0  1/fc/4  3/fc/4  1/fc],设置输出值为[0 1 −1 0]。“double”模块由“Signal Attributes”模块库中的“Data Type Conversion”模块进行相应设置后得到。“Constant”模块、“Clock”模块、“sin”模块等都为常用模块,可以通过在 Simulink 模块库中查找得到。适当连接后,可得到如图 5-42 所示的双极性 PWM 信号仿真图。

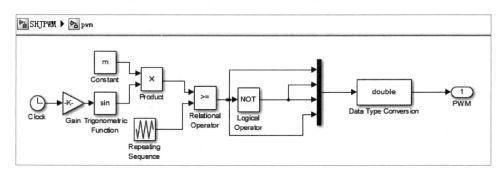

图 5-42　双极性 PWM 信号仿真图

⑤ 为了仿真界面整洁,参数易于修改,将图 5-42 所示的所有模块选中,右击并选择“Create Subsystem”生成子系统。右击该子系统,并选择“Mask Subsystem”进行封装,如图 5-43 进行封装参数 f,fc,m 名称和属性设置。之后再单击该模块,在出现的对话框中,设置三角载波信号的频率 fc 为 1650Hz,正弦电压信号频率 f 为 50Hz,调制度 m 为 0.9。

⑥ 打开元件模块库,复制一个串联 RLC 元件模块到 SHJPWM 模型中作为负载,打开参数设置对话框,设置参数 $R=1\Omega,L=0.002H$。

⑦ 打开测量模块库,复制一个 Multimeter 测量模块到 SHJPWM 模型中,用于测量负载电压和电流。

⑧ 打开输出模块库,复制一个 Scope 示波器模块,并按要求设置,用以观察电流、电压等信号。

⑨ 复制一个 powergui 模块,适当连接后,可以得到如图 5-44 所示的仿真电路。

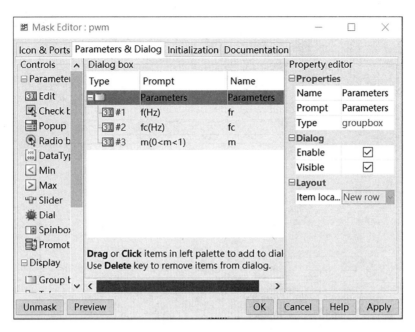

图 5-43　双极性 PWM 模块封装设置图

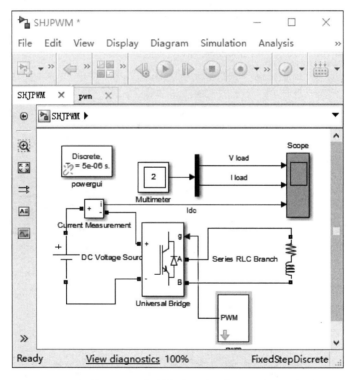

图 5-44　双极性 SPWM 控制方式时单相桥式逆变器的仿真电路

## 2. 双极性 SPWM 控制方式时单相桥式 PWM 逆变器的仿真结果

打开仿真参数窗口(见图 1-49),选择固定步长,discrete(no continuous states)算法,仿真开始时间设置为 0,仿真停止时间设置为 0.6,并开始进行仿真。图 5-45 给出了双极性 SPWM 控制方式时单相桥式 PWM 逆变器的仿真结果,图中 V load,I load 分别表示逆变后流经负载的电压和电流,Idc 表示直流电流。输出电压 V load 的谐波分析如图 5-46 所示。

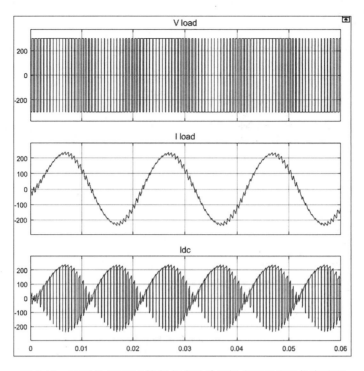

图 5-45 双极性 SPWM 控制方式时单相桥式逆变器的仿真波形

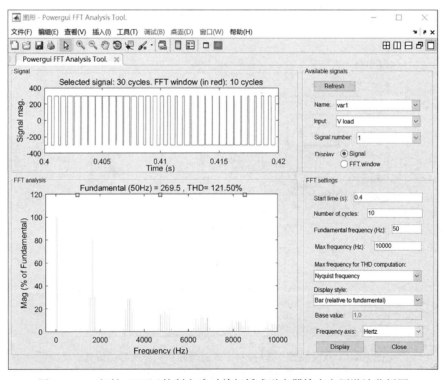

图 5-46 双极性 SPWM 控制方式时单相桥式逆变器输出电压谐波分析图

## 5.7.3 倍频 SPWM 控制方式时单相桥式逆变器的仿真

### 1. 倍频 SPWM 控制方式时单相桥式逆变器的建模和参数设置

① 建立一个新的模型窗口,命名为 BPPWM。

② 打开电源模块库,复制一个直流电压源到 BPPWM 模型中,打开参数设置对话框,按要求进行参数设置,本例中幅值为 300V。

③ 打开电力电子模块库,复制通用桥模块到 BPPWM 模型中,并设置参数,桥臂数为 2,开关管为 IGBT。

④ 打开 PWM Generator 模块库,复制 PWM Generator(2-Level)模块到 BPPWM 模型中。打开设置对话框,选择单相全桥(4 个脉冲)(默认)以驱动通用桥模块的开关管。设置三角载波信号的频率为 1650Hz。勾选调制信号为内部产生方式,调制度 m 为 0.9,输出电压频率为 50Hz。设置采样时间为 5e-6。

⑤ 打开元件模块库,复制一个串联 RLC 元件模块到 BPPWM 模型中作为负载,打开参数设置对话框,设置参数 $R=1\Omega$,$L=0.002H$。

⑥ 打开测量模块库,复制一个 Multimeter 测量模块到 BPPWM 模型中,用于测量负载电压和电流。

⑦ 打开输出模块库,复制一个 Scope 示波器模块,并按要求设置,用以观察电流、电压等信号。

⑧ 复制一个 powergui 模块,适当连接后,可以得到如图 5-47 所示的系统仿真电路。

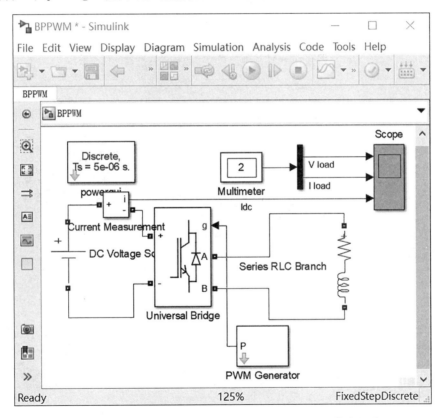

图 5-47　倍频 SPWM 控制方式时单相桥式逆变器的仿真电路

## 2. 倍频 SPWM 控制方式时单相桥式逆变器的仿真结果

打开仿真参数窗口(见图 1-49),选择固定步长,discrete(no continuous states)算法,仿真开始时间设置为 0,仿真停止时间设置为 0.6,并开始进行仿真。图 5-48 给出了倍频 SPWM 控制方式时单相桥式逆变器的仿真结果,图中 V load,I load 分别表示逆变后流经负载的电压和电流,Idc 表示直流电流。输出电压 V load 的谐波分析如图 5-49 所示。

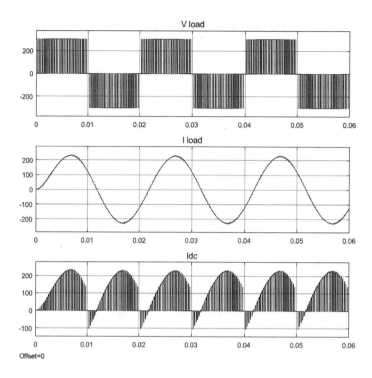

图 5-48　倍频 SPWM 控制方式时单相桥式逆变器的仿真波形

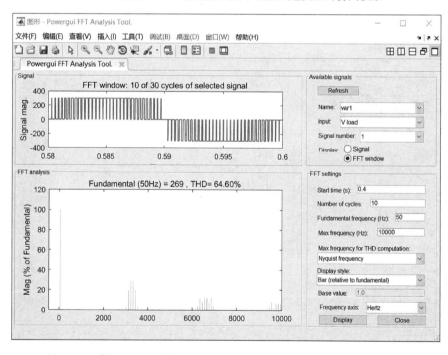

图 5-49　倍频 SPWM 控制方式时单相桥式逆变器输出电压谐波分析图

## 5.7.4　三相电压型 PWM 逆变器的仿真

用 Simulink 模块仿真三相电压型 SPWM 逆变器使用模型库中的通用桥模块（Universal Bridge）和 PWM 脉冲发生器（PWM Generator）就能实现。下面讨论三相电压型 PWM 逆变器的建模与仿真。

**1. 三相电压型 PWM 逆变器的建模和参数设置**

① 建立一个新的模型窗口，命名为 SNBQ。

② 打开电源模块库，复制一个直流电压源到 SNBQ 模型中，打开参数设置对话框，按要求进行参数设置，本例中幅值为 500V。

③ 打开电力电子模块库，复制通用桥模块到 SNBQ 模型中，并设置参数。

④ 打开 PWM Generator 模块库，复制 PWM Generator(2-Level)模块到 SNBQ 模型中。打开设置对话框，选择三相桥(6 个脉冲)(默认)以驱动三相桥式变换器的开关管。设置三角载波信号的频率为 1650Hz。勾选调制信号为内部产生方式，调制度 m 为 0.9，输出电压频率为 50Hz。设置采样时间为 5e-6。

⑤ 打开元件模块库，复制一个三相串联 RLC 元件模块到 SNBQ 模型中作为负载，打开参数设置对话框，设置参数 $R=1\Omega$，$L=0.002\mathrm{H}$。复制一个"接地"模块到 SNBQ 模型中，用于三相负载的星形连接。

⑥ 打开测量模块库，复制一个 Multimeter 测量模块到 SNBQ 模型中，用于测量三相交流电压和电流。

⑦ 打开输出模块库，复制一个 Scope 示波器模块，并按要求设置，用以观察电流、电压等信号。

⑧ 复制一个 powergui 模块，适当连接后，可以得到如图 5-50 所示的系统仿真电路。

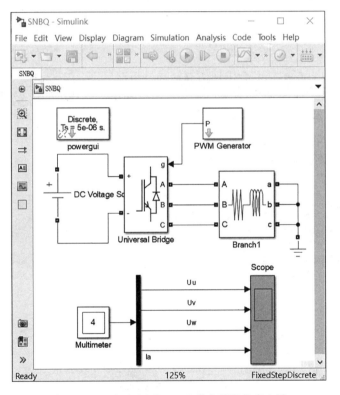

图 5-50　三相电压型 PWM 逆变器的仿真电路

**2. 三相电压型 PWM 逆变器的仿真结果**

打开仿真参数窗口(见图 1-49)，选择固定步长，discrete(no continuous states)算法，仿真开始时间设置为 0，仿真停止时间设置为 0.6，并开始进行仿真。图 5-51 给出了三相电压型 PWM 逆变器的仿真结果，图中 Uu、Uv、Uw 分别表示逆变后的各相电压，Iu 表示逆变后流经 u 相负载的电流。

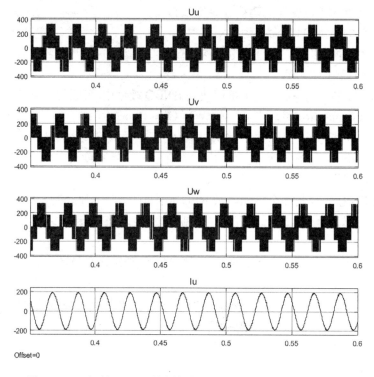

图 5-51 双极性 SPWM 控制方式时三相桥式逆变器的仿真波形

仿真结束后,双击"powergui"会出现仿真结果分析对话框,单击"FFT Analysis"分析栏进行谐波分析,弹出如图 5-52 所示的分析窗口。在右上方选择将要分析的信号,并设定起始时间、分析的周期数及基波频率。左上方的窗口将显示待分析的波形。选择 FFT 分析的结果显示模式为"Bar(直方图)",设定横坐标轴的最大频率为 10000,单击右下方的"Display"按钮,左下方的窗口则根据所选模式,显示被分析信号的频谱图或各次谐波分量的列表。输出相电压 Uu 的谐波分析如图 5-52 所示。

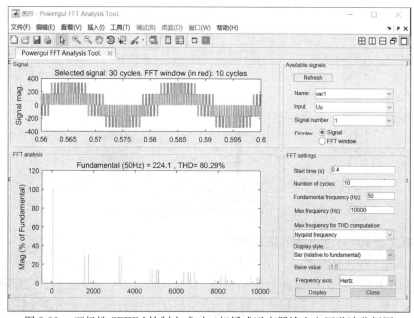

图 5-52 双极性 SPWM 控制方式时三相桥式逆变器输出电压谐波分析图

# 小 结

变频器不仅应用于交流电源和 UPS 中,而且也广泛应用在交流电动机调速系统中,尤其是应用于高铁牵引系统中。随着社会经济的发展,我国的高铁行业进入到了高速发展的阶段,交流变频调速提高了机车调速系统的性能,推动了高铁技术方面的创新发展。

变频器技术在高铁系统中的应用,不仅可以优化机车设备的结构和性能,而且可以提高高铁的运行效率。当前我国自主研发的韶山系列电力机车等,就是在牵引动力方面引入了电力电子技术。此外,我国还自主开发了斩波调压技术,实现了不使用开关的情况下,通过脉冲技术的应用,将触网电压直接连接到发动机上,为铁路机车的电动机提供了所需的稳定电压。

以高铁为代表的中国速度给很多人带来了便捷惬意的生活体验,极大地满足了日益增长的客运需求。高铁不仅为民生福祉加速,更助推着地方经济发展,润泽经济与民生的方方面面。

**本章要求**:掌握电压型逆变器、电流型逆变器的结构、工作原理;掌握 SPWM 的调制原理,双极性 SPWM 控制方式和单极性 SPWM 控制方式,同步调制方式、异步调制方式及分段同步调制方式;了解 SPWM 波产生方法和 SPWM 波的大规模集成电路芯片。掌握电压型逆变器、电流型逆变器、SPWM 逆变器的变压变频原理;掌握逆变器的 MATLAB 建模和分析方法。

**本章重点**:电压型逆变器、电流型逆变器、SPWM 逆变器的工作原理、工作波形;SPWM 控制方式、调制方式和特点。

**本章难点**:双极性 SPWM 控制方式和单极性 SPWM 控制方式的工作原理和工作波形。

# 习 题 5

5-1 什么是电压型逆变器和电流型逆变器?它们各有什么特点?

5-2 电压型逆变器中反馈二极管的作用是什么?

5-3 三相桥式电压型逆变器,$U_d = 100V$,试求输出线电压的基波幅值 $U_{uv1M}$ 和有效值 $U_{uv1}$、线电压的 5 次谐波有效值 $U_{uv5}$、输出相电压的基波幅值 $U_{uN1M}$ 和有效值 $U_{uN1}$。

5-4 SPWM 逆变器有哪些优点?其开关频率的高低有什么利弊?

5-5 简述双极性 SPWM 控制方式的控制规律,画出双极性 SPWM 控制方式的工作波形。

5-6 简述单极性 SPWM 控制方式的控制规律,画出单极性 SPWM 控制方式的工作波形。

5-7 正弦脉冲宽度调制中的单极性控制方式和双极性控制方式有何不同?

5-8 SPWM 基于什么原理?何谓调制度?何谓载波比?画出半周期脉冲数 $k = 7$ 的单极性控制方式波形。

5-9 什么是同步调制方式和异步调制方式?SPWM 中,同步调制和异步调制各有什么优、缺点?为什么采用分段同步调制方式?

5-10 SPWM 控制的逆变器,若参考波频率为 400Hz,载波比为 15,则开关管的开关频率为多少?一周期内有多少个脉冲波?

5-11 简述几种交流-直流-交流变换器是如何调压、如何变频、如何改变相序的。

5-12 SPWM 波的生成有哪些方法?

5-13 逆变器多重化的目的是什么?如何实现?

5-14 三相电压型逆变器能否采用 120° 导电方式?为什么?

5-15 三相电流型逆变器能否采用 180° 导电方式?为什么?

5-16　三相电压型逆变器，$U_d = 500V$，电感性负载，$R_L = 5\Omega$，$L = 5mH$，用 MATLAB 仿真，画出输出电压 $u_{un}$、$u_{vn}$、$u_{wn}$、$u_{uv}$、$u_{vw}$、$u_{wu}$ 的波形，输出相电压、线电压的谐波分析图。

5-17　三相电压型 SPWM 逆变器，$U_d = 500V$，电感性负载，$R_L = 5\Omega$，$L = 5mH$，调制度为 0.5，正弦参考波频率为 $25Hz$，选择合适的载波比，双极性 SPWM 控制方式，用 MATLAB 仿真，画出输出电压 $u_{un}$、$u_{vn}$、$u_{wn}$、$u_{uv}$、$u_{vw}$、$u_{wu}$ 的波形，输出相电压、线电压的谐波分析图。

5-18　三相电压型 SPWM 逆变器，$U_d = 500V$，电感性负载，$R_L = 5\Omega$，$L = 5mH$，调制度为 0.5，正弦参考波频率为 $25Hz$，选择合适的载波比，单极性 SPWM 控制方式，用 MATLAB 仿真，画出输出电压 $u_{un}$、$u_{vn}$、$u_{wn}$、$u_{uv}$、$u_{vw}$、$u_{wu}$ 的波形，输出相电压、线电压的谐波分析图。

# *第6章 谐振开关电路

本章主要内容包括:谐振开关技术的基本概念和分类,准谐振开关变换器、零开关 PWM 变换器、谐振直流环逆变器的工作原理、工作波形和特点。

本章为选修内容。

## 6.1 引　言

新型的电力电子装置要求体积小、重量轻、效率高、具有良好的电磁兼容性,而决定装置体积、重量、效率的因素通常取决于滤波电感、电容和变压器的体积及重量。解决这些问题的主要途径就是提高开关管的开关频率。但是,提高开关管的开关频率会增加开关损耗和电磁干扰,转换效率也会下降,而且开关管的开关频率也是受限制的。谐振开关技术是以谐振辅助换流方式来解决开关损耗问题的,提高了开关管的开关频率,减小了装置的体积和重量,提高了效率。谐振开关模式也称软开关模式。

## 6.2　开关模式与谐振变换器分类

### 6.2.1　硬开关模式与谐振开关模式

#### 1. 硬开关模式

在硬开关模式下,开关管在开关过程中的端电压、电流、功率损耗的波形如图 6-1 所示。由图可见,开关管在开关过程中同时存在着较高的电压和电流,导致较大的开关损耗;同时由于电压和电流变化过快,也会使电压、电流波形出现明显的过冲。随着开关频率的提高,开关损耗增加,电路效率下降,最终阻碍开关频率的进一步提高。前面介绍的直流-直流变换器和直流-交流变换器,采用的就是硬开关模式。开关管在开关过程中电压、电流的轨迹曲线如图 6-2(a)所示。

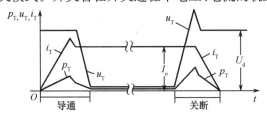

图 6-1　硬开关模式下开关管的端电压、电流和功率损耗的波形

为降低开关管的开关损耗,通常加入 RCD 缓冲电路。加入缓冲电路后,开关管在开关过程中的电压、电流的轨迹曲线如图 6-2(b)所示。从图 6-2(b)可以看出,加入缓冲电路后减少了开关管的开关损耗。但实际上,总的损耗并没有降低,只是开关管的部分损耗转移到缓冲电路中了。另外,在开关模式工作时存在的 $\mathrm{d}u/\mathrm{d}t$ 和 $\mathrm{d}i/\mathrm{d}t$ 也会造成较大的电磁干扰。

为了满足航空航天和计算机等领域对开关电源提出的超小型化、高效率和高功率密度的要求,开关电源的频率还需进一步提高。随着开关频率的提高,硬开关模式变换器的上述缺点愈加明显。

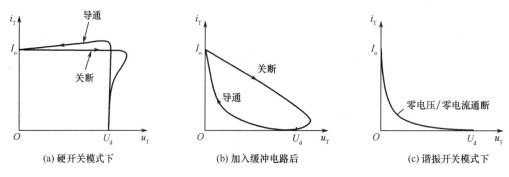

| (a) 硬开关模式下 | (b) 加入缓冲电路后 | (c) 谐振开关模式下 |

图 6-2　不同开关模式下开关管在开关过程中的电压、电流的轨迹曲线

### 2. 谐振开关模式

20 世纪 80 年代迅速发展起来的谐振开关技术可以有效地降低开关管的开关损耗,从而提高开关频率。在原有硬开关电路的基础上增加一个由很小的电感、电容等谐振元件构成的辅助换流电路,在开关过程前后引入谐振过程,使开关管导通前电压先降为零,或使开关管关断前电流先降为零,这样就可以消除开关过程中电压、电流重叠的现象,降低甚至消除开关损耗。图 6-2(c)给出了在谐振开关模式下开关管的电压、电流的轨迹曲线。

从图 6-2(c)可以看出,谐振开关技术可以使开关管的开关损耗降到很小,因而也可以提高开关管的开关频率,提高效率,减小体积。目前数兆赫的谐振开关电源已经问世,功率密度可达每立方英寸 $30\sim50W$,效率大于 $80\%$。

## 6.2.2　谐振开关变换器的分类

根据不同的拓扑结构和谐振开关方法,将谐振开关变换器划分为如下几种变换器模式。

### 1. 负载谐振开关变换器

负载谐振开关变换器由 LC 谐振电路组成。该谐振电路既可采用串联 LC 谐振电路,也可采用并联 LC 谐振电路。通过 LC 的谐振,使变换器的开关管在零电压与/或零电流时通断。在该种变换器中,通过控制谐振电路的阻抗控制流向负载的功率,故称为负载谐振开关变换器。

### 2. 准谐振开关变换器

在一些开关型变换器拓扑结构中,LC 谐振主要是给变换器上的开关管提供合适的开关电压与电流波形,使开关管在零电压与/或零电流下通断。在开关频率的一个周期内,存在谐振与非谐振不同的工作间隔。所以,这些变换器也称准谐振开关变换器。准谐振开关变换器又分为零电流开关准谐振变换器(ZCS-QRC)和零电压开关准谐振变换器(ZVS-QRC)。

### 3. 零开关 PWM 变换器

零开关 PWM 变换器在准谐振开关变换器基础上加入一个辅助开关管控制谐振元件的谐振过程,仅在主开关管导通或关断时才驱动辅助开关管,谐振电路工作,使主开关管在零电压导通或零电流关断。由于可以控制谐振电路的工作时刻,因此变换器可按恒定频率 PWM 方式改变占空比,从而改变输出电压。零开关 PWM 变换器又分为零电压开关 PWM 变换器(ZVS-PWM)和零电流开关 PWM 变换器(ZCS-PWM)。

### 4. 谐振直流环逆变器

在常规的开关型 PWM 直流-交流逆变器中,逆变器输入电压 $U_d$ 是一个幅值固定的直流电,通过开关型 PWM 获得交流输出电压。在谐振直流环逆变器中,在输入直流电源和逆变器之间加入谐振电路,利用 LC 谐振使逆变器的输入电压围绕 $U_d$ 形成振荡,在某限定时间内为 0,在这段时间内控制逆变器上的开关管的通断,从而实现了零电压通断。

谐振开关变换器中的开关管的电压或电流或两者的波形都以准正弦波形式出现,使开关管在零电压或零电流条件下进行状态转变,改善了开关管在导通和关断过程的工作条件,降低了开关管的开关损耗,提高了开关管的开关频率。

## 6.3 准谐振开关变换器

准谐振开关变换器分为零电流开关准谐振变换器(ZCS-QRC)和零电压开关准谐振变换器(ZVS-QRC)。

### 6.3.1 零电流开关准谐振变换器

零电流开关准谐振 Buck 变换器有 L 型和 M 型两种。在 L 型准谐振变换器中,若开关管只允许电流单向流通,则零电流开关准谐振变换器工作于"半波模式",其电路如图 6-3(a)所示;若开关管允许电流双向流通,则零电流开关准谐振变换器工作于"全波模式",其电路如图 6-3(b)所示。在零电流开关准谐振变换器中,谐振电容 $C_r$ 与二极管 VD 并联,而谐振电感 $L_r$ 与开关管串联。本节介绍 L 型零电流开关准谐振变换器半波模式的工作过程,其工作过程分为 4 个阶段。电感 L、电容 C、负载 $R_L$ 在谐振开关过程中等效于电流源。

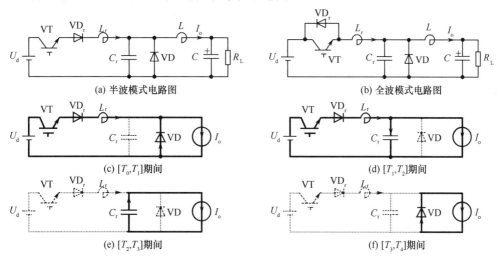

图 6-3    零电流开关准谐振 Buck 变换器电路图和不同阶段的电流回路

在 $T_0$ 时刻以前,开关管 VT 处于关断状态,输出滤波电感 L 与二极管 VD 构成续流通道,流过负载电流 $I_o$。谐振电感 $L_r$ 中的电流为 0,谐振电容 $C_r$ 的电压也为 0。电流回路如图 6-3(f)所示。

① 电感充电阶段$[T_0,T_1]$

当 $t=T_0$ 时,开关管 VT 在零电流下导通,VT 上的电压迅速下降到 0 后,谐振电感中的电流开始按直线上升,直到 $t=T_1$。电流回路如图 6-3(c)所示。

② 谐振阶段 $[T_1,T_2]$

当 $t=T_1$ 时,谐振电感 $L_r$ 中的电流 $i_{Lr}=I_o$,二极管 VD 在零电压下关断。$L_r$ 和 $C_r$ 进入谐振状态,$L_r$ 中的电流 $i_{Lr}$ 继续增加,谐振电容 $C_r$ 的充电电流为$(i_{Lr}-I_o)$。当 $L_r$ 电流下降到 $i_{Lr}<I_o$ 时,$C_r$ 放电,放电电流逐渐增大,$i_{Lr}$ 逐渐减少。电流回路如图 6-3(d)所示。

③ 电容放电阶段$[T_2,T_3]$

对于半波工作模式,当$t=T_2$时,$i_{Lr}=0$,开关管 VT 在零电流下关断,这时谐振电容$C_r$通过负载放电,并维持放电电流为$I_o$,因此$C_r$上的电压线性下降。在$t=T_3$之后,电容电压下降到 0。电流回路如图 6-3(e)所示。

④ 续流阶段$[T_3,T_4]$

当$t=T_3$时,谐振电容$C_r$上的电压下降到 0,续流二极管 VD 在零电压下开始导通,负载电流$I_o$通过二极管 VD 续流。电流回路如图 6-3(f)所示。

零电流开关准谐振变换器的开关管通态时间$t_{on}$是由谐振时间决定的,谐振电感、电容确定后,通态时间不变化。

L 型零电流开关准谐振变换器半波模式的工作波形如图 6-4 所示。

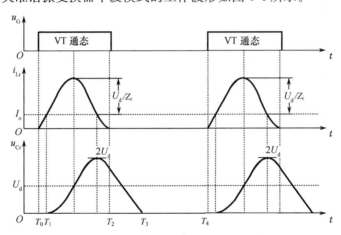

图 6-4　零电流开关准谐振 Buck 变换器半波模式的工作波形

在 ZCS-QRC 中,要求开关管通过一个比负载电流$I_o$大$U_d/Z_r$的峰值电流,$Z_r=\sqrt{\dfrac{L_r}{C_r}}$。开关管在零电流时自然关断,负载电流$I_o$不应超过$U_d/Z_r$。所以这里有一个限制,即负载电阻可以低到什么程度的问题。通过与开关管反并联一个二极管,可使输出电压对于负载变化不再那么敏感。

ZCS-QRC 也可以应用于 Boost 变换器,其电路如图 6-5 所示。在开关管 VT 处于断开状态时,谐振电感$L_r$电流为零。在开关管导通时,电流逐渐上升,实现零电流导通;电容$C_r$、电感$L_r$、开关管 VT

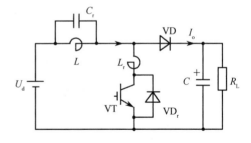

图 6-5　ZCS-QRC Boost 变换器电路图

和电源谐振,电感电流$i_{Lr}$按正弦规律变化,当$i_{Lr}$谐振到由零变负时,二极管$VD_r$导通,开关管 VT 断流,具有零电流关断条件,去除开关管 VT 的驱动信号,VT 在零电流下关断。

### 6.3.2　零电压开关准谐振变换器

零电压开关准谐振 Buck 变换器也有全波模式和半波模式两种电路。若开关管只能承受单方向电压,则工作于半波模式,其电路如图 6-6(a)所示;若开关管能承受双向电压,则工作于全波模式,其电路如图 6-6(b)所示。图中,谐振电容$C_r$与开关管并联,谐振电感$L_r$与二极管 VD 串联。电感$L$、电容$C$、负载$R_L$在谐振换流过程中等效于电流源。

下面按照谐振变换器工作过程中的 4 个阶段进行分析。

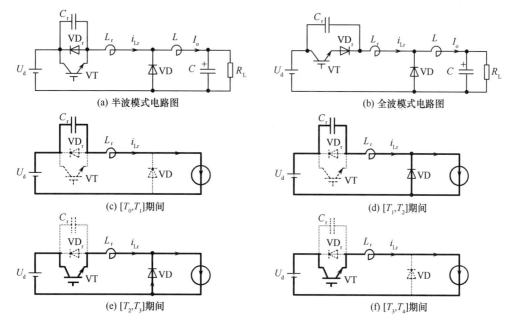

(a) 半波模式电路图　　　　　　　　　　(b) 全波模式电路图

(c) $[T_0,T_1]$ 期间　　　　　　　　　　(d) $[T_1,T_2]$ 期间

(e) $[T_2,T_3]$ 期间　　　　　　　　　　(f) $[T_3,T_4]$ 期间

图 6-6　零电压开关准谐振 Buck 变换器电路图和不同阶段的电流回路

在 $T_0$ 时刻以前，开关管 VT 处于导通状态，VD 已断开，滤波电感 $L$ 与谐振电感 $L_r$ 流过负载电流 $I_o$，谐振电容 $C_r$ 的电压为 0。电流回路如图 6-6(f)所示。

① 电容充电阶段[$T_0,T_1$]

当 $t=T_0$ 时，开关管 VT 断开，由于 $C_r$ 的电压为 0，故 VT 在零电压下关断，以电流 $I_o$ 向谐振电容 $C_r$ 充电，因此，$C_r$ 的电压按直线规律上升，直到 $u_{Cr}=U_d$ 为止。电流回路如图 6-6(c)所示。

② 谐振阶段[$T_1,T_2$]

当 $t=T_1$ 时，VD 导通，这时 $L_r$ 和 $C_r$ 进入谐振状态，VD 是零电流导通的。对于半波工作模式，$t=T_2$ 时，$u_{Cr}$ 电压被钳位于 0。对于全波工作模式，电容上电压继续朝反向振荡，并在 $t=T_2$ 时刻反向回 0。在此期间电感电流 $i_{Lr}$ 下降到 0 后反向。电流回路如图 6-6(d)所示。

③ 电感充电阶段[$T_2,T_3$]

在 $t=T_2$ 之后，电感电流直线上升，并在 $t=T_3$ 时刻达到 $I_o$。通常，对于半波工作模式，开关管 VT 在 $T_2$ 之后和电感电流 $i_{Lr}$ 变正之前这段期间导通，否则将失去零电压导通条件。对于全波工作模式，开关管 VT 可在 $u_{Cr}$ 电压为负期间加上驱动信号。电流回路如图 6-6(e)所示。

④ 恒流阶段[$T_3,T_4$]

当 $t=T_3$ 时，VD 断开，负载电流 $I_o$ 通过开关管 VT，并一直维持到 $t=T_4$ 时刻。电流回路如图 6-6(f)所示。

零电压开关准谐振变换器的开关管断态时间 $t_{off}$ 是由谐振时间决定的，谐振电感、电容确定后，断态时间不变化。

零电压开关准谐振 Buck 变换器半波模式的工作波形如图 6-7 所示。

在零电压开关准谐振 Buck 变换器中，要求开关管承受一个比 $U_d$ 高 $I_o Z_r$ 的正向电压，$Z_r=\sqrt{\dfrac{L_r}{C_r}}$；开关管在零电压导通时，负载电流 $I_o$ 必须大于 $U_d/Z_r$。所以，如果输出负载电流 $I_o$ 在一个很大的范围内变动，则上述两种情况会在开关管上产生一个很大的电压值。所以，这种方法限于应用在电流变化不大的场合。为克服这一限制，可以采用零电压通断的多谐振技术。

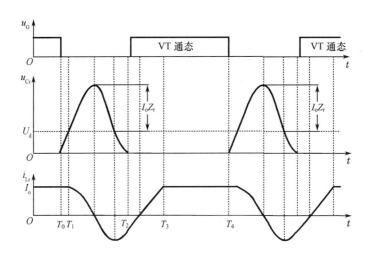

图 6-7　零电压开关准谐振 Buck 变换器半波模式的工作波形

ZVS-QRC 也可以应用于 Boost 变换器,其电路如图 6-8 所示。在开关管 VT 导通期间,电感 L 储能,与开关管并联的谐振电容电压为零。在开关管关断时,由于两端电压为零,实现零电压关断;VT 关断后,电容 $C_r$ 以电感电流 $i_L$ 充电,电容电压上升,当 $u_{Cr}$ 大于输出电压 $U_o$ 时,二极管 VD 导通,电容 $C_r$ 和电感 $L_r$ 开始谐振,电容两端电压按正弦规律变化,当 $u_{Cr}$ 谐振到零时,开关管 VT 具有零电压导通条件,驱动开关管 VT,VT 在零电压下导通。

通常,在高开关频率时,ZVS-QRC 比 ZCS-QRC 更可取,原因在于开关管的内部电容。当开关管在零电流但在一定电压下导通时,内部电容上的电荷耗散在开关管中。当开关频率很高时,这种损耗变得很大。但是,如果开关管在零电压时导通,就不存在这种损耗。

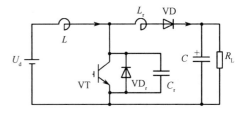

图 6-8　ZVS-QRC Boost 变换器电路图

从上述的电路分析可知,准谐振开关变换器可以有效地降低开关管的开关损耗,使得 ZCS-QRC 的实际工作频率达到 1~2MHz,ZVS-QRC 的实际工作频率达到 10MHz,但开关管的电压或电流应力都比较大,这是一个缺点,也是应用中一个重要的限制因素。

当谐振电感和谐振电容一定时,为保证开关管实现软开关模式,ZVS-QRC 开关管断态时间 $t_{off}$ 一定,ZCS-QRC 开关管通态时间 $t_{on}$ 一定,因此要实现改变占空比 D,就需要改变开关周期,也就是改变开关频率,因此不适于工作在 PWM 方式,而工作在直流-直流变换器中的第 2 种调制方式,即脉冲频率调制方式。

# 6.4　零开关 PWM 变换器

准谐振变换器的电路参数固定后,变换器的谐振过程也就确定了,因此只能改变变换器谐振过程完成后到下一次开关周期开始前的时间间隔来改变占空比 D,即只能通过改变开关周期 $T_s$ 来改变输出电压,即采用脉冲频率调制方式。这会引起高频变压器、滤波器等参数设计的困难,影响系统的性能指标。

零开关 PWM 变换器包括零电压开关 PWM 变换器(ZVS-PWM)与零电流开关 PWM 变换器(ZCS-PWM)。这类变换器在前面介绍的准谐振变换器基础上加入一个辅助开关管控制谐振元件的谐振过程,仅在主开关管导通或关断时才驱动辅助开关管,谐振电路工作,使主开关管在零电压导通或零电流关断。由于可以控制谐振电路的工作时刻,因此变换器可按恒定频率PWM方式改变占空比,从而改变输出电压。

下面以降压变换器为例讲述 ZVS-PWM 和 ZCS-PWM 变换器的工作原理。在分析过程中,假设所有开关管都是理想的,即导通时管压降为零,关断时漏电流为零,导通与关断瞬间完成。滤波电感 $L$、滤波电容 $C$ 足够大,在一个开关周期中,滤波电感 $L$、滤波电容 $C$、负载电阻 $R_L$ 可用电流为 $I_o$ 的理想电流源代替。

### 6.4.1　零电压开关 PWM 变换器

如图 6-9(a)所示为 ZVS-PWM 降压变换器的电路图。它由输入电源 $U_d$、主开关管 VT(包括与其反并联的二极管 $VD_r$)、续流二极管 VD、滤波电感 $L$、滤波电容 $C$、负载电阻 $R_L$、谐振电感 $L_r$、谐振电容 $C_r$ 和辅助开关管 $VT_1$(包括与其串联的二极管 $VD_1$)构成。从图可知,ZVS-PWM 变换器在 ZVS-QRC 电路的谐振电感 $L_r$ 上并联了一个辅助开关管 $VT_1$ 和 $VD_1$。

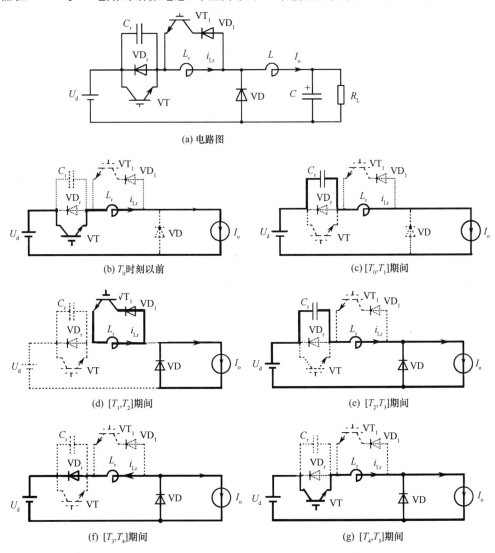

图 6-9　ZVS-PWM Buck 变换器电路图和不同阶段的电流回路

在 $T_0$ 时刻以前，主开关管 VT 导通，给辅助开关管 $VT_1$ 驱动信号。续流二极管 VD 截止，$i_{Lr}=I_L=I_o$，$u_{Cr}=0$。在一个开关周期 $T_s$ 中，分 5 个阶段来分析电路的工作过程。电流回路如图 6-9(b)所示。

① 谐振电容充电阶段 $[T_0,T_1]$

当 $t=T_0$ 时，$u_{Cr}=0$，关断 VT，VT 零电压关断，电流 $i_{Lr}$ 立即从 VT 转移到谐振电容 $C_r$，给 $C_r$ 充电。由于 $i_{Lr}=I_L=I_o$ 恒定，$u_{Cr}<U_d$ 时，续流二极管 VD 仍处于反偏截止，直到 $t=T_1$，$C_r$ 充电到 $u_{Cr}=U_d$，续流二极管 VD 导通。电流回路如图 6-9(c)所示。

② 谐振电感放电和负载续流阶段 $[T_1,T_2]$

由于续流二极管 VD 导通，谐振电感的电流 $i_{Lr}$ 经 $VT_1$、$VD_1$ 续流，该阶段可以通过改变辅助开关管 $VT_1$ 的关断时刻 $T_2$ 来控制谐振开始时刻，从而可以控制 VT 导通时刻，也就是可以决定断态时间，因此可以控制占空比，实施 PWM 控制。电流回路如图 6-9(d)所示。

③ 谐振阶段 $[T_2,T_3]$

当 $t=T_2$ 时，使辅助开关管 $VT_1$ 关断，$C_r$、$L_r$ 产生谐振。在 $VT_1$ 关断前，由于 $u_{Cr}=U_d$，所以谐振电感上的电压很小，$VT_1$ 为零电压关断。在谐振期间，$u_{Cr}$ 达最大值 $u_{Cr}=U_d+I_oZ_r$，此后谐振电流 $i_{Lr}$ 反向为负，电容 $C_r$ 放电，$u_{Cr}$ 下降，到 $t=T_3$ 时，$u_{Cr}=0$。从 $u_{Cr}$ 到达最大值至 $T_3$ 期间，$i_{Lr}$ 为负值。电流回路如图 6-9(e)所示。

④ 谐振电感续流和充电阶段 $[T_3,T_4]$

负电流 $i_{Lr}$ 经二极管 VD、$VD_r$ 向电源 $U_d$ 回馈能量。由于导通的 $VD_r$ 与主开关管 VT 并联，在此期间使 VT 导通，则 VT 将在零电压下导通。VT 导通后，负电流 $i_{Lr}$ 迅速反向经零增大，到 $t=T_4$ 时，$i_{Lr}=I_o$。续流二极管 VD 的电流 $i_D=I_o-i_{Lr}$，从 $I_o$ 减小到零而自然关断。电流回路如图 6-9(f)、(g)所示。可以证明，为了使 VT 在零电压下导通，必须选择满足下列关系的谐振电路参数

$$L_r>\frac{1}{2\pi f_r}\frac{U_d}{I_{omin}} \tag{6-1}$$

$$C_r>\frac{1}{2\pi f_r}\frac{I_{omin}}{U_d} \tag{6-2}$$

以上两式中，$f_r$ 是谐振电路的谐振频率；$I_{omin}$ 是负载电流的最小值。

⑤ 能量传递阶段 $[T_4,T_5]$

当 $t=T_4$ 时，主开关管 VT 已经导通，VD 截止，电源 $U_d$ 向负载恒流供电。当 $t=T_5$ 时，使 VT 关断。因为 VT 关断时，$u_{T1}=u_{Cr}$ 很小，所以 VT 也是软关断，完成一个开关周期 $T_s$。电流回路如图 6-9(b)所示。

ZVS-PWM 变换器的工作波形如图 6-10 所示。

ZVS-PWM 变换器既有主开关零电压导通的优点，同时，通过控制辅助开关管的关断时刻控制谐振时刻，因此可像常规 PWM 那样恒频调节输出电压，从而给电路中变压器、电感和滤波器的最优化设计创造良好的条件，克服 ZVS-QRC 变换器中变频控制带来的诸多问题。

### 6.4.2 零电流开关 PWM 变换器

如图 6-11(a)所示为 ZCS-PWM 降压变换器的原理图。它由输入电源 $U_d$、主开关管 VT(包括与其反并联的二极管 $VD_r$)、续流二极管 VD、滤波电感 L、滤波电容 C、负载电阻 $R_L$、谐振电感 $L_r$、谐振电容 $C_r$、辅助开关管 $VT_1$(包括与其并联的二极管 $VD_1$)构成。从图可知，ZCS-PWM 变换器在 ZCS-QRC 电路的谐振电容 $C_r$ 上增加了一个与之串联的辅助开关管 $VT_1$ 和 $VD_1$。

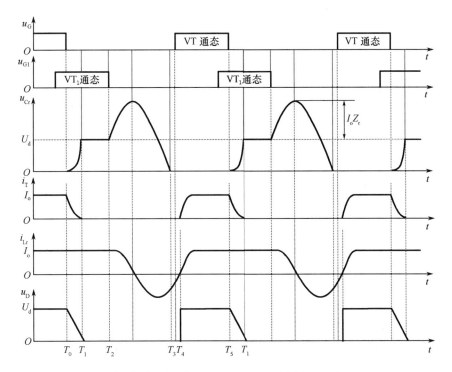

图 6-10　ZVS-PWM 降压变换器的工作波形

ZCS-PWM 降压变换器的一个开关周期 $T_s$ 中,分 6 个阶段来分析电路的工作过程。

在 $T_0$ 时刻以前,主开关管 VT 和辅助开关管 $VT_1$ 都截止,续流二极管 VD 导通,$i_D = I_o$,谐振电容 $C_r$ 上的电压 $u_{Cr} = 0$。电流回路如图 6-11(b)所示。

① 谐振电感充电阶段 $[T_0, T_1]$

当 $t = T_0$ 时,使 VT 导通,$i_{T1} = i_{Lr}$ 线性上升至 $I_o$。$i_D = i_L - I_o$ 下降到零,当 $t = T_1$ 时,VD 截止。在 VT 导通时,由于串联谐振电感,电流为零,谐振电感 $L_r$ 上的电压 $u_{Lr} = U_d$,则 VT 为软导通。电流回路如图 6-11(c)所示。

② 谐振电容充电阶段 $[T_1, T_2]$

在 VD 截止后,$L_r$、$C_r$ 产生谐振,谐振回路为输入电源 $U_d$、主开关管 VT、谐振电感 $L_r$、二极管 $VD_2$、谐振电容 $C_r$,$i_{Lr} > I_o$,经过半个谐振周期后到 $t = T_2$ 时刻,$i_{Lr} = I_o$,$u_{Cr} = 2U_d$(最大值)。电流回路如图 6-11(d)所示。

③ 谐振电感恒流阶段 $[T_2, T_3]$

当 $t = T_2$ 时,$VD_1$ 的电流 $i_{D1} = i_{Lr} - I_o = 0$ 而自然关断,电源对负载供电,$i_{Lr} = i_L = I_o$。电流回路如图 6-11(e)所示。

④ 谐振电容放电阶段 $[T_3, T_4]$

当 $t = T_3$ 时,$i_{Lr} = i_L = I_o$,$u_{Cr} = 2U_d$,使 $VT_1$ 导通,$C_r$ 处于放电状态,$L_r$、$C_r$ 将继续谐振。谐振电感电流 $i_{Lr}$ 由正方向谐振衰减,负载电流由 $i_{Cr}$ 提供。$i_{Lr}$ 到零之后,$VD_r$ 导通,$i_{Lr}$ 通过 $VD_r$ 继续反方向谐振,并将能量回馈电源 $U_d$。当 $t = T_4$ 时,电感电流 $i_{Lr}$ 由反方向谐振衰减到零。显然,在 $i_{Lr}$ 反方向运行期间,主开关管 VT 可以在零电压、零电流下完成关断过程。电流回路如图 6-11(f)所示。

可以证明,为了使 VT 在零电流下关断,必须选择满足下列关系式的谐振电路参数

$$L_r < \frac{1}{2\pi f_r} \frac{U_d}{I_{omax}} \tag{6-3}$$

$$C_r < \frac{1}{2\pi f_r} \frac{I_{omax}}{U_d} \tag{6-4}$$

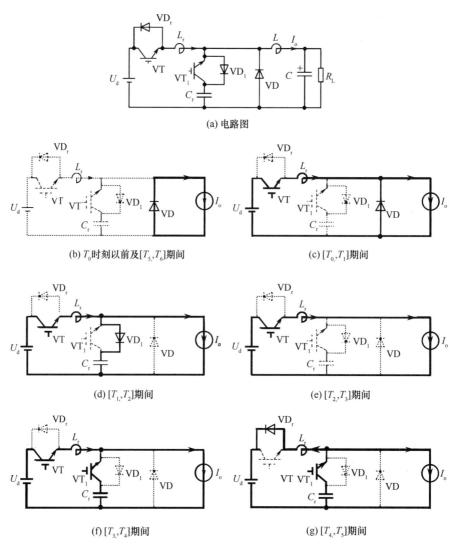

(a) 电路图

(b) $T_0$ 时刻以前及 $[T_5,T_6]$ 期间

(c) $[T_0,T_1]$ 期间

(d) $[T_1,T_2]$ 期间

(e) $[T_2,T_3]$ 期间

(f) $[T_3,T_4]$ 期间

(g) $[T_4,T_5]$ 期间

图 6-11　ZCS-PWM Buck 变换器电路图和不同阶段的电流回路

以上两式中，$f_r$ 是谐振电路的谐振频率；$I_{omax}$ 是负载电流的最大值。

⑤ 谐振电容线性放电阶段 $[T_4,T_5]$

在此期间，VT 已关断，VD 仍截止，$C_r$ 经 VT$_1$ 对负载放电，到 $t=T_5$ 时，$u_{Cr}=0$。电流回路如图 6-11(g) 所示。

⑥ 续流阶段 $[T_5,T_6]$

当 $t=T_5$ 时，$u_{Cr}=0$，续流二极管 VD 立即导通，$i_D=I_o$，$t>T_5$ 后，使 VT$_1$ 关断，则 VT$_1$ 在零电流下完成关断。$t=T_6$ 时使主开关管 VT 导通，开始下一个开关周期。电流回路如图 6-11(b) 所示。

通过控制辅助开关管的谐振时刻可以决定开关管的通态时间，因此可以控制占空比，实现 PWM 控制。

ZCS-PWM 降压变换器的工作波形如图 6-12 所示。

ZCS-PWM 降压变换器保持了 ZCS-QRC 电路中主开关管零电流关断的优点。同时，通过控制辅助开关管的导通时刻控制谐振时刻，因此可以如常规 PWM 那样恒频调节输出电压。

零开关 PWM 变换器的主要缺点是谐振电感串联在主电路中，因此实现 ZVS-QRC、ZCS-QRC 的条件与电源电压、负载变化有关。

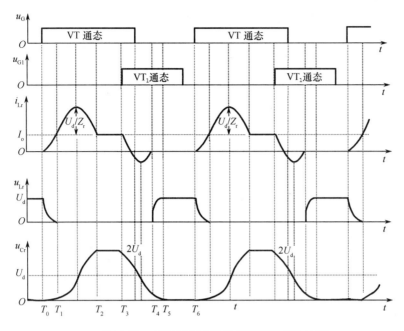

图 6-12　ZCS-PWM 降压变换器的工作波形

# 6.5　谐振直流环逆变器

谐振直流环逆变器用于将谐振电路连接在直流输入电源和 PWM 逆变器之间。当谐振电路工作时,逆变器的端电压在零和直流输入电源电压之间振荡,从而实现逆变器上开关管的零电压关断。自 1986 年美国学者 M. Divan 提出谐振直流环概念以来,在三相 PWM 逆变器方面得到广泛应用。特别是近年来,在高功率因数的逆变器研究方面,在采用谐振直流环的软开关技术以后,解决了变换器中电力电子器件在硬开关工作中所引起的电磁干扰、开关损耗大等问题,受到研究者的广泛关注。

### 1. 谐振直流环逆变器的结构

图 6-13 所示为一种特性较好的谐振直流环逆变器电路图,虚框内为桥式并联谐振网络,它由主开关管 $VT_0(VD_0)$,谐振开关管 $VT_a$、$VT_b$、$VD_a$、$VD_b$ 及谐振电感 $L_r$ 组成。

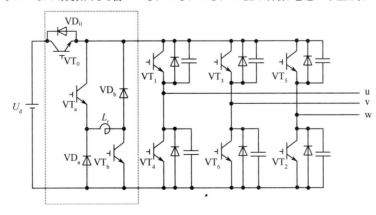

图 6-13　谐振直流环逆变器电路图

图 6-13 中,三相逆变器开关管两端并联的电容可以等效为逆变器两端的电容 $C$,如图 6-14(a)所示。则在 $VT_0$、$VT_a$、$VT_b$ 通断,形成 $L_rC$ 谐振过程中就能使电容 $C$ 两端的电压为 0,从而在主开关管 $VT_1 \sim VT_6$ 需要改变开关状态时,产生零电压导通和零电压、零电流关断的条件。该拓扑结构具有以下特点:

① 逆变器开关管可以选择在任何时刻通断,谐振可以在任何时刻进行,便于和逆变器 $VT_1 \sim VT_6$ 开关管的 PWM 控制同步;

② 所有开关管承受的电压应不超过 $U_d$;

③ 谐振电路的开关管的通断均在零电压条件下进行;

④ 谐振电感 $L_r$ 不在主回路能量传递通道上,逆变器不换流时 $L_r$ 不工作,仅作为谐振时的储能元件;

⑤ 谐振电容和每个主开关管并联,因此,可以利用器件本身的寄生电容作为谐振电容或作为谐振电容的一部分。

图 6-13 中的所有开关管均假设为理想的,谐振电感 $L_r$ 远小于负载电感。$L_rC$ 谐振周期很短,因此,在一个谐振周期中,带有三相电感性负载的逆变器从直流母线侧来看可以等效为一恒定的电流源 $I_o$,直流电源电压为一个理想的电压源 $U_d$,忽略 $L_r$、$C$ 的损耗。因此,图 6-13 所示电路的工作过程可以用图 6-14(a)的等效电路来分析。

**2. 谐振直流环逆变器的工作原理**

在一个完整的谐振开关过程中,按电路的状态可划分为 7 个阶段,下面对各阶段的工作过程进行分析。

① 稳态供电阶段 $[T_0,T_1]$

在该阶段,开关管 $VT_0$ 处于通态,电流回路如图 6-14(b)所示,$VT_a$、$VT_b$ 断开,直流电源 $U_d$ 经 $VT_0$ 给负载传送能量,电路处于稳定状态,谐振电路不工作。在此阶段谐振电感的电流为 0,谐振电容电压 $u_C = U_d$,这个阶段的持续时间取决于逆变器的 PWM 控制所需的交流输出电压波形的稳定状态的持续时间。

② 能量补充阶段 $[T_1,T_2]$

当 $t = T_1$ 时,使 $VT_a$ 和 $VT_b$ 导通,电流回路如图 6-14(c)所示,由于 $L_r$ 的初始电流为 0,$u_C = U_d$,$VT_a$、$VT_b$ 导通是由于与电感 $L_r$ 串联因而是在零电流条件下导通的。$VT_a$、$VT_b$ 导通后,$L_r$ 的电流线性增加,到达 $T_2$ 时刻时,$i_{Lr}$ 增加到某一阈值 $I_T$,$I_T$ 使 $L_r$ 具有足够的能量,维持 $L_rC$ 谐振电路完成谐振过程,使电容电压 $u_C$ 谐振过 0。在能量补充阶段,由于 $VT_0$ 还在导通,谐振电容电压一直保持为 $u_C = U_d$。忽略 $VT_a$、$VT_b$ 的导通时间,谐振电感 $L_r$ 的电流从 0 到达 $I_T$ 所需时间为

$$T_2 - T_1 = L_r \frac{I_T}{U_d} \tag{6-5}$$

③ 谐振阶段 1 $[T_2,T_3]$

当 $t = T_2$ 时,使 $VT_0$ 关断,电流回路如图 6-14(d)所示。这时由于 $u_C = U_d$,所以 $VT_0$ 的端电压为 0,$VT_0$ 在零电压条件下关断,此后 $L_r$ 和 $C$ 开始谐振。在谐振阶段 1 中,谐振电容的放电电流为 $I_o + i_{Lr}$,到 $T_3$ 时刻,谐振电容放完所有电量,其端电压为 0。

④ 环流阶段 $[T_3,T_4]$

当 $t = T_3$ 时,$VT_0$ 已断开,$u_C = 0$,$i_L$ 经 $VT_a$、$VD_b$ 和 $VT_b$、$VD_a$ 续流,电流回路如图 6-14(e)所

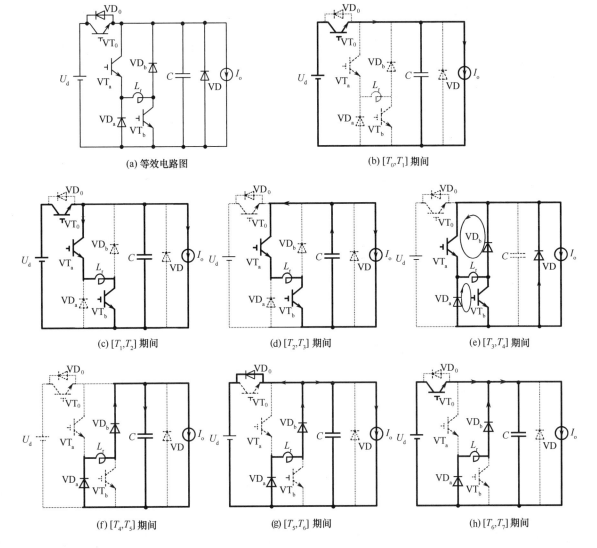

图 6-14　谐振直流环逆变器等效电路图和不同阶段的电流回路

示。在这段时间内使逆变器开关管导通和关断,可使逆变器开关管在零电压下换相,这段时间的长度取决于逆变器中开关管的状态转换时间。

⑤ 谐振阶段 2[$T_4$,$T_5$]

当 $t=T_4$ 时,关断 $VT_a$、$VT_b$,谐振电感电流 $i_L$ 经 $VD_a$、$VD_b$ 供电给电容 $C$ 及负载 $I_o$,电流回路如图 6-14(f)所示。在该阶段的初始时刻 $T_4$,逆变器中开关管的状态转换已完成,关断 $VT_a$、$VT_b$ 时,$u_C=0$,因此 $VT_a$、$VT_b$ 在零电压下关断,电感 $L_r$ 和电容 $C$ 重新开始谐振,电容电压 $u_C$ 从 0 谐振上升直到重新达到 $U_d$。

⑥ 钳位回馈阶段[$T_5$,$T_6$]

当 $t=T_5$ 时,电容电压 $u_C$ 已上升到 $U_d$,由于电感电流 $i_{Lr}$ 大于负载电流,因此将继续给电容 $C$ 充电,$u_C$ 的电压一旦高于 $U_d$,由于二极管 $VD_0$ 的钳位作用,谐振回路电感中的电流除供给负载外,多余的电流通过 $VD_0$ 回馈给电压源,电感电流逐渐减小,电流回路如图 6-14(g)所示。当电感电流减小到等于负载电流时,$VT_0$ 导通,由电压源和电感电流 $i_{Lr}$ 同时给负载供电。$VT_0$ 是在零电压和零电流下导通的。

⑦ 续流阶段$[T_6, T_7]$

当 $t = T_6$ 时,电感电流等于负载电流,$VT_0$ 导通,由电压源和电感电流 $i_{Lr}$ 同时给负载供电,电流回路如图 6-14(h)所示。电感电流逐渐减少到 0,$VD_a$、$VD_b$ 关断,然后回到稳态供电状态。

在各个阶段的电压和电流波形如图 6-15 所示。

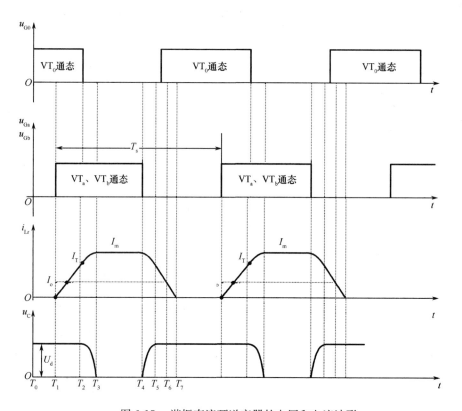

图 6-15　谐振直流环逆变器的电压和电流波形

由前面的分析可知,谐振直流环逆变器中的所有开关管均工作在软开关模式,降低了开关管的开关损耗,减小了开关应力,系统处于高效率运行状态。

# 小　　结

电力电子变换器已经应用于国民经济的各个领域,但是,电力电子变换器也存在着能耗大和电磁污染的问题。谐振开关技术应用在直流-直流变换器和直流-交流变换器中,可以有效地降低开关损耗,减少电磁污染,提高变换器效率,从而达到节能的效果。

**本章要求:**了解谐振开关和硬开关模式的区别和特点,了解准谐振开关变换器、零开关 PWM 变换器、谐振直流环逆变器的工作原理、开关过程和特点。

# 习　题　6

6-1　电力电子器件有几种功率损耗?

6-2　谐振开关工作的特点是什么?

6-3　试分析谐振开关电路的优、缺点。

6-4 何谓软开关模式和硬开关模式？

6-5 简述零电流开关准谐振变换器的工作原理。

6-6 简述零电压开关准谐振变换器的工作原理。

6-7 简述零开关 PWM 与准谐振变换器的不同。

6-8 谐振直流环逆变器是如何实现逆变器上开关管零电压通断的？

# *第7章 电力电子装置应用中的一些问题

本章主要内容包括:电力电子器件的换流方式;在变换器中过电压保护和过电流保护的基本保护电路;电力电子装置的谐波和抑制方法、无功功率和补偿方法。

本章为选修内容。

## 7.1 电力电子器件的换流方式

在图 7-1 所示的整流器工作过程中,在 $t_1$ 时刻出现了电流从 u 相到 v 相的转移。电流从一个支路向另一个支路转移的过程称为换流,也叫换相。在换流过程中,有的支路要从通态变为断态,有的支路要从断态变为通态。从断态到通态转变时,无论支路是由全控型还是半控型电力电子器件组成,只要给控制端适当的驱动信号,就可以使其导通。但从通态到断态转变的情况则不同,全控型电力电子器件可以通过对控制端的控制使其关断,而对于半控型器件(晶闸管)来说,无法通过控制端进行关断控制,只能利用外部条件或采取其他措施才能使其关断。因此,研究换流方式主要就是研究如何使器件关断。

一般来说,换流方式可分为以下 4 种。

### 1. 器件换流

利用全控型电力电子器件的自关断能力进行换流称为器件换流(Device Commutation)。如采用功率 MOSFET、IGBT、IGCT 等全控型电力电子器件的电路中,其换流方式即为器件换流。

### 2. 电网换流

由电网提供换流电压,称为电网换流(Line Commutation)。这种换流方式应用于由交流电网供电的电路中,它是利用电网电压自动过零并变负的性质来实现换流的,如图 7-1 所示。当 $u_v > u_u$ 时,触发 $VT_2$,即可使 $VT_1$ 承受反向电压而自动关断。这种换流方式不需要开关管具有自关断能力,也不需要附加换流回路,可用于相控整流器、有源逆变器和交流-交流变换器中,但不适用于无源逆变器和直流斩波器。

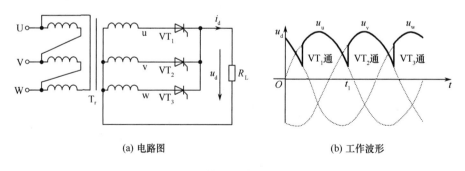

(a) 电路图　　　　　　　　　　　(b) 工作波形

图 7-1　电网换流电路图和工作波形

### 3. 负载换流

由负载提供换流电压,称为负载换流(Load Commutation)。这种换流方法多用于直流电源供电的负载电路中。它利用负载回路中电容和电感所形成的振荡特性,其电流具有自动过零的特点,只要负载电流超前于负载电压的时间大于晶闸管的关断时间,逆变器中的晶闸管就能自动关断。

并联或串联谐振式的中频电源就是属于负载换流的。下面以如图 7-2 所示的并联谐振式逆变器为例来分析其换流过程。在直流侧串入了一个很大的电感 $L_d$，因而在工作过程中 $i_d$ 近似为恒值 $I_d$，负载两端电压经电容 $C$ 滤去高次谐波后近似为正弦波。设在 $t_1$ 时刻前 $VT_1$、$VT_4$ 为通态，$VT_2$、$VT_3$ 为断态，$u_o$、$i_o$ 均为正，$VT_2$、$VT_3$ 上施加的电压即为 $u_o$。在 $t_1$ 时刻触发 $VT_2$、$VT_3$ 使其导通，负载电压 $u_o$ 就通过 $VT_2$、$VT_3$ 分别加到 $VT_4$、$VT_1$ 上，使其承受反压而关断，电流从 $VT_1$、$VT_4$ 转移到 $VT_3$、$VT_2$。触发 $VT_2$、$VT_3$ 的时刻 $t_1$ 必须在 $u_o$ 过零前并留有足够的裕量，才能使换流顺利完成。

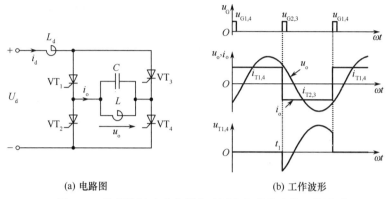

(a) 电路图　　　　　　　　　　　(b) 工作波形

图 7-2　并联谐振式逆变器电路图和负载换流的工作波形

负载中的电容不仅要补偿负载的功率因数，而且还要提供一个超前的负载电流，因此容量较大。

### 4. 强迫换流

通过附加的强迫换流电路给欲关断的晶闸管施加反向电压或反向电流的换流方式，称为强迫换流（Forced Commutation）。换流电路的作用是利用储能元件中的能量，使原来导通的晶闸管电流下降到零，再使它承受一段时间反向电压，使晶闸管关断。

在强迫换流方式中，由换流电路内的电容直接提供换流电压的方式称为直接耦合式强迫换流，也称为电容换流，如图 7-3 所示为其原理图。在晶闸管 VT 处于通态时，电源 $U_d$ 经 VT、电容 $C$ 和电阻 $R_1$ 回路，给电容 $C$ 充电至 $u_C = +U_d$，极性左正右负，如图 7-3（a）所示。换流时，触发辅助晶闸管 $VT_1$，在电容 $C$、晶闸管 VT、辅助晶闸管 $VT_1$ 回路，$VT_1$ 承受正压导通，VT 承受反向电压而关断，电容 $C$ 经过 $R_L$、电源 $U_d$ 及 $VT_1$ 放电，直至衰减到 $u_C = 0$。然后，电源 $U_d$ 通过 $VT_1$ 和 $R_L$ 对电容 $C$ 反向充电，如图 7-3（b）所示。电容电压 $u_C$ 从 $+U_d$ 下降过零并反向充电至 $-U_d$，$u_C$ 的波形如图 7-3（c）所示。其中，$u_C$ 从 $+U_d$ 到 0 的时间 $t_0$ 即为 VT 承受反向电压的时间。若再次触发导通 VT，则 $u_C$ 反极性地施加在 $VT_1$ 上使之关断，进入 VT 导通的下一个周期。

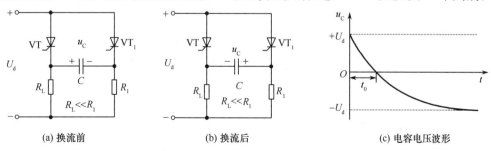

(a) 换流前　　　　　　　　(b) 换流后　　　　　　　　(c) 电容电压波形

图 7-3　电容换流的强迫换流过程原理图和电容电压波形

在强迫换流方式中，换流可以用辅助晶闸管或下一个要导通的晶闸管进行，前者称为辅助晶闸管换流方式，后者称为互补换流方式。

# 7.2 变换器保护

在电力电子变换器中,除选择合适的电力电子器件参数、设计良好的驱动电路和缓冲电路外,采用适当的过电压保护、过电流保护、$du/dt$ 保护和 $di/dt$ 保护也是必要的。功率二极管、晶闸管的过电压、过电流保护与变换器的保护是统一的,而全控型电力电子器件的过电压和过电流保护在第 1 章已经介绍了。

## 7.2.1 变换器的过电压保护

变换器中的电力电子器件在正常工作时所承受的最大峰值电压 $U_M$ 与电源电压、电路的接线形式有关,它是选择电力电子器件额定电压的依据。以晶闸管为例,若正向电压超过了晶闸管的正向转折电压,将产生误导通;若反向电压超过其反向击穿电压,则晶闸管被击穿,造成永久性损坏。因此,为防止短时过电压对变换器的损坏,必须采取适当的保护措施。

### 1. 引起过电压的原因

① 操作过电压。由断路器的拉闸、合闸,变压器的通电、断电等经常性操作中的电磁过程引起的过电压。

② 浪涌过电压。由雷击等偶然原因引起,从电网进入变换器的过电压,其幅值远远高于工作电压。

③ 电力电子器件关断过电压。电力电子器件关断时,由于回路电感在电力电子器件上产生的过电压。

④ 过电压和过电流保护动作引起的过电压。某处过电流、过电压动作时所产生的电路的过电流、过电压抑制过程,可能引起电路其他部分产生过电流、过电压。例如,快速熔断器在切断过电流时,可能在其他电力电子器件上产生过电压。

⑤ 泵升过电压。在电力电子变换器-电动机调速系统中,由于电动机回馈制动造成直流侧过电压。

### 2. 过电压保护方法

过电压保护的基本原则是:根据电路中过电压产生的不同部位,加入不同的附加电路,当超过规定电压值时,附加电路工作,使过电压通过附加电路形成通路,消耗或存储过电压的电磁能量,使过电压的能量不会加到电力电子器件上,达到保护的目的。保护电路形式很多,也很复杂。常用的保护方法有避雷器、阻容保护、瞬态抑制二极管、压敏电阻、泵升电压保护等,如图 7-4 所示。

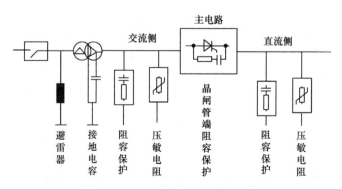

图 7-4 过电压保护方法的原理图

（1）避雷器

雷击过电压可在变压器初级接避雷器加以保护。

（2）接地电容

二次电压很高或变压比很大的变压器，一次侧合闸时，由于一次、二次绕组间存在分布电容，高电压可能通过分布电容耦合到二次侧而出现瞬时过电压。对此可采取变压器附加屏蔽层接地或变压器星形连接中点通过电容接地的方法来减小电压。

（3）阻容保护

阻容保护电路是变换器中用得最多的过电压保护措施。将电容并联在回路中，当电路中出现尖峰电压时，电容两端电压不能突变的特性，可以有效地抑制电路中的过电压。与电容串联的电阻能消耗掉部分过电压能量，同时抑制电路中的电感与电容产生振荡。

RC阻容保护电路可以设置在变换器装置的交流侧、直流侧，其接法如图7-5所示。也可将RC保护电路直接并联在主电路的晶闸管元件上，有效地抑制晶闸管关断时的关断过电压。

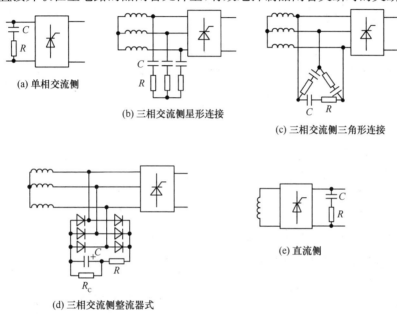

(a) 单相交流侧

(b) 三相交流侧星形连接

(c) 三相交流侧三角形连接

(d) 三相交流侧整流器式

(e) 直流侧

图 7-5 几种 RC 阻容保护电路的接法

在单相变压器二次侧加入的并联阻容保护电路如图7-5(a)所示，其 $R$、$C$ 的计算公式为

$$C \geqslant 6 \times i_{\mathrm{o}}\% \times \frac{S}{U_2^2} (\mu\mathrm{F}) \tag{7-1}$$

$$R \geqslant 2.3 \times \frac{U_2^2}{S} \times \sqrt{\frac{u_{\mathrm{k}}\%}{i_{\mathrm{o}}\%}} (\Omega) \tag{7-2}$$

式中，$S$ 为变压器每相平均计算容量，单位为 VA；$U_2$ 为变压器二次侧相电压有效值，单位为 V；$i_{\mathrm{o}}\%$ 为变压器励磁电流百分值，10～1000kVA 变压器为 4～10；$u_{\mathrm{k}}\%$ 为变压器的短路电压百分值，10～1000kVA 变压器为 5～10。

电容 $C$ 的交流耐压 $\geqslant 1.5U_{\mathrm{C}}$，$U_{\mathrm{C}}$ 为正常工作时阻容两端交流电压有效值。电阻 $R$ 的功率 $P_{\mathrm{R}}$ 的计算可根据以下经验公式估算

$$P_{\mathrm{R}} \geqslant (3\sim4) I_{\mathrm{C}}^2 R \tag{7-3}$$

$$I_{\mathrm{C}} = \frac{U_{\mathrm{C}}}{X_{\mathrm{C}}} \tag{7-4}$$

式中，$U_C$ 为正常工作时阻容两端交流电压有效值；$I_C$ 为正常工作时流过阻容电路的交流电流有效值；$X_C$ 为阻容电路电抗值。

对图 7-5(b)所示的三相电路，变压器二次侧绕组和阻容保护电路均采用星形连接的方法，它的 $R$、$C$ 计算公式可直接引用单相时的计算公式。

图 7-5(c)所示的三相电路、变压器二次侧为星形连接，而阻容保护电路为三角形连接。对此，可首先按式(7-1)和式(7-2)计算出星形连接时的阻容值 $R$、$C$，然后进行星形-三角形连接变换，求得三角形连接时相应的阻容值，即

$$R_\Delta = 3R_Y \tag{7-5}$$

$$C_\Delta = \frac{1}{3} C_Y \tag{7-6}$$

对于大容量的变换器，三相阻容保护装置比较庞大，此时可采用图 7-5(d)所示的三相整流式阻容保护电路。虽然多用了一个三相整流桥，但只需一个电容，而且由于只承受直流电压，故可采用体积小、容量大的电解电容。再者还可以避免变换器中的电力电子器件导通瞬间因保护电路的电容放电电流所引起的过大的 $\mathrm{d}i/\mathrm{d}t$。$R_C$ 的作用是吸收电容上的过电压能量。

如图 7-5(e)所示，阻容保护接在交流装置的直流侧，可以抑制因直流侧快速熔断器或直流快速开关断开时造成的直流侧过电压，其阻容值可按以下经验公式估算

$$C = \frac{1.047}{(k^2-1)} \left( \frac{i_o\%}{2\pi f} \right) \frac{I_d}{U_d} \times 10^{+6} (\mu F) \tag{7-7}$$

$$R = \frac{U_d}{I_d} \sqrt{2(k^2-1)} (\Omega) \tag{7-8}$$

式中，$k = 1.5$；$U_d$ 为直流侧电压。

电容器耐压 $> 1.6U_d$，电阻功率为

$$P_R = \frac{P_d}{800} = \frac{U_d I_d}{800} (W) \tag{7-9}$$

为抑制电力电子器件关断时造成的过电压，根据不同的器件类型，采用不同的缓冲电路，在前面缓冲电路中已经进行了详细的介绍，这里就不一一赘述。

（4）压敏电阻保护

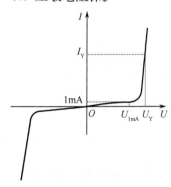

压敏电阻是一种非线性电阻，具有正、反对称的近似稳压管的伏安特性，可把浪涌电压限制在电力电子器件允许的电压范围内，如图 7-6 所示。正常工作时漏电流很小（微安级），故损耗小。当过电压时，可通过高达数千安的放电电流 $I_Y$，因此抑制过电压的能力强。此外，它对浪涌电压反应快，而且体积小，是一种较好的过电压保护器件。它的主要缺点是持续平均功率很小，如正常工作电压超过其额定电压，则在很短时间内就会烧毁。

由于压敏电阻的正、反向特性对称，因此单相电路只需一个压敏电阻，如图 7-7(a)所示；三相电路用 3 个，连接成星形或三角形，如图 7-7(b)、(c)所示；直流侧加压敏电阻的保护电路如图 7-7(d)所示。

图 7-6　压敏电阻的伏安特性

压敏电阻的主要参数有：

① 额定电压 $U_{1mA}$，指漏电流为 1mA 时的电压值。

在直流回路中，$U_{1mA} \geqslant (1.8 \sim 2)U_{dc}$，式中，$U_{dc}$ 为压敏电阻两端的直流额定工作电压。在交流回路中，$U_{1mA} \geqslant (2.2 \sim 2.5)U$，式中，$U$ 为压敏电阻两端的交流工作电压的有效值。

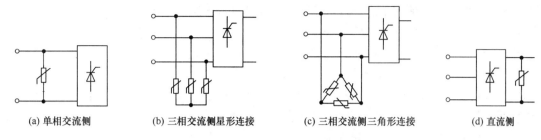

| (a) 单相交流侧 | (b) 三相交流侧星形连接 | (c) 三相交流侧三角形连接 | (d) 直流侧 |

图 7-7　压敏电阻保护的接法

② 残压比 $U_Y/U_{1mA}$，$U_Y$ 为放电电流达规定值 $I_Y$ 时的电压。$U_Y$ 由被保护元件的耐压值决定，应低于被保护元件的额定电压。

③ 通流容量，是指在规定的波形下(冲击电流前沿 $10A/\mu s$，持续时间 $20\mu s$)允许通过的浪涌电流。

在选择通流容量时，主要考虑的因素为压敏电阻是用于防雷击还是防止电力电子装置内的操作过电压。一般感应雷击电压峰值为工作电压的 3.5 倍左右。如果主要用于防雷，则可选用防雷型压敏电阻，它们的通流容量有 3kA、5kA、20kA 等不同类型。实际检测到的雷击电流在 $200\sim3000A$ 范围内，绝大部分小于 10kA。电力电子装置内操作产生的浪涌电流一般小于 500A，可选用通用型压敏电阻。

④ 结电容。压敏电阻的结电容一般为几百到几千皮法(pF)，因为其结电容较大会增加漏电流，在设计防护电路时需要充分考虑。很多情况下，不宜直接应用在高频信号线路的保护中。

⑤ 响应时间。压敏电阻的响应时间为纳秒级，用于电力电子装置的过电压保护，其响应速度可以满足要求。

压敏电阻在二极管整流设备和晶闸管相控整流器上可代替交流侧、直流侧的阻容保护。但压敏电阻只能用作过电压保护，不能用作 $du/dt$ 保护。

(5)瞬态抑制二极管

瞬态抑制二极管(TVS)具有响应时间快、瞬态功率大、漏电流低、击穿电压和钳位电压较易控制、无损坏极限、体积小等优点。通常用于二级电源和信号电路的保护，以及防静电等。其特点为：

① 将 TVS 加在信号线及电源线上，能防止微处理器或单片机因瞬间的脉冲，如静电放电效应、交流电源的浪涌及开关电源的噪声所导致的失灵。

② TVS 能释放超过 10000V、60A 以上的脉冲，并能持续 10ms；而一般的 TTL 器件，遇到超过 30ms 的 10V 脉冲时，便会损坏。利用 TVS，可有效吸收造成器件损坏的脉冲，并能消除由总线之间开关所引起的干扰。

③ 将 TVS 放置在信号线及接地线间，能避免数据及控制总线受到不必要的噪声影响。

TVS 按极性可分为单极性和双极性两种。单极性 TVS 的电路符号与普通稳压二极管相同，它的正向特性与普通二极管相同；反向特性为典型的 PN 结雪崩器件。双极性 TVS 的伏安特性如图 7-8 所示。

在瞬态峰值脉冲电流作用下，流过 TVS 的电流，由原来的反向漏电流 $I_D$ 上升到 $I_R$ 时，其两极呈现的电压由额定反向关断电压 $U_{WM}$ 上升到击穿电压 $U_{BR}$，TVS 被

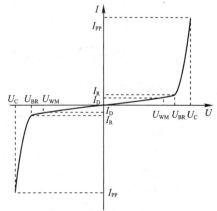

图 7-8　双极性 TVS 的伏安特性

击穿。随着峰值脉冲电流的出现，流过 TVS 的电流达到峰值脉冲电流 $I_{PP}$，其两极的电压被钳位到预定的最大钳位电压以下。尔后，随着脉冲电流按指数衰减，TVS 两极的电压不断下降，最后恢复到起始状态。这就是 TVS 抑制浪涌脉冲功率，保护电子元器件的过程。

瞬态抑制二极管（TVS）的参数如下：

① 最大反向漏电流 $I_D$ 和额定反向关断电压 $U_{WM}$。额定反向关断电压 $U_{WM}$ 是 TVS 最大连续工作的直流或脉冲电压，当这个反向电压加到 TVS 的两极间时，它处于反向关断状态，流过它的电流应小于或等于其最大反向漏电流 $I_D$。

② 最小击穿电压 $U_{BR}$ 和击穿电流 $I_R$。最小击穿电压 $U_{BR}$ 是 TVS 最小的雪崩电压。25℃时，当 TVS 流过规定的 1mA 电流 $I_R$ 时，加入 TVS 两极间的电压为其最小击穿电压 $U_{BR}$。按 TVS 的 $U_{BR}$ 与标准值的离散程度，可把 TVS 分为 $\pm5\%U_{BR}$ 和 $\pm10\%U_{BR}$ 两种。对于 $\pm5\%U_{BR}$ 来说，$U_{WM}=0.85U_{BR}$；对于 $\pm10\%U_{BR}$ 来说，$U_{WM}=0.81U_{BR}$。

③ 最大钳位电压 $U_C$ 和最大峰值脉冲电流 $I_{PP}$。当持续时间为 $20\mu s$ 的脉冲峰值电流 $I_{PP}$ 流过 TVS 时，在其两极间出现的最大峰值电压为 $U_C$。$U_C$、$I_{PP}$ 反映 TVS 的浪涌抑制能力。$U_C$ 与 $U_{BR}$ 之比称为钳位因子，一般为 1.2～1.4。

④ 电容量 $C$。电容量 $C$ 是 TVS 雪崩结截面决定的、在特定的 1MHz 频率下测得的。$C$ 的大小与 TVS 的电流承受能力成正比，$C$ 过大将使信号衰减。因此，$C$ 是数据接口电路选用 TVS 的重要参数。

⑤ 最大峰值脉冲功耗 $P_M$。最大峰值脉冲功耗 $P_M$ 是 TVS 能承受的最大峰值脉冲耗散功率。其规定的试验脉冲波形和各种 TVS 的 $P_M$ 值，请查阅有关产品手册。在给定的最大钳位电压下，功耗 $P_M$ 越大，其浪涌电流的承受能力越大；在给定的功耗 $P_M$ 下，钳位电压 $U_C$ 越低，其浪涌电流的承受能力越大。另外，峰值脉冲功耗还与脉冲波形、持续时间和环境温度有关。而且 TVS 所能承受的瞬态脉冲是不重复的，器件规定的脉冲重复频率（持续时间与间歇时间之比）为 0.01%，如果电路内出现重复性脉冲，应考虑脉冲功率的"累积"，有可能使 TVS 损坏。

⑥ 钳位时间 $T_C$。钳位时间 $T_C$ 是 TVS 两端电压从零到最小击穿电压 $U_{BR}$ 的时间。单极性 TVS 一般为 $1\times10^{-12}$ s；双极性 TVS 一般为 $1\times10^{-11}$ s。

（6）泵升电压保护

当电动机回馈制动时，电动机的动能转换成电能回馈到直流侧，引起直流侧电压升高，当电压升高到一定值时，会造成变换器的过电压。在无法将能量回馈电网时，通常在直流侧采用开关电路将过电压能量消耗在电阻上。

## 7.2.2　变换器的过电流保护

### 1. 引起过电流的原因

① 外部出现负载过大、交流电源电压过高或过低、缺相时引起的过电流。

② 电力电子变换器内部某一器件击穿或短路、线路绝缘老化失效、直流侧短路、电动机可逆调速系统产生环流或逆变失败引起的过电流。

③ 控制电路、触发电路、驱动电路的故障或干扰信号的侵入引起的误动作引起的过电流。

④ 配线等人为的错误引起的过电流。

由于电力电子器件的电流过载能力比一般电气设备差得多，因此，必须对变换器进行适当的过电流保护。变换器的过电流一般主要分为两类：过载过电流和短路过电流。

## 2. 过电流保护的方法

变换器常用的几种过电流保护方法如图 7-9 所示。

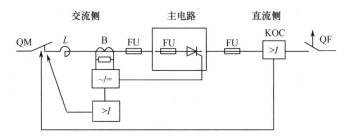

图 7-9　过电流保护方法的原理图

（1）交流进线电抗器(图 7-9 中的 $L$)

加入交流进线电抗器或采用漏抗大的整流变压器,利用电感限制短路电流。这种方法行之有效,但正常工作时有较大的交流压降。

（2）电流检测装置(图 7-9 中的 B)和直流过电流继电器(图 7-9 中的 KOC)

在交流侧设置电流检测装置,利用过电流信号控制触发电路,使触发脉冲后移或使晶闸管关断,使输出直流电压下降,从而抑制过电流。但是该方法只能保护直流侧或负载过电流;而且在可逆系统中,停发脉冲会造成逆变失败,多采用脉冲快速后移的方法。

在交流侧经电流传感器接入过电流继电器或在直流侧接入过电流继电器,在过电流时动作,断开输入端的自动开关 QM,达到切断电源的目的。但是过电流继电器和自动开关的动作时间为 100～200ms,电流较大时,不能有效地保护电力电子器件。它们的优点是经过复位,又可恢复正常工作。因此在某些容易发生过电流的装置中,将它们的动作电流值整定得低些,与晶闸管和快速熔断器的过载特性相适应。

（3）快速熔断器(图 7-9 中的 FU)

快速熔断器是防止变换器过电流损坏的最后一道防线。在晶闸管变换器中,快速熔断器是应用最普遍过电流保护措施,可用于交流侧、直流侧的过电流保护,也可直接与变换器中的晶闸管串联。具体接法如图 7-10 所示。其中交流侧接快速熔断器如图 7-10(a)所示,能对晶闸管短路及直流侧短路起保护作用,但由于正常工作时交流侧的电流有效值大于晶闸管的电流有效值,所以快速熔断器的额定电流要大于晶闸管的额定电流。直流侧接快速熔断器如图 7-10(c)所示,只对直流侧短路起保护作用,对晶闸管无保护作用。只有晶闸管直接串联快速熔断器,如图 7-10(b)所示,因为它们流过同一个电流,对晶闸管的保护作用最好,所以被广泛使用。

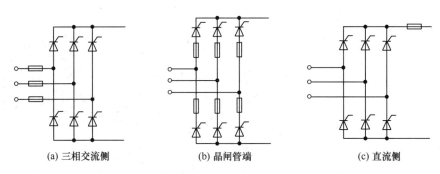

(a) 三相交流侧　　　　　(b) 晶闸管端　　　　　(c) 直流侧

图 7-10　快速熔断器在电路中的接法的电路图

图 7-11 中的曲线 1 是额定电流为 300A 的快速熔断器的安秒特性，该曲线表明当流过快速熔断器的电流大于额定电流后，电流越大，熔断时间越短，在额定电流以下时，可以长期工作。曲线 2 是额定电流为 200A 的晶闸管的安秒特性。当晶闸管与快速熔断器串联时，二者流过相同的电流。在曲线 1 和曲线 2 的交点 $A$ 左侧，在相同的电流下，快速熔断器的熔断时间小于晶闸管烧毁的时间，所以快速熔断器可以起到保护晶闸管的作用。在曲线 1 和曲线 2 的交点 $A$ 右侧，即当电流小于 $A$ 点对应的电流且晶闸管仍处于过电流状态时，晶闸管烧毁的时间小于晶闸管的熔断时间，即快速熔断器保护不了晶闸管。因此，快速熔断器适用于短路过电流保护，而不适宜过载过电流保护。

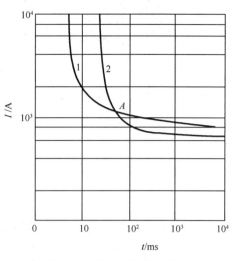

图 7-11　快速熔断器和晶闸管的安秒特性

与晶闸管串联的快速熔断器的选用原则是：

① 快速熔断器的额定电压应大于线路正常工作电压有效值。

② 快速熔断器熔体的额定电流 $I_{KR}$ 是指电流有效值，晶闸管额定电流是指通态电流平均值。选用时要求快速熔断器熔体的额定电流 $I_{KR}$ 小于被保护晶闸管额定电流所对应的有效值 $1.57I_{T(AV)}$，以保证对晶闸管的过电流保护；同时要大于正常运行时线路中实际流过该元件电流的有效值 $I_T$，以保证正常工作时熔断器不损坏。即

$$1.57I_{T(AV)} \geqslant I_{KR} \geqslant I_T \tag{7-10}$$

式中，$I_{T(AV)}$ 为晶闸管通态电流平均值；$I_{KR}$ 为快速熔断器熔体的额定电流；$I_T$ 为正常工作时流过晶闸管的电流有效值。

③ 熔断器（安装熔体的外壳）的额定电流应大于或等于熔体额定电流值。

（4）直流快速开关（图 7-9 中的 QF）

对于大、中容量变换器，快速熔断器的价格高且更换不方便。为避免过电流时烧断快速熔断器，采用动作时间只有 2ms 的直流快速开关，在直流侧过电流时，它可先于快速熔断器动作而达到保护晶闸管的目的。

值得指出的是，一般装置中多采用过电流信号控制触发脉冲的方法抑制过电流，再配合采用快速熔断器，使快速熔断器作为过电流保护的最后措施。

### 7.2.3　电压上升率及电流上升率的限制

#### 1. 电压上升率 d$u$/d$t$ 的限制

（1）限制电压上升率的原因

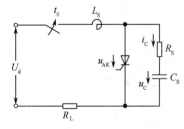

图 7-12　晶闸管电压上升率的简化等效电路

晶闸管的 PN 结存在着结电容，在阻断状态下，当加在晶闸管上的正向电压上升率 d$u$/d$t$ 较大时，便会有较大的充电电流流过结电容，起到触发电流的作用，使晶闸管误导通。因此，晶闸管的电压上升率应限制在断态电压临界上升率以内。

（2）产生电压上升率 d$u$/d$t$ 的原因

① 由电网侵入的过电压。

② 晶闸管换相时产生的 d$u$/d$t$。

（3）电压上升率 $du/dt$ 的限制方法

① 阻容保护线路同串接的电感一起出现电压突变时，能起到限制电压上升率 $du/dt$ 的作用，图 7-12 是计算晶闸管电压上升率的简化等效电路。

从等效电路分析可知，适当大的电感可以减小电压上升率，电路的电压上升率必须小于晶闸管允许的电压临界上升率。

② 变换器交流侧如有整流变压器和阻容保护电路，则变压器漏感和阻容电路同样能起到衰减侵入过电压、减小电压上升率的作用。

在无整流变压器的变换器中，则应在电源输入端串入交流进线电抗器 $L_T$，配合阻容吸收装置对 $du/dt$ 进行抑制。

进线电抗器电感 $L_T$ 可近似按变压器漏感一样计算，其值为

$$L_T = \frac{U_2}{2\pi f I_2} u_k\% \tag{7-11}$$

式中，$U_2$ 为交流侧相电压有效值；$I_2$ 为交流侧相电流有效值；$f$ 为交流电源频率；$u_k\%$ 为与晶闸管装置容量相等的整流变压器的短路比。

**2. 电流上升率 $di/dt$ 的限制**

（1）限制电流上升率的原因

晶闸管在导通瞬间，电流集中在门极附近，随着时间的推移，导通区逐渐扩大，直到全部导通为止。在刚导通时，如果电流上升率 $di/dt$ 较大，就会引起门极附近过热，从而造成晶闸管损坏。因此电流上升率应限制在通态电流临界上升率以内。

（2）变换器中产生过大的 $di/dt$ 的原因

① 晶闸管从阻断到导通期间，主电路电流增长过快。

② 交流侧电抗小或交、直流侧阻容吸收装置电容量太大，当晶闸管导通时，流过过大的附加电容的充、放电电流。

③ 与晶闸管并联的缓冲电路在晶闸管导通时的放电电流。

（3）电流上升率的限制方法

① 与晶闸管桥臂串联的电感和交流进线侧的进线电抗器或整流变压器的漏感都能起到限制 $di/dt$ 的作用。

② 在交流侧采用如图 7-5（d）所示的整流式阻容保护，使电容放电电流不经过导通的晶闸管，也能减少晶闸管导通时的电流上升率。

# 7.3　电力电子装置的谐波与无功功率

电力电子装置和电感电容负载是产生谐波及无功功率的重要原因，由于电力电子装置越来越多，容量越来越大，因此，其产生的谐波和无功功率对电网的影响也越来越大。谐波抑制方法可以减少无功功率，而无功功率补偿也会减少谐波。

## 7.3.1　谐波产生的原因和危害

### 1. 谐波的定义

在供电系统中，人们总是希望交流电压和交流电流保持正弦波。正弦波电压可以表示为

$$u(\omega t) = \sqrt{2}U\sin(\omega t + \varphi_u) \tag{7-12}$$

式中，$U$ 为电压有效值；$\varphi_u$ 为初相角；$\omega$ 为角频率。

当正弦波电压施加在线性无源器件电阻、电感和电容上时,其电流和电压分别为比例、积分和微分关系,但仍为同频率的正弦波。但如果正弦波电压施加在非线性电路上,电流就变成非正弦波,非正弦波电流在电网阻抗上产生压降,会使电压波形也变为非正弦波。当然,非正弦波电压施加在线性电路上时,电流也是非正弦波。对于周期为 $T=2\pi/\omega$ 的非正弦电压,可分解为如下形式的傅里叶级数

$$u(\omega t) = a_0 + \sum_{n=1}^{\infty}(a_n\cos n\omega t + b_n\sin n\omega t) \tag{7-13}$$

式中

$$a_0 = \frac{1}{2\pi}\int_0^{2\pi}u(\omega t)\mathrm{d}(\omega t)$$

$$a_n = \frac{1}{2\pi}\int_0^{2\pi}u(\omega t)\sin n\omega t\,\mathrm{d}(\omega t)$$

$$b_n = \frac{1}{2\pi}\int_0^{2\pi}u(\omega t)\cos n\omega t\,\mathrm{d}(\omega t) \quad n = 1,\,2,\,3,\,\cdots$$

或

$$u(\omega t) = a_0 + \sum_{n=1}^{\infty}c_n\sin(n\omega t + \varphi_n) \tag{7-14}$$

式中,$c_n$,$\varphi_n$ 和 $a_n$,$b_n$ 的关系为

$$\varphi_n = \arctan(a_n/b_n)$$
$$a_n = c_n\sin\varphi_n$$
$$b_n = c_n\cos\varphi_n$$

在式(7-13)和式(7-14)中,频率与工频相同的分量称为基波,频率为基波整倍数(大于 1)的分量称为谐波,谐波次数为谐波频率与基波频率的整数比。上述定义同样适用于非正弦波。

$n$ 次谐波电压含有率以 $\mathrm{HRU}_n$(Harmonic Ratio for $U_n$)表示为

$$\mathrm{HRU}_n = \frac{U_n}{U_1}\times 100\% \tag{7-15}$$

式中,$U_n$ 为第 $n$ 次谐波电压有效值;$U_1$ 为基波电压有效值。

$n$ 次谐波电流含有率以 $\mathrm{HRI}_n$(Harmonic Ratio for $I_n$)表示为

$$\mathrm{HRI}_n = \frac{I_n}{I_1}\times 100\% \tag{7-16}$$

式中,$I_n$ 为第 $n$ 次谐波电流有效值;$I_1$ 为基波电流有效值。

谐波电压含量 $U_H$ 定义为

$$U_H = \sqrt{\sum_{n=2}^{\infty}U_n^2} \tag{7-17}$$

谐波电流含量 $I_H$ 定义为

$$I_H = \sqrt{\sum_{n=2}^{\infty}I_n^2} \tag{7-18}$$

电压谐波总畸变率 $\mathrm{THD}_U$(Total Harmonic Distortion)定义为

$$\mathrm{THD}_U = \frac{U_H}{U_1}\times 100\% \tag{7-19}$$

电流谐波总畸变率 $\mathrm{THD}_I$(Total Harmonic Distortion)定义为

$$\mathrm{THD}_I = \frac{I_H}{I_1}\times 100\% \tag{7-20}$$

**2. 谐波的标准**

由于公用电网中的谐波电压和谐波电流对电网和用电设备都会造成很大的危害,世界许多

国家都发布了限制电网谐波的国家标准,或由权威机构制定限制谐波的规定。制定这些标准和规定的基本原则是限制谐波源注入电网的谐波电流,把电网谐波电压控制在允许范围内,使接在电网中的电气设备免受谐波干扰而能正常工作。我国于1993年发布了国家标准《电能质量公用电网谐波》(GB/T14549—1993),从1994年3月1日起开始实施。

(1) 谐波电压限值

公用电网谐波电压(相电压)限值见表7-1。

表7-1 公用电网谐波电压(相电压)限值

| 电网标称电压/kV | 电压总谐波畸变率 $THD_U$ | 各次谐波电压含有率 $HRU_n$ | |
|---|---|---|---|
| | | 奇次 | 偶次 |
| 0.38 | 5.0% | 4.0% | 2.0% |
| 6 | 4.0% | 3.2% | 1.6% |
| 10 | | | |
| 35 | 3.0% | 2.4% | 1.2% |
| 66 | | | |
| 110 | 2.0% | 1.8% | 0.8% |

(2) 谐波电流允许值

公共连接点的全部用户向该点注入的谐波电流分量不应超过表7-2中规定的允许值。

表7-2 注入公共连接点的谐波电流允许值

| 标准电压/kV | 0.38 | 6 | 10 | 35 | 66 | 110 |
|---|---|---|---|---|---|---|
| 基准短路容量/MVA | 10 | 100 | 100 | 250 | 500 | 750 |
| 谐波次数及谐波电流允许值/A 2 | 78 | 43 | 26 | 15 | 16 | 12 |
| 3 | 62 | 34 | 20 | 12 | 13 | 9.6 |
| 4 | 39 | 21 | 13 | 7.7 | 8.1 | 6.0 |
| 5 | 62 | 34 | 20 | 12 | 13 | 9.6 |
| 6 | 26 | 14 | 8.5 | 5.1 | 5.4 | 4.0 |
| 7 | 44 | 24 | 15 | 8.8 | 9.3 | 6.8 |
| 8 | 19 | 11 | 6.4 | 3.8 | 4.1 | 3.0 |
| 9 | 21 | 11 | 6.8 | 4.1 | 4.3 | 3.2 |
| 10 | 16 | 8.5 | 5.1 | 3.1 | 3.3 | 2.4 |
| 11 | 28 | 16 | 9.3 | 5.6 | 5.9 | 4.3 |
| 12 | 13 | 7.1 | 4.3 | 2.6 | 2.7 | 2.0 |
| 13 | 24 | 13 | 7.9 | 4.7 | 5.0 | 3.7 |
| 14 | 11 | 6.1 | 3.7 | 2.2 | 2.3 | 1.7 |
| 15 | 12 | 6.8 | 4.1 | 2.5 | 2.6 | 1.5 |
| 16 | 9.7 | 5.3 | 3.2 | 1.9 | 2.0 | 1.5 |
| 17 | 18 | 1.0 | 6.0 | 3.6 | 3.8 | 2.8 |
| 18 | 8.6 | 4.7 | 2.8 | 1.7 | 1.8 | 1.3 |
| 19 | 16 | 9.0 | 5.4 | 3.2 | 3.4 | 2.5 |
| 20 | 7.8 | 4.3 | 2.6 | 1.5 | 1.6 | 1.2 |
| 21 | 8.9 | 4.9 | 2.9 | 1.9 | 1.9 | 1.4 |
| 22 | 7.1 | 3.9 | 2.3 | 1.4 | 1.5 | 1.1 |
| 23 | 14 | 7.4 | 4.5 | 2.7 | 2.8 | 2.1 |
| 24 | 6.5 | 3.6 | 2.1 | 1.3 | 1.4 | 1.0 |
| 25 | 12 | 6.8 | 4.1 | 2.5 | 2.6 | 1.9 |

当公共连接点处的最小短路容量不同于基准短路容量时,表 7-2 中的谐波电流做如下的换算

$$I_{nk2} = \frac{S_{k2}}{S_{k1}} \times I_{nk1} \tag{7-21}$$

式中,$S_{k1}$ 为基准短路容量(MVA);$I_{nk1}$ 为表 7-2 中的基准短路容量为 $S_{k1}$ 时的第 $n$ 次谐波电流允许值(A);$S_{k2}$ 为公共连接点处的最小短路容量(MVA);$I_{nk2}$ 为短路容量为 $S_{k2}$ 时的第 $n$ 次谐波电流允许值(A)。

### 3. 谐波产生的原因

在交流电网中,由于有许多非线性电气设备运行,电压、电流波形实际上不是完全的正弦波,而是具有畸变的周期性非正弦波。根据傅里叶级数分析,任何重复的波形都可以分解为含有基波和一系列为基波倍数的谐波的正弦波分量。非正弦波的电压或电流有效值等于基波和各次谐波电压或电流均方根值。谐波是正弦波,每个谐波都具有不同的频率、幅值和相角。谐波具有奇偶性,第 3、5、7 次等为奇次谐波,2、4、6、8 次等为偶次谐波,如基波为 50Hz 时,2 次谐波为 100Hz,3 次谐波为 150Hz。在平衡的三相系统中,由于对称关系,偶次谐波已经被消除了,只有奇次谐波存在。

在各种电力电子装置中,整流器所占的比例最大。目前常用的整流器大部分采用晶闸管相控整流器或二极管不可控整流器。随着开关电源和电压型逆变器的广泛应用,直流侧采用电容滤波的不可控整流器产生的谐波污染所占比重也越来越大。单相不可控整流器加电容滤波方式,输入电流谐波总畸变率(THD$_I$)高达 100%;三相不可控整流器的 THD$_I$ 也高达 60%。带电感性负载的电流型整流器所产生的谐波污染和功率因数滞后已为人们所熟悉,电流型整流器使输入电流为方波,降低了输入电流的 THD$_I$,但会带来电压的尖峰和缺口。另外,相控整流器也会在交流侧产生大量的谐波电流。

### 4. 谐波的危害

谐波对公用电网和其他系统的危害大致有以下几个方面。

(1)对供电网络的影响

电网中的谐波电流与谐波电压,会导致供电网络电压不稳定和谐波干扰增大。

(2)使供电线路和用电设备的热损耗增加

① 对供电线路的影响。由于趋肤效应,线路电阻随着频率的增加而增加,在线路中产生很大的电能浪费。在电力系统中,中性线一般都很细,当中性线流过大量的谐波电流时,产生的热量不仅会破坏绝缘,严重时还会造成短路,甚至引起火灾。当谐波频率与网络谐振频率相近或相同时,会在线路中产生很高的谐振电压,严重时会使电力系统或用电设备的绝缘击穿。

② 对电力变压器的影响。谐波电流增加了电力变压器的磁滞损耗、涡流损耗及铜损,对带有不对称负载的变压器,会大大增加励磁电流的谐波分量。

③ 对电力电容器的影响。由于电容器对谐波的阻抗很小,若电容器流过很大的谐波电流,则电容器的温升增高,引起电容器过负荷甚至爆炸。同时,谐波还可能与电容器在电网中形成谐振,并又施加到电网中。

④ 对电动机的影响。谐波会增加电动机的附加损耗,产生机械震动,产生谐波过电压,使电动机绝缘损坏。

(3)对继电保护和自动装置的影响

对电磁式继电器,谐波会引起继电保护以及自动装置的误动作或拒绝动作,造成整个保护系

统的可靠性降低,引起系统故障。

(4) 对通信线路产生干扰

在电力线路上流过较大的奇次低频谐波电流时,通过电磁耦合,会干扰通信线路的正常工作,使通话清晰度降低,甚至会引起通信线路的破坏。

(5) 对用电设备的影响

谐波会使电视机、计算机的显示亮度发生波动,图像或图形发生畸变,甚至会使机器内部元件损坏,导致机器无法使用或系统无法运行。

(6) 对产品质量的影响

谐波对用电设备的影响,会使设备工作不稳定,导致产品质量下降,严重时会产生批次性产品报废。

(7) 对计量仪表的影响

谐波会使计量仪表的指示产生误差,甚至会导致计量设备无法正常工作。

### 7.3.2  无功功率产生的原因和危害

#### 1. 无功功率的危害性

无功功率的危害主要表现在以下 4 个方面:

① 供电线路中无功功率的有功损耗,导致变送电设备、供电线路、用电设备的发热;

② 无功电流在供电线路上产生电压降,导致供电线路末端的输出端电压降低;

③ 由于供电线路末端的输出端电压降低,使用电设备的实际输出功率降低;

④ 因变送电设备的负载容量中增加了无功容量,使变送电设备的有功输出容量降低。

#### 2. 功率因数降低的主要原因

功率因数降低的主要原因有以下几个方面。

① 异步电动机、感应电炉、交流电焊机等电感性设备是产生无功功率的主要原因。据统计,在工矿企业中,异步电动机产生的无功功率占全部无功功率的 $60\%\sim70\%$;而异步电动机空载时产生的无功功率又占到电动机总无功功率的 $60\%\sim70\%$。采用 LC 滤波器、无功功率补偿器等方法提高功率因数。

② 变压器消耗的无功功率一般约为其额定容量的 $10\%\sim15\%$,它的空载无功功率约为满载时的 1/3。因此,为了改善功率因数,变压器不应空载或长期低负载运行。

③ 当供电电压低于额定值时,会影响电气设备的正常工作。当供电电压为用电设备电压额定值的 110% 时,无功功率将增加 35% 左右。所以,应采取措施使电力系统的供电电压尽可能保持稳定。

### 7.3.3  谐波的抑制方法和无功功率的补偿方法

谐波抑制和无功功率补偿的方法有以下两种。

一种是被动的方式,负载产生谐波和无功功率,采用附加的电力电子装置达到谐波抑制和无功功率补偿的目的。如采用 LC 滤波器、晶闸管控制电抗器、晶闸管投切电容器、有源电力滤波器等。

另一种是主动的方式,使电力电子装置本身不产生谐波且功率因数接近 1。如 PWM 整流器或带斩波器的整流器、整流器的多重化、逆变器的多重化、采用新的变频调制方法,如电压相量的菱形调制等方法。

### 1. 晶闸管相位控制电抗器

晶闸管相位控制电抗器(TCR)的结构图如图 7-13(a)所示,其单相补偿电路的基本结构就是双向晶闸管与一个电感串联。该电路与电网和负载并联,就相当于电感负载的交流调压器的结构。

触发角 $\alpha$ 的移相范围为 $90°\sim180°$。由于是纯电感负载,基波电流都是无功电流。$\alpha=90°$ 时,晶闸管完全导通,导通角 $\theta=180°$,相当于与晶闸管串联的电感直接接到电网上,这时其吸收的基波电流和无功功率最大。当触发角为 $90°\sim180°$ 时,导通角 $\theta<180°$。增大触发角的效果就是减少电流中的基波分量,因而减少了其吸收的无功功率。

图 7-13(b)所示的 TCR 伏安特性曲线实际上是在导通角 $\theta$ 为某一角度时的等效感抗的特性曲线。在某一负载下,调节触发角,从而不断调节导通角 $\theta$,使得 TCR 从其伏安特性上的某一稳态工作点转移到另一稳态工作点,也就决定了 TCR 的补偿效果。

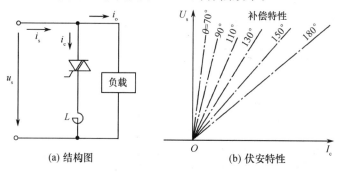

图 7-13　TCR 的结构图与伏安特性

单独的 TCR 由于只能吸收感性的无功功率,因此通常并联电容器使用,则总的无功功率为 TCR 与并联电容器抵消后的无功功率,因而补偿器的总的无功功率可以偏置到可吸收容性无功功率的范围内。另外,并联电容器串联小的调谐电感还可兼作滤波器,以吸收 TCR 产生的谐波电流。补偿特性是由控制晶闸管导通角决定的。

### 2. 晶闸管投切电容器

晶闸管投切电容器(TSC)的结构图如图 7-14 所示。双向晶闸管的作用是将电容器并入电网或从电网断开,与之串联的小电感是为了抑制电容器投入电网时可能造成的冲击电流。当电容器投入时,TSC 的伏安特性如图 7-14(c)中的 $OC$ 所示。在工程实际中,将电容器分成几组,每组都由双向晶闸管控制投切。按照投入电容器组数的不同,其伏安特性分别对应图 7-14(c)中的 $OA$、$OB$、$OC$,可根据电网的无功需求投切这些电容器。当 TSC 用于三相电路时,可以是 $\triangle$ 连接,也可以是 Y 连接。TSC 实际上就是断续可调的吸收容性无功功率的动态无功补偿器。

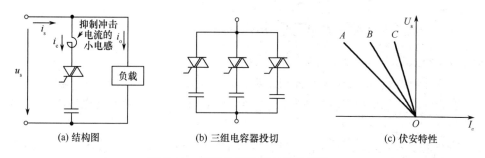

图 7-14　TSC 的结构图与伏安特性

### 3. 静止无功功率发生器

静止无功功率发生器(SVG)将自换相桥式电路并联在电网上,调节 SVG 交流侧输出电压的相位和幅值,或者直接控制其交流侧电流,使 SVG 吸收或者发出满足要求的无功电流,实现动态无功补偿的目的。

在单相电路中,与基波无功功率有关的能量是在电源和负载之间来回传输的。但是在平衡的三相电路中,三相瞬时功率的和是一定的,在任何时刻都等于三相总的有功功率。因此,在三相电路的电源和负载之间没有无功能量的传输,各相的无功能量是在三相之间传输的。所以,如果统一处理三相无功功率,从理论上讲,SVG 的直流侧可以不设储能元件。但实际上,考虑到 SVG 吸收的电流并不只含基波,也存在谐波,而谐波会造成少许无功能量在电源和 SVG 之间传输。所以,实际的 SVG 直流侧仍需要一定大小的电感或电容作为储能元件,但所需储能元件的容量远比同容量的 TCR 和 TSC 要小。

电压型 SVG 如图 7-15(a)所示,电流型 SVG 如图 7-15(b)所示。由于电压型 SVG 应用更广,因此,下面详细介绍电压型 SVG。

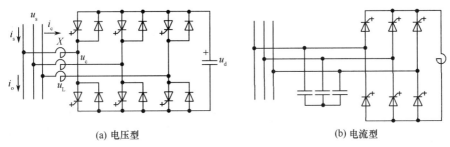

(a) 电压型             (b) 电流型

图 7-15    SVG 结构图

由于电压型 SVG 是将直流侧电压变换成与交流侧电网同频率的输出电压,就像一个电压型逆变器工作在有源逆变状态。因此,当仅考虑基波频率时,SVG 可以被视为幅值和相位均可控的与电网同频率的交流电压源,它通过交流侧电感连接到电网上。所以,SVG 的工作原理就可以用如图 7-16(a)所示的单相等效电路图来说明。

设电网电压和 SVG 输出的交流电压分别用相量 $\dot{U}_s$ 和 $\dot{U}_c$ 表示,则连接电抗 $X$ 上的电压 $\dot{U}_L$ 即为 $\dot{U}_s$ 和 $\dot{U}_c$ 的相量差,该电压决定连接电抗的电流,这个电流就是 SVG 从电网吸收的电流 $\dot{I}_c$,因此,改变 SVG 交流侧输出电压 $\dot{U}_c$ 的幅值及其相对于 $\dot{U}_s$ 的相位,也就控制了 SVG 吸收无功功率的性质和大小。

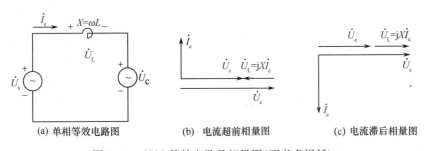

(a) 单相等效电路图      (b) 电流超前相量图      (c) 电流滞后相量图

图 7-16    SVG 等效电路及相量图(不考虑损耗)

在图 7-16(a)中,没有考虑电感损耗和 SVG 的损耗,所以没有从电网吸收有功功率。因此,使 $\dot{U}_c$ 与 $\dot{U}_s$ 同相,仅改变 $\dot{U}_c$ 的幅值大小即可以控制 $\dot{U}_L$ 的幅值和相位,也就可以控制 SVG 从电网

吸收的电流 $\dot{I}_c$ 是超前90°还是滞后90°，并且能控制该电流的大小。当 $\dot{U}_c$ 大于 $\dot{U}_s$ 时，电流超前电压90°，SVG吸收容性的无功功率，如图7-16(b)所示；当 $\dot{U}_c$ 小于 $\dot{U}_s$ 时，电流滞后电压90°，SVG吸收感性的无功功率，如图7-16(c)所示。

考虑到电感的损耗和变换器的损耗（如开关管压降、线路电阻等），将总损耗用集中电阻考虑，则SVG的等效电路如图7-17(a)所示。在这种情况下，因为变换器不需要有功功率，因此变换器电压 $\dot{U}_c$ 与电流 $\dot{I}_c$ 仍相差90°。而电网电压 $\dot{U}_s$ 与电流 $\dot{I}_c$ 的相差则为90°−δ，因此电网提供有功功率来补充电路中的损耗，也就是说，电流 $\dot{I}_c$ 中有一定的有功分量。δ就是变换器电压 $\dot{U}_c$ 与电网电压 $\dot{U}_s$ 的相位差。改变这个相位差，并且改变 $\dot{U}_c$ 的幅值，则产生的电流 $\dot{I}_c$ 的相位和大小也就随之改变，SVG从电网吸收的无功功率也就因此得到调节。其电流超前和滞后工作的相量图如图7-16(b)和图7-16(c)所示。

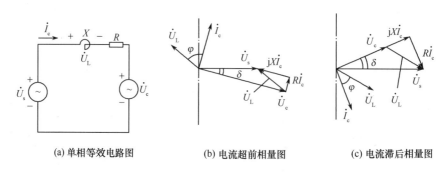

(a) 单相等效电路图　　　(b) 电流超前相量图　　　(c) 电流滞后相量图

图7-17　SVG等效电路及相量图（考虑损耗）

在图7-16中，将SVG本身的损耗也归算到了交流侧，并归入连接电感电阻中统一考虑。实际上，这部分损耗发生在SVG内部，应该由SVG从交流侧吸收一定有功功率来补充。因此，实际上SVG交流侧电压 $\dot{U}_c$ 与电流 $\dot{I}_c$ 的相位差并不是严格的90°，而是比90°略小。

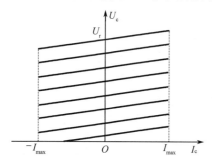

图7-18　SVG的伏安特性

根据以上对工作原理的分析，可得SVG的伏安特性如图7-18所示。改变控制系统的参数（电网电压的参考值 $\dot{U}_r$），可使伏安特性上下移动。但由图7-18可看出，与传统的TCR和TSC无功功率补偿装置（SVC）的伏安特性不同的是，当电网电压下降，SVG可以调整其变换器交流侧电压的幅值和相位，使其所能提供的最大无功电流 $I_{max}$ 维持不变，仅受其电力电子器件的电流容量限制。传统的SVC的运行范围是向下收缩的三角形区域，随着电压的降低而减小。而SVG的运行范围是上、下等宽的近似矩形的区域，因此SVG的运行范围比传统SVC大，这是SVG优越于传统SVC的特点。与SVC相比，SVG的调节速度快，运行范围宽，而且SVG使用的电感和电容比SVC中使用的电感和电容的容量小，减少装置的体积和成本。SVG具有优越性能，是动态无功功率补偿的发展方向。

### 4. 有源电力滤波器

有源电力滤波器（APF）是一种动态抑制谐波、补偿无功功率的新型电力电子装置，能对幅值和频率变化的谐波和无功功率进行补偿。

（1）有源电力滤波器的基本工作原理

并联型 APF 的系统框图如图 7-19 所示，$u_s$ 表示电源，负载为谐波源，虚线框中为 APF，高通滤波器与 APF 并联以消除高次谐波。由图可见，APF 由指令电流运算电路、电流跟踪控制电路、驱动电路和主电路 4 部分构成。

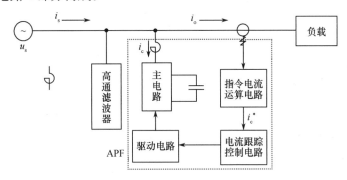

图 7-19　并联 APF 系统框图

APF 的基本工作原理是：检测谐波源的电压和电流，经指令电流运算电路计算出补偿电流的指令信号，该信号经电流跟踪控制电路、驱动电路在主电路产生补偿电流，补偿电流与负载电流中要补偿的谐波电流和无功电流抵消，得到期望的电源电流。在图 7-19 中，设负载电流为 $i_o$，指令电流运算电路检测并计算出其中的谐波电流和无功电流，将其相加并反极性后作为指令电流 $i_c^*$，补偿电流 $i_c$ 跟随指令电流 $i_c^*$ 的变化，$i_c$ 与谐波电流和无功电流抵消，于是电网电流 $i_s = i_o - i_c$ 等于负载的基波有功电流，使电源电流成为正弦波，从而达到抑制谐波和补偿无功功率的功能。

下面介绍两种 APF 的系统构成和特点。

（2）并联型有源电力滤波器

并联型 APF 的主电路结构图如图 7-20 所示。图中，负载为谐波源，变换器和电感组成 APF，与 APF 并联的一阶高通滤波器，用于滤除 APF 所产生的补偿电流中开关频率附近的谐波。此处的结构图均以单线图画出，可用于单相或三相系统。

由于 APF 的主电路与负载并联接入电网，故称为并联型。这是 APF 中最基本的形式，也是目前应用最多的一种。

并联型 APF 可以用于以下的多种补偿目的：

① 补偿谐波；

② 补偿无功功率，补偿的多少可以根据实际需要连续调节；

③ 补偿三相不对称电流；

④ 补偿供电点电压波动；

⑤ 以上任意项的组合。

在多数情况下，并联型 APF 主要用于补偿可看作电流源的谐波源，如直流侧为电感性负载的整流器。在这种情况下，并联型 APF 本身表现出电流源的特性。

但是，由于交流电源的基波电压直接（或经变压器）施加到 APF 上，且补偿电流基本由 APF 提供，故要求 APF 具有较大的容量，这是这种方式的主要缺点。

（3）串联型有源电力滤波器

串联型 APF 的主电路结构图如图 7-21 所示。这种方式的特点是 APF 通过变压器串联在电源和谐波源之间，相当于一个受控电压源。

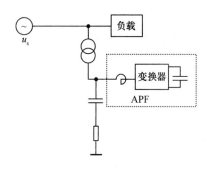

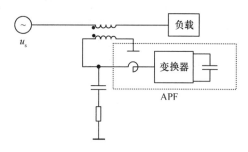

图 7-20　并联型 APF 的主电路结构图　　　　图 7-21　串联型 APF 的主电路结构图

串联型 APF 主要用于补偿可看作电压源的谐波源,如电容滤波型整流器。针对这种谐波源,串联型 APF 输出补偿电压,抵消由负载产生的谐波电压,使供电点电压波形成为正弦波。串联型 APF 与并联型 APF 可以看作对偶的关系。

### 5. PWM 整流器

PWM 整流器是一种高功率因数的整流器,下面以单相桥式整流器为例说明 PWM 整流器的工作原理。电路图如图 7-22 所示。

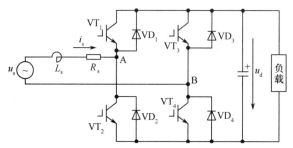

图 7-22　单相桥式 PWM 整流器电路图

由 SPWM 逆变器的工作原理可知,按照正弦参考波和三角波载波相比较的方法对图 7-22 中的 $VT_1 \sim VT_4$ 进行 PWM 控制,就可在逆变器的交流输入端 AB 产生一个正弦调制 PWM 波 $u_{AB}$,$u_{AB}$ 中除含有和正弦参考波同频率且幅值成比例的基波分量外,不含低次谐波,只含有和三角波载波有关的频率很高的谐波。由于电感 $L_s$ 的滤波作用,这些高次谐波电压只使交流电流 $i_s$ 产生很小的脉动。如忽略这些脉动,当正弦信号波的频率和电源频率相同时,则交流输入电流 $i_s$ 为频率与电源频率相同的正弦波。在交流电源电压 $u_s$ 一定的情况下,$i_s$ 的幅值和相位仅由 $u_{AB}$ 中基波分量 $u_{ABf}$ 的幅值及其与 $u_s$ 的相位差来决定。图 7-23 中,$\dot{U}_s$ 为交流电源电压 $u_s$ 的相量、$\dot{U}_L$ 为电感 $L_s$ 上电压 $u_L$ 的相量、$\dot{U}_R$ 为电阻 $R_s$ 上电压 $u_R$ 的相量、$\dot{I}_s$ 为交流电流 $i_s$ 的相量、$\dot{U}_{AB}$ 为 $u_{ABf}$ 的相量。图 7-23(a) 中,$\dot{U}_{AB}$ 滞后 $\dot{U}_s$ 的相角为 $\delta$,$\dot{I}_s$ 和 $\dot{U}_s$ 完全同相位,电路工作在整流状态,且功率因数为 1。这就是 PWM 整流器最基本的工作状态。图 7-23(b) 中,$\dot{U}_{AB}$ 超前 $\dot{U}_s$ 的相角为 $\delta$,$\dot{I}_s$ 和 $\dot{U}_s$ 的相位正好相反,电路工作在逆变状态。这说明 PWM 整流器可以实现能量的正、反两个方向的流动,既可以运行在整流状态,从交流侧向直流侧输送能量;也可以运行在逆变状态,从直流侧向交流侧输送能量,而且这两种方式都可以在单位功率因数下运行。这一特点对于需要再生制动的交流电动机调速系统是很重要的。图 7-23(c) 中,$\dot{U}_{AB}$ 滞后 $\dot{U}_s$ 的相角为 $\delta$,$\dot{I}_s$ 超前 $\dot{U}_s$ 90°,电路在向交流电源送出无功功率,这时的变换器相当于 SVG,一般不再称为 PWM 整流器。在图 7-23(d) 所示情况下,通过对 $\dot{U}_{AB}$ 幅值和相位的控制,可以使 $\dot{I}_s$ 比 $\dot{U}_s$ 超前或滞后任意角度。

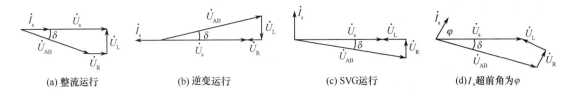

(a) 整流运行          (b) 逆变运行          (c) SVG运行          (d)$I_s$超前角为$\varphi$

图 7-23　PWM整流器几种运行方式下的相量图

在整流运行状态下，当 $u_s>0$ 时，由 $VT_2$、$VD_4$、$VD_1$、$L_s$ 和 $VT_3$、$VD_1$、$VD_4$、$L_s$ 分别组成了两个升压斩波器。以包含 $VT_2$ 的这一组为例，当 $VT_2$ 导通时，$u_s$ 通过 $VT_2$、$VD_4$ 向 $L_s$ 中储能，当 $VT_2$ 关断时，$L_s$ 中存储的能量通过 $VD_1$、$VD_4$ 向直流侧电容 $C$ 充电。当 $u_s<0$ 时，由 $VT_1$、$VD_3$、$VD_2$、$L_s$ 和 $VT_4$、$VD_2$、$VD_3$、$L_s$ 分别组成了两个升压斩波器，工作原理和 $u_s>0$ 时类似。因为电路按升压斩波器工作，所以如果控制不当，直流侧电容电压可能比交流电压峰值高出许多倍，对电力电子器件形成威胁。另外，如果直流侧电压过低，例如低于 $u_s$ 的峰值，则 $u_{AB}$ 中得不到图 7-23(a)中所需要的足够的基波幅值，或 $u_{AB}$ 中含有低次谐波，这样就不能按照需要控制电流，$i_s$ 波形会发生畸变。

### 6. 有源功率因数校正电路

单相有源功率因数校正电路及控制系统结构图如图 7-24 所示。从电路图可以看出，在二极管整流器和负载之间增加了由电感 $L$、二极管 $VD$ 和开关管 $VT$ 构成的升压斩波器。在电容滤波整流器中，只有在交流电压 $u_s$ 的瞬时值高于直流电压 $u_d$ 时，交流电源才会有电流流过。加入升压斩波器后，不管交流电压 $u_s$ 如何，只要开关管 $VT$ 导通，交流电源通过整流器和电感 $L$ 被短路，就会有电流流过，并且在电感存储电磁能量。$VT$ 关断后，交流电源和 $L$ 中存储的电磁能通过二极管 $VD$ 向滤波电容 $C$ 充电并提供负载电流。通过对开关管 $VT$ 的控制，可以使交流电流 $i_s$ 为正弦波，并与电源电压同相位，功率因数接近 1。

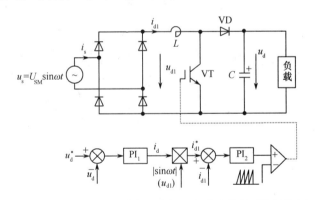

图 7-24　单相有源功率因数校正电路及控制系统结构图

图 7-24 中，$u_{d1}$ 是交流电压 $u_s$ 经全波整流后的电压，$i_{d1}$ 是交流电流 $i_s$ 经全波整流后的电流。若能控制 $i_{d1}$ 使其与 $u_{d1}$ 的瞬时值成正比，则交流电流 $i_s$ 就是正弦波，且和交流电 $u_s$ 的相位相同。图 7-24 中的控制系统是一个双闭环系统，内环是控制 $i_{d1}$ 的电流环，外环是控制 $u_d$ 的电压环。检测直流输出电压 $u_d$ 并和指令电压 $u_d^*$ 比较，将其误差通过电压环调节器 $PI_1$ 放大，其输出信号 $i_d$ 即反映负载电流的大小，负载电流引起的 $u_d$ 的变化会使 $i_d$ 相应变化。通过乘法器把 $i_d$ 和 $|\sin\omega t|$ 相乘，就可得到所希望的正弦电感电流 $i_{d1}^*$。$|\sin\omega t|$ 用 $u_{d1}$ 的信号代替，以 $i_{d1}^*$ 为指令电流控制电流内环。图中把检测到的电感电流 $i_{d1}$ 和 $i_{d1}^*$ 比较，通过电流环调节器 $PI_2$ 调节后，再用三角波或锯齿波进行调制，用得到的 PWM 信号控制开关管 $VT$，使 $i_{d1}$ 跟踪指令电流 $i_{d1}^*$，使电感电流与 $u_{d1}$ 的瞬

时值成正比,从而使交流电流 $i_s$ 与交流电压 $u_s$ 同相位,使整流器的功率因数接近 1。

单相有源功率因数校正电路的工作波形如图 7-25 所示。

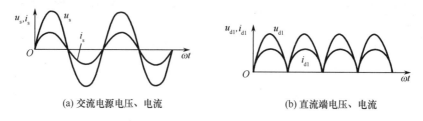

(a) 交流电源电压、电流         (b) 直流端电压、电流

图 7-25    单相有源功率因数校正电路的工作波形

在上面介绍的电路中,电感 $L$ 中的电流是连续的,属于电流连续模式(CCM),因此需要的电感量较大。在小功率电源中,为减小电感量,可采用电流断续模式(CDM),如采用峰值电流控制的方法。在这种控制方法中,电流的波形如图 7-26(a)所示,在零电流和峰值电流之间变化,处于连续和断续的临界状态。希望输出的峰值电流 $i_p$ 的包络线作为峰值电流指令信号,开关管 VT 导通时,$i_{d1}$ 从零增大,到达峰值电流指令信号时,关断 VT,则二极管 VD 导通,在直流电压 $u_d$ 与全波整流电压 $u_{d1}$ 之差 $u_d - u_{d1}$ 的作用下,$i_{d1}$ 减小,当 $i_{d1}$ 减到零时,再使 VT 导通,$i_{d1}$ 再从零增大,进入新的开关周期。开关管 VT 的通断情况如图 7-26(b)所示。$i_{d1}$ 的波形由一系列的三角波组成,三角波的峰值电流 $i_p$ 按指令信号变化,其包络线为正弦波全波整流后的波形。这样,$i_{d1}$ 在一个开关周期内的平均值为峰值电流的一半,也按全波整流波形的规律变化。和图 7-24 的控制方法一样,峰值电流指令信号是由反映负载电流大小的直流信号和 $|\sin\omega t|$ 相乘得到的。最终得到的交流电源电流为与电源电压同相位的正弦波,功率因数接近 1。

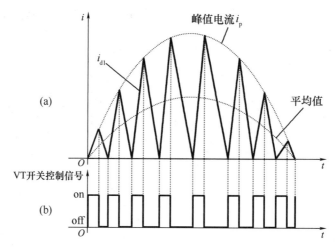

图 7-26    峰值电流控制单相有源功率因数校正电路工作波形

在电流断续模式中,VT 的开关频率比交流电源的频率高得多,在一个开关周期内,$i_{d1}$ 的峰值为 $i_p$,如前所述,$u_{d1}$ 和 $i_p$ 的包络线是同相位的正弦波,因此 $i_p$ 和 $u_{d1}$ 之比在不同的开关周期内为常数,在 VT 导通期间,由

$$u_{d1} = L \frac{\mathrm{d}i_{d1}}{\mathrm{d}t} = L \frac{i_p}{t_{on}} \tag{7-42}$$

得

$$t_{on} = L \frac{i_p}{u_{d1}} \tag{7-43}$$

因此不同周期的 $t_{on}$ 是相同的。但是，VT 关断时，$i_{d1}$ 的减小是在 $u_d - u_{d1}$ 作用下进行的。$u_d$ 的大小可以认为是不变的，因此 $u_{d1}$ 越接近峰值，$i_{d1}$ 的减小速度越慢，VT 的关断时间 $t_{off}$ 就越长。所以，开关周期是不同的。交流电源过零附近开关周期较小，峰值附近开关周期较大。另外，因为这种峰值电流控制方式所用的电感 $L$ 很小，开关频率很高，因此只要很小的电容就可以滤除这些开关引起的谐波。

单相有源功率因数校正技术已经很成熟了，Unitrode、Motorola、Silicon、Siemens 等公司相继推出了各种有源功率因数校正专用芯片，如 UC3852、UC3854、UC3855、MC34261、ML4812、ML4819、TDA4814、TDA4815、CS3810 等，这些芯片为单相有源功率因数校正技术的应用提供了很大的方便。目前，这一技术已在小功率开关电源、不间断电源（UPS）等方面获得了广泛的应用。

# 小　结

电力电子装置实现将各种形式电能高效地变换成高质量电能，是传统产业实现自动化、智能化、节能化、机电一体化的桥梁。电力电子技术能够合理利用并优化配置电力系统的相关资源，做到对电能的优化使用。供电系统和电动机调速系统的故障会给工业生产和人民生命财产造成巨大损失，设计合理的变换器保护电路可以有效提高变换器的运行可靠性，降低故障率。

电力系统中的电感性负载和非线性负载产生的无功功率及谐波会严重影响电网质量，造成损耗和污染，同时会引起各种故障。采取无功功率补偿器、有源电力滤波器、功率因数校正器可以有效地提高功率因数和电网质量，从而得到安全、绿色、干净的有益于社会经济发展和人民生活需要的电力系统。

**本章要求**：了解电力电子器件的换流方式；掌握变换器的过电压和过电流保护电路、保护原理；了解谐波和无功功率的危害、谐波抑制方法和无功功率补偿方法。

# 习　题　7

7-1　换流方式有哪几种？分别指出它们的应用场合。

7-2　简述产生过电压的原因，对不同的过电压分别采取什么样的保护措施？

7-3　简述阻容保护电路的原理、电阻的作用和电容值对保护电路的影响。

7-4　简述过电流的原因及几种过电流保护方法。

7-5　用作过电流保护的 3 种常用电器是什么？其保护的快速性和应用有什么特点？

7-6　简述电流检测装置的过电流保护原理和保护特点。

7-7　简述不同过电流保护的动作顺序。

7-8　试说明谐波对电网的危害有哪几个方面，并说明抑制谐波的常规对策是什么。

7-9　说明功率因数降低的因素和提高功率因数的方法。

# 参 考 文 献

[1] Muhammad H. Rashid. 陈建业等译. 电力电子技术手册. 北京:机械工业出版社,2004.

[2] 王兆安,黄俊. 电力电子技术. 北京:机械工业出版社,2000.

[3] 莫正康. 电力电子应用技术. 北京:机械工业出版社,2000.

[4] 丁道宏. 电力电子技术. 北京:航空工业出版社,1999.

[5] 徐以荣. 电力电子技术基础. 南京:东南大学出版社,1999.

[6] 林辉,王辉. 电力电子技术. 武汉:武汉理工大学出版社,2002.

[7] 宋书中. 交流调速系统. 北京:机械工业出版社,1999.

[8] 孙树朴. 半导体变流技术. 徐州:中国矿业大学出版社,1994.

[9] 史国生. 交直流调速系统. 北京:化学工业出版社,2002.

[10] 周渊深. 交直流调速系统与 MATLAB 仿真. 北京:中国电力出版社,2003.

[11] 金海明,郑安平. 电力电子学. 北京:北京邮电大学出版社,2006.

[12] 林飞,杜欣. 电力电子应用技术的 MATLAB 仿真. 北京:中国电力出版社,2009.

[13] 赵良炳. 现代电力电子技术基础. 北京:清华大学出版社,1995.

[14] 赵可斌,陈国雄. 电力电子变流技术. 上海:上海交通大学出版社,1993.

[15] 李宏. 电力电子设备用器件与集成电路应用指南(第一册). 北京:机械工业出版社,2001.

[16] 苏开才,毛宗源. 现代功率电子技术. 北京:国防工业出版社,1995.

[17] 黄家善,王廷才. 电力电子技术. 北京:机械工业出版社,2000.

[18] 李序葆,赵永健. 电力电子器件及其应用. 北京:机械工业出版社,1996.

[19] 陈坚. 电力电子学——电力电子变换和控制技术. 北京:高等教育出版社,2002.

[20] 张立,赵永健. 现代电力电子技术器件、电路及应用. 北京:科学出版社,1992.

[21] 王彩琳. 电力半导体器件的最新发展动向. 半导体情报,1999.2(1):27~32.

[22] NED MOHAN, etc. Power Electronics. New York:John Wiley & Sons, Inc. 1995.

[23] 郑忠杰. 电力电子变流技术. 北京:机械工业出版社,2001.

[24] 陆治国. 电源的计算机仿真技术. 北京:科学出版社,2001.

[25] 周明宝,翟文龙. 电力电子技术. 北京:机械工业出版社,1997.

[26] 贾正春,马志源. 电力电子学. 北京:中国电力出版社,2001.

[27] 张立. 现代电力电子技术基础. 北京:高等教育出版社,1999.

[28] 王兆安. 谐波抑制和无功功率补偿. 北京:机械工业出版社,1998.

[29] 阿伦特·文特里希,乌里希·尼古莱,托比亚斯·莱曼,文纳·图斯基. 任庚译. 功率半导体应用手册. 赛米控国际公司,2015.

[30] D. Grahame Holmes,Thomas A. Lipo. 周克亮译. 电力电子变换器 PWM 技术原理与实践. 北京:人民邮电出版社,2010.